2022年度版 春4月/秋10月試験対応 令和3年度10月の秋期試験にも対応 全9種

情報処理技術者試験

共通午前Ⅰ

TAC情報処理講座

本書は，2021年７月１日現在において，公表されている「試験要綱」および「シラバス」に基づいて作成しております。
なお，2021年７月２日以降に「試験要綱」「シラバス」の改訂があった場合は，下記ホームページにて改訂情報を順次公開いたします。

TAC出版書籍販売サイト「サイバーブックストア」
https://bookstore.tac-school.co.jp/

はじめに

本書は，高度情報処理技術者試験，情報処理安全確保支援士試験の午前Ⅰ試験対策のために，最少時間で最大効果をあげることができるように作成したもので，次の三つの特徴があります。

○第一に，受験者が抱える事情にでき得るかぎりお応えすることを基本方針としています。
○第二に，過去問題の徹底分析をもとに頻出項目に絞って「知識編」を構成しています。
○第三に，合格に必須な実力を養成できるように「問題編」を構成しています。

第一の受験者が抱える事情とは，午前Ⅱ，午後Ⅰ，午後Ⅱの専門試験の学習時間を確保するために，午前Ⅰ試験の学習にはあまり時間を割きたくないというものです。高度情報処理技術者試験，情報処理安全確保支援士試験は，午前Ⅰ試験に合格しなければ，それ以降の試験は採点されません。そのため，午前Ⅰの試験範囲はすでに学習しており，再学習に時間をかけたくないと考える方が多いと思われます。そこで，本書は，**少ない時間で午前Ⅰ試験合格レベルの学力を培う**，という基本方針で作成しました。

第二に「知識編」は，本試験の徹底分析に基づき，掲載する項目を厳選しています。さらに，TACが長年受験対策を指導してきた実績をもとに，出題の可能性が高い項目も掲載しています。また，解説は試験に必要な最小限のものとしています。

第三に「問題編」は，出題率の高い過去問題を中心に構成しています。午前Ⅰ試験は過去問題が再出題されることが多く，全く同じではなくても類似した内容が繰り返し問われることが多いので，過去問題演習が最も効果的で効率的です。

さらに，本書では**「知識編」と「問題編」をリンクさせていますので，習得した知識を確認するための問題演習をすぐ行うことができ，また，問題演習で不足だと感じた知識をすぐに補うことができます。**

これらの特徴を持つ本書を活用し，午前Ⅰ試験に合格されることを願ってやみません。

2021年８月　TAC情報処理講座

Contents

はじめに …… iii

第0部 午前Ⅰ試験とは

1 午前Ⅰ試験の役割 …… 2

2 午前Ⅰ試験の突破法 …… 4

第1部 テクノロジ

1 基礎理論 …… 10

知識編 …… 10

1.1 コンピュータ内部でのデータ表現 …… 10

1.2 論理演算と集合演算 …… 11

1.3 プログラム言語における基礎理論 …… 14

1.4 数理応用 …… 18

1.5 AI …… 21

1.6 プログラム言語 …… 22

問題編 …… 24

2 データ構造とアルゴリズム …… 38

知識編 …… 38

2.1 データ構造 …… 38

2.2 探索アルゴリズム …… 47

2.3 再帰アルゴリズム …… 54

2.4 整列アルゴリズム …… 54

2.5 グラフアルゴリズム …… 57

問題編 …… 60

3 コンピュータシステム 66
知識編 66
3.1 プロセッサ性能と高速化技法 66
3.2 メモリアーキテクチャ 69
問題編 74

4 システム構成技術 82
知識編 82
4.1 システムの形態と構成 82
4.2 システム性能評価 84
4.3 システム信頼性評価 87
4.4 仮想化とクラウドコンピューティング 90
問題編 92

5 ソフトウェア 108
知識編 108
5.1 ソフトウェアの分類とOS 108
5.2 プロセス状態遷移とスケジューリング 108
5.3 プロセス排他制御 111
5.4 割込み制御 112
5.5 記憶管理 113
5.6 プログラム実行制御 115
5.7 オープンソースソフトウェア 115
問題編 116

6 ハードウェア 120
知識編 120
6.1 論理素子と回路 120
6.2 構成部品と制御 122
6.3 組込みシステム 122
問題編 124

7 ヒューマンインタフェースとマルチメディア 128
知識編 128
7.1 ヒューマンインタフェース技術 128
7.2 インタフェース設計 128
7.3 マルチメディア 130
問題編 132

8 データベース 134
知識編 134
8.1 データベースのモデル 134
8.2 関係データモデル 135
8.3 データベース設計 137
8.4 E-Rモデル 137
8.5 正規化理論 139
8.6 SQL 140
8.7 データベース管理システム（DBMS） 143
8.8 データ操作 144
8.9 トランザクション処理 144
8.10 同時実行制御 145
8.11 障害回復制御 146
8.12 分散データベース 148
8.13 データウェアハウス 149
問題編 152

9 ネットワーク 166
知識編 166
9.1 ネットワークアーキテクチャとプロトコル 166
9.2 LAN 167
9.3 ネットワークの性能 171
9.4 IP 172
9.5 TCPとUDP 176
9.6 DNS 178
9.7 WWW 179

9.8 電子メール …… 179
9.9 その他のプロトコル …… 180
9.10 VoIP …… 182
問題編 …… 184

10 セキュリティ …… 192
知識編 …… 192
10.1 セキュリティの基礎 …… 192
10.2 セキュリティの技術 …… 202
10.3 インターネットセキュリティ …… 208
問題編 …… 216

11 システム開発 …… 236
知識編 …… 236
11.1 システム開発技術 …… 236
11.2 ソフトウェア開発管理技術 …… 248
11.3 システム運用 …… 253
問題編 …… 254

第2部　マネジメント

1 プロジェクトマネジメント …… 272
知識編 …… 272
1.1 プロジェクトのスコープマネジメント …… 272
1.2 プロジェクトの時間マネジメント …… 273
1.3 プロジェクトのコストマネジメント …… 274
1.4 プロジェクトの品質マネジメント …… 276
1.5 プロジェクトの資源マネジメント …… 277
1.6 プロジェクトのリスクマネジメント …… 278
問題編 …… 280

2 サービスマネジメント 292
知識編 292
2.1 サービスの設計 292
2.2 サービスの導入・変更 294
2.3 サービスの運用 295
問題編 296

3 システム監査 302
知識編 302
3.1 システム監査の基礎 302
3.2 システム監査の実施 303
問題編 306

第3部 ストラテジ

1 システム戦略 316
知識編 316
1.1 情報システム戦略 316
1.2 業務プロセス 319
1.3 ソリューションビジネス 320
1.4 システム化計画 320
1.5 要件定義 321
1.6 調達 323
問題編 324

2 経営戦略 332
知識編 332
2.1 経営戦略手法 332
2.2 マーケティング 337
2.3 ビジネス戦略と目標・評価 342
2.4 経営管理システム 343
2.5 技術開発戦略の立案 344

2.6 技術開発計画 …… 346
2.7 ビジネスシステム …… 347
2.8 エンジニアリングシステム …… 348
2.9 IoT …… 352
2.10 e-ビジネス …… 354
問題編 …… 356

3 企業活動 …… 374
知識編 …… 374
3.1 経営・組織論 …… 374
3.2 OR・IE …… 376
3.3 会計・財務 …… 380
問題編 …… 386

4 法務 …… 392
知識編 …… 392
4.1 知的財産権 …… 392
4.2 セキュリティ関連法規 …… 395
4.3 労働・取引関連法規 …… 396
4.4 その他の法律・ガイドライン …… 397
4.5 標準化 …… 398
問題編 …… 400

索引 …… 410

午前Ⅰ試験とは

午前Ⅰ試験の役割

1.1 午前Ⅰ試験の位置づけ

高度情報処理技術者試験（以下，「高度試験」）と情報処理安全確保支援士試験（以下，「支援士試験」）は，ITプロフェッショナルの専門能力を評価する試験として広く認知されている国家試験です。

高度情報処理技術者試験		情報処理安全確保支援士試験
春期に実施	秋期に実施	春期・秋期（年２回実施）
・ITストラテジスト試験 ・システムアーキテクト試験 ・ネットワークスペシャリスト試験 ・ITサービスマネージャ試験	・プロジェクトマネージャ試験 ・データベーススペシャリスト試験 ・エンベデッドシステムスペシャリスト試験 ・システム監査技術者試験	・情報処理安全確保支援士試験

高度試験と支援士試験に合格するためには，次の**四つの異なる試験すべてに合格すること**が求められます。

午前Ⅰ試験	午前Ⅱ試験	午後Ⅰ試験	午後Ⅱ試験
IT全般の基礎知識試験	ITプロフェッショナルの基礎知識試験	ITプロフェッショナルの応用技能試験	ITプロフェッショナルの専門技能試験

四つの試験には順番があり，午前Ⅰ試験に合格できなければ，それ以降の午前Ⅱ試験，午後Ⅰ試験，午後Ⅱ試験は受験していても採点の対象になりません。また，午前Ⅱ～午後Ⅱ試験の出題分野・内容は試験区分によって異なりますが，午前Ⅰ試験は，高度試験の全区分と支援士試験に共通の試験です。つまり，**「午前Ⅰ試験」が第１通過点**であり，午前Ⅰ試験を突破してようやく，情報処理安全確保支援士と高度情報処理技術者の認定試験のスタート台に立てることになります。

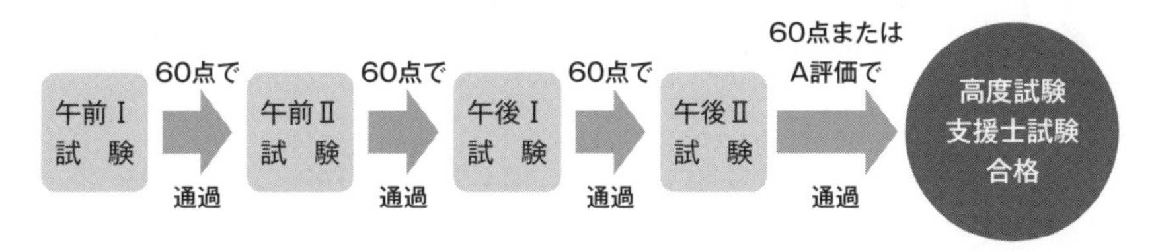

なお，午前Ⅰ試験には，次の条件1～3のいずれかを満たすことによって，その後2年間，**午前Ⅰ試験の受験を免除する制度**があります。

免除制度	条件1：応用情報技術者試験に合格する。 条件2：いずれかの高度試験又は支援士試験に合格する。 条件3：いずれかの高度試験又は支援士試験の午前Ⅰ試験で基準点以上の成績を得る。

1.2 午前Ⅰ試験の特徴

情報処理技術者試験には「技術レベル」が設定されています。基本情報技術者試験の午前試験と応用情報技術者の午前試験は，出題分野は同じですが技術レベルが異なります。基本情報技術者試験は技術レベル2で，応用情報技術者試験は技術レベル3です。

午前Ⅰ試験は技術レベル3です。また，近年の出題傾向として，同じ日に実施される**応用情報技術者の午前試験80問から30問が抜粋**されて出題されています。

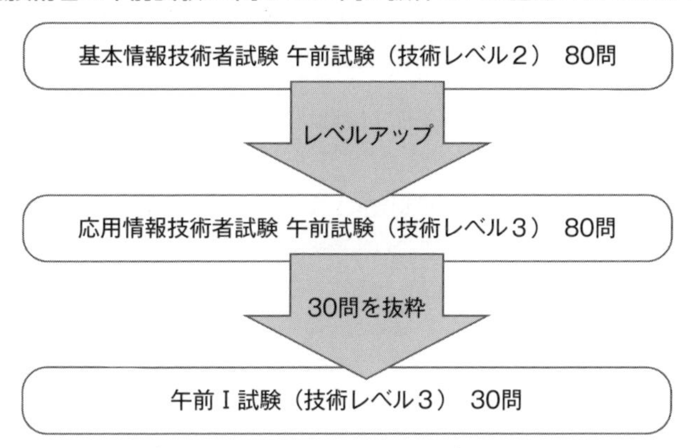

そのため，応用情報技術者試験に合格できるレベルの受験者には，綿密な午前Ⅰ試験対策は不要といえます。不安な出題分野だけ補強すればよいでしょう。

午前Ⅰ試験の突破法

Point!

午前Ⅰ試験を突破するためには，どのようなキーワードやキーフレーズがよく出題されるかを知り，それらを中心に，学習することが効率的です。

2.1 午前Ⅰ問題の分析

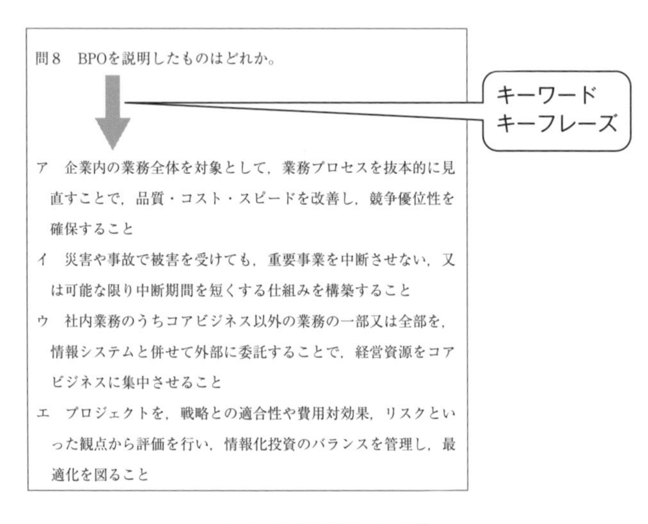
問８　BPOを説明したものはどれか。

ア　企業内の業務全体を対象として，業務プロセスを抜本的に見直すことで，品質・コスト・スピードを改善し，競争優位性を確保すること
イ　災害や事故で被害を受けても，重要事業を中断させない，又は可能な限り中断期間を短くする仕組みを構築すること
ウ　社内業務のうちコアビジネス以外の業務の一部又は全部を，情報システムと併せて外部に委託することで，経営資源をコアビジネスに集中させること
エ　プロジェクトを，戦略との適合性や費用対効果，リスクといった観点から評価を行い，情報化投資のバランスを管理し，最適化を図ること

▶午前Ⅰ問題（一部）

午前Ⅰ試験では，４択問題が30問出題されます。どの問題も，キーワードやキーフレーズに関する問いかけとなっており，受験者は四つの選択肢から最も適当な選択肢を一つ探します。

2.2 キーワードとキーフレーズ

本試験で出題された午前Ⅰ問題を分析して，よく出題されるキーワードやキーフレーズを抽出して整理しました。

分野	キーワードやキーフレーズ	出題比率
基礎理論	n進数　論理式　集合　有限オートマトン　BNF　関数 確率　相関係数　映像圧縮符号化方式　符号化　XML D/A変換器　SMIL　機械学習 ディープラーニング　Python	13%
データ構造とアルゴリズム	線形リスト　逆ポーランド表記法　LIFO　再帰的関数 ヒープソート　最短経路	
コンピュータシステム	スーパスカラ　SIMD　DRAM　フラッシュメモリ 平均アクセス時間　キャッシュの書込み方式 メモリインタリーブ　ハミング符号	10%
システム構成要素	クラスタリングシステム　ターンアラウンドタイム M/M/1待ち行列モデル　スケールアウト　MTBF　可用性 信頼性　保守性　稼働率　故障率曲線　フェールセーフ キャパシティプランニング　ライブマイグレーション IaaS　PaaS　サーバコンソリデーション	
ソフトウェア	Linuxカーネル　プロセスのスケジューリング　主記憶管理 仮想記憶方式　リアルタイムOS ページング方式の仮想記憶	
ハードウェア	論理回路	
ヒューマンインタフェースとマルチメディア	アクセシビリティ設計　拡張現実（AR）	26%
データベース	関係モデル　候補キー　参照制約　射影　汎化　B^+木 原子性　デッドロック　障害回復　BI　データウェアハウス データマイニング	
ネットワーク	CSMD/CD方式　回線のビット誤り率　伝送時間 サブネットワークのアドレス　IPv6　ARP　UDP　NAPT	
セキュリティ	残留リスク　暗号化アルゴリズム　共通鍵暗号方式　AES RSA　ハイブリッド暗号方式　パスワード　パスワード認証 ブルートフォース攻撃　認証デバイス　虹彩認証 チャレンジレスポンス認証方式　ファイアウォール ペネトレーションテスト　TLS　電子メール　IPsec DNSキャッシュポイズニング　SQLインジェクション クロスサイトスクリプティング　セッションハイジャック WAF　ディレクトリトラバーサル	
システム開発	共通フレーム　ソフトウェア方式設計　DFD モジュール強度　モジュール結合度　ユースケース図 アクティビティ図　コード設計　ブラックボックステスト アジャイル　ペアプログラミング　CMMI　インスペクション 磁気テープへのバックアップ　バーンダウンチャート	7%

プロジェクトマネジメント	PMBOKガイド　スコープコントロール アローダイアグラム　ファストトラッキング技法　EVM 工数見積り　使用性　品質特性　保守性 QC7つ道具と新QC7つ道具	7％
サービスマネジメント	サービスレベル管理　目標復旧時点（RPO）　可用性 可用性管理プロセス　構成管理　構成管理プロセス 問題管理プロセス　インシデント及びサービス要求管理	10％
システム監査	クラウドサービスの導入検討プロセスに対するシステム監査 財務報告に係る内部統制の評価及び監査に関する実施基準 システム監査基準　予備調査　監査手続　フォローアップ 情報システム全体の最適化目標　監査証拠	
システム戦略	情報戦略策定　エンタプライズアーキテクチャ　SOA　RFI ROI　最適化	10％
経営戦略	M&Aによる垂直統合　PPM　デルファイ法 バリューチェーン分析　成長マトリクス　4C バランススコアカード　CRM　SCM プロセスインベーション　コア技術　コアコンピタンス コンカレントエンジニアリング（CE）　セル生産方式 部品表　EDI　RPA　BCP　SoE	7％
企業活動	マクシミン原理に基づく最適意思決定　OC曲線 職能部門別組織　減価償却方法　損益分岐点	10％
法務	著作権　産業財産権　使用許諾　不正競争防止法　刑法 請負型契約　準委任契約　個人情報　国際基準 プロバイダ責任制限法	

2.3　キーワード学習

午後Ｉ問題によく出題されるキーワード（キーフレーズ）について，その意味や内容を確実に修得します。本書では，分野ごとにキーワード（キーフレーズ）を整理して知識編として掲載しています。この知識編を利用して，短時間で効率良くキーワードを学習してください。

キーワードやキーフレーズを柱に知識を解説　→読めば→　午前Ｉ問題を解く知識を獲得できる

2.4　問題演習

本書の分野ごとの問題編を利用して問題演習を行ってください。知識編で学習したキーワード（キーフレーズ）が修得できているか確認します。正解できなかった場合には，再度知識編を学習して知識の定着を図ってください。

■知識編　知識を修得

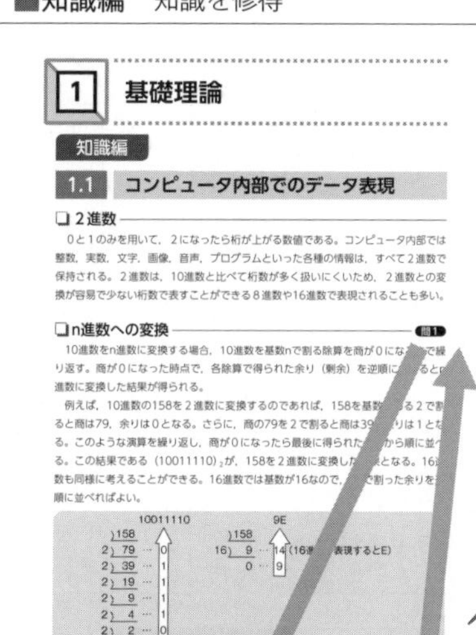

正解できなかった知識を再度学習する

学習した知識を使ってみる

■問題編　知識の修得を確認

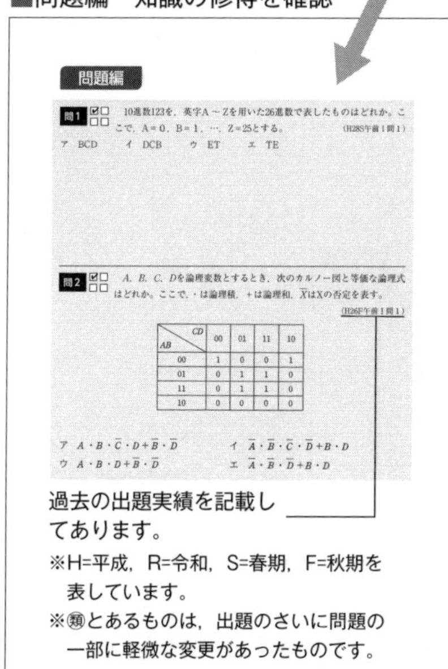

過去の出題実績を記載してあります。

※H=平成，R=令和，S=春期，F=秋期を表しています。

※㊮とあるものは，出題のさいに問題の一部に軽微な変更があったものです。

▶本書に掲載した過去問題の出題実績と重要度

第1部 テクノロジ

1 基礎理論 p.24～		
問1	①	
問2	①	○
問3	①	◎
問4	②	○
問5	②	◎
問6	①	
問7	②	
問8	①	
問9	①	○
問10	①	◎
問11	③	
問12	①	◎
問13	①	◎
問14	①	○
問15	②	
問16	①	◎

2 データ構造とアルゴリズム p.60～		
問1	①	◎
問2	②	
問3	①	
問4	②	○
問5	①	
問6	①	◎

3 コンピュータシステム p.74～		
問1	①	○
問2	①	
問3	①	○
問4	②	◎
問5	①	
問6	④	◎
問7	②	○
問8	①	
問9	②	

4 システム構成技術 p.92～		
問1	①	◎
問2	①	
問3	①	○
問4	②	◎
問5	①	
問6	②	○
問7	①	
問8	①	
問9	②	◎
問10	②	
問11	①	○
問12	①	◎
問13	①	
問14	①	◎
問15	①	
問16	①	○
問17	①	

5 ソフトウェア p.116～		
問1	①	
問2	①	◎
問3	②	◎
問4	①	
問5	①	
問6	①	◎

6 ハードウェア p.124～		
問1	①	
問2	③	○
問3	①	

7 ヒューマンインタフェースとマルチメディア p.132～		
問1	①	◎
問2	①	◎

8 データベース p.152～		
問1	①	◎
問2	①	
問3	②	◎
問4	①	○
問5	①	
問6	①	
問7	①	○
問8	①	◎
問9	①	
問10	②	◎
問11	①	
問12	①	◎
問13	①	○

9 ネットワーク p.184～		
問1	②	◎
問2	③	
問3	②	◎
問4	②	
問5	①	
問6	①	◎
問7	②	◎
問8	①	
問9	①	○

10 セキュリティ p.216～		
問1	①	
問2	①	◎
問3	③	◎
問4	①	
問5	①	◎
問6	①	◎
問7	①	◎
問8	①	
問9	①	
問10	②	○
問11	①	
問12	①	
問13	②	◎
問14	①	◎
問15	①	○
問16	①	
問17	①	
問18	①	◎
問19	①	
問20	①	○
問21	②	◎
問22	②	○
問23	②	
問24	①	◎

11 システム開発 p.254～		
問1	①	
問2	①	◎
問3	①	
問4	①	○
問5	①	
問6	①	◎
問7	②	◎
問8	①	
問9	①	
問10	①	
問11	②	◎
問12	①	○
問13	②	
問14	②	
問15	①	◎
問16	①	◎
問17	①	◎
問18	①	○

第2部 マネジメント

1 プロジェクトマネジメント p.280～		
問1	①	○
問2	③	◎
問3	①	
問4	①	
問5	④	◎
問6	②	
問7	①	◎
問8	①	
問9	①	
問10	①	◎
問11	①	
問12	①	○

2 サービスマネジメント p.296～		
問1	①	◎
問2	①	
問3	①	◎
問4	③	
問5	①	○
問6	①	
問7	①	◎
問8	①	◎
問9	②	

3 システム監査 p.306～		
問1	②	○
問2	①	◎
問3	①	◎
問4	①	○
問5	①	◎
問6	①	
問7	①	◎
問8	②	

第3部 ストラテジ

1 システム戦略 p.324～		
問1	①	
問2	①	○
問3	④	◎
問4	①	◎
問5	①	○
問6	①	
問7	③	◎
問8	①	◎
問9	③	

2 経営戦略 p.356～		
問1	①	◎
問2	①	◎
問3	②	○
問4	④	◎
問5	①	
問6	①	
問7	②	◎
問8	①	
問9	①	
問10	②	◎
問11	②	
問12	①	
問13	①	○
問14	①	
問15	①	◎
問16	①	
問17	①	◎
問18	①	
問19	③	○
問20	④	◎
問21	①	

3 企業活動 p.386～		
問1	③	◎
問2	①	○
問3	①	
問4	①	◎
問5	①	
問6	①	◎

4 法務 p.400～		
問1	②	◎
問2	②	
問3	①	
問4	①	○
問5	②	
問6	①	◎
問7	①	
問8	①	○
問9	①	◎
問10	①	◎
問11	①	◎
問12	①	
問13	①	◎

○丸数字はH22年春期～ R3年春期までの間に出題された回数です（類題を含みます）。
○過去の出題回数に関わらず，これから再出題される可能性が高い問題を，重要度（◎ ○ 無印 の3段階）で示しました。

テクノロジ

1 基礎理論

知識編

1.1 コンピュータ内部でのデータ表現

❏ 2進数

0と1のみを用いて，2になったら桁が上がる数値である。コンピュータ内部では整数，実数，文字，画像，音声，プログラムといった各種の情報は，すべて2進数で保持される。2進数は，10進数と比べて桁数が多く扱いにくいため，2進数との変換が容易で少ない桁数で表すことができる8進数や16進数で表現されることも多い。

❏ n進数への変換 問1

10進数をn進数に変換する場合，10進数を基数nで割る除算を商が0になるまで繰り返す。商が0になった時点で，各除算で得られた余り（剰余）を逆順に並べるとn進数に変換した結果が得られる。

例えば，10進数の158を2進数に変換するのであれば，158を基数である2で割ると商は79，余りは0となる。さらに，商の79を2で割ると商は39，余りは1となる。このような演算を繰り返し，商が0になったら最後に得られた余りから順に並べる。この結果である（10011110）$_2$が，158を2進数に変換した結果となる。16進数も同様に考えることができる。16進数では基数が16なので，16で割った余りを逆順に並べればよい。

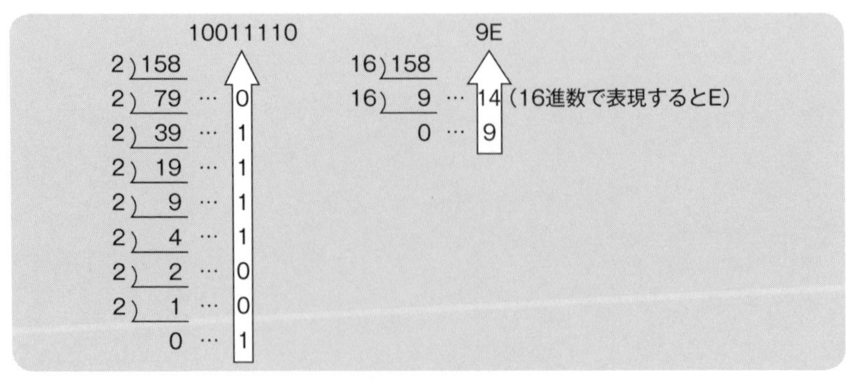

▶10進数からの基数変換

1.2 論理演算と集合演算

❏ 論理

ある事象に対して正しいか正しくないかを判断できるものを命題という。命題のうち，正しいと規定できることを「真 (true)」，正しいと規定できないことを「偽 (false)」と呼ぶ。また，任意の命題を表す変数を論理変数（命題変数）といい，真，偽のいずれかで表す。真と偽のことを**真理値**といい，真理値表ではそれぞれ 1 と 0 で表現する。

❏ 論理式

命題変数を論理記号（論理演算子）によって組み合わせたものを論理式という。主な論理演算には，次のようなものがある。

▶論理式

論理演算	意味	論理式の例
論理積 (AND)	“かつ” を意味し，二つの命題変数AとBの両方が真の場合のみ真となる。	$A \wedge B$ $A \cdot B$
論理和 (OR)	“または” を意味し，二つの命題変数AとBのうち，少なくともいずれか一方が真なら真となる。	$A \vee B$ $A+B$
否定 (NOT)	一つの命題変数Aが真なら偽，偽なら真となる。	$\overline{A}$ $\neg A$
排他的論理和 (XOR，EOR)	二つの命題変数AとBのうち，どちらか一方のみ真の場合に真となる。	$A \oplus B$
含意	命題変数Aが真ならBも真であることを表す。Aが真でBが偽の場合に限り，偽となる。	$A \supset B$ $A \rightarrow B$

各論理式の真理値表は，次のようになる。ここで，1 は真を，0 は偽を表す。なお，$\overline{A \cdot B}$を否定論理積（NAND），$\overline{A+B}$を否定論理和（NOR）という。

▶真理値表

A	B	$A \cdot B$	$A+B$	$A \oplus B$	$A \rightarrow B$	$\overline{A}$	$\overline{A \cdot B}$	$\overline{A+B}$
0	0	0	0	0	1	1	1	1
0	1	0	1	1	1		1	0
1	0	0	1	1	0	0	1	0
1	1	1	1	0	1		0	0

❑カルノー図 問2

論理式を簡略化するために用いる図であり，論理変数のとり得る値を領域で表すとともに，隣接する領域を併合する。このとき，最も上の行と最も下の行は隣接しているとみなし，最も左の列と最も右の列も隣接しているとみなす。隣接する領域について，値が共通する論理変数に注目すると，論理積を用いた論理式が得られる。そして，すべての隣接する領域の論理式を論理和で結合すれば，全領域の論理式が得られる。

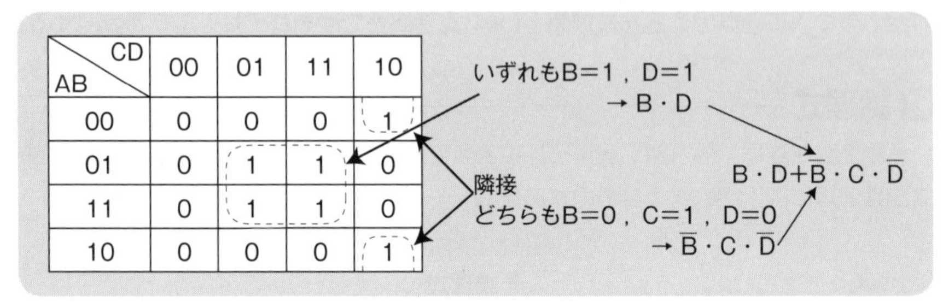

▶カルノー図

❑集合 問3

同じ属性を持つ要素の集まりである。すべての要素を対象とした全体の範囲を**全体集合**という。例えば，1以上10以下の整数を対象とした場合，全体集合Sは，

　　S={1，2，3，4，5，6，7，8，9，10}

となる。このうち，偶数を集合Aとした場合，

　　A={2，4，6，8，10}

となる。一方，その集合に含まれない要素からなる集合を**補集合**という。例えば，Aの補集合を$\overline{A}$と表す場合，

　　$\overline{A}$={1，3，5，7，9}

となる。また，ある集合に対し，集合の一部となる集合を**部分集合**という。例えば，4の倍数を集合Bとした場合，

　　B={4，8}

となる。集合Bは集合Aの部分集合となり，B⊆Aのように表される。同様に，集合Aは全体集合Sの部分集合と考えることもできるので，B⊆A⊆Sとなる。

これをベン図（各集合を円で表現する図）で表現すると次のようになる。

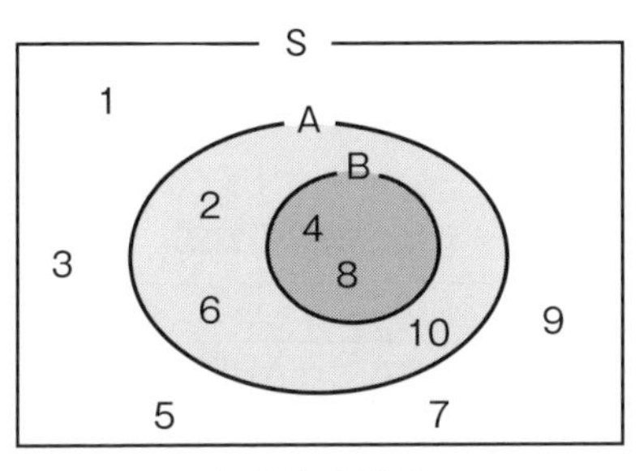

▶集合の概念

二つの集合を用いた集合演算には，次のようなものがある。

▶集合演算

演算の種類	式	概要
和集合	A∪B	集合Aと集合Bのうち，少なくとも一方に含まれる要素の集合。
積集合	A∩B	集合Aと集合Bの両方に共通して含まれる要素の集合。
差集合	A−B	集合Aから集合Bに含まれる要素を取り除いた要素の集合。 全体集合Sと集合Aの差集合S−Aは補集合$\overline{A}$に等しい。

例えば，集合A＝{1，2，3，4，5}，集合B＝{1，3，5，7，9}とした場合，各集合演算の結果は次のように求められる。

A∪B＝{1，2，3，4，5，7，9}

A∩B＝{1，3，5}

A−B＝{2，4}

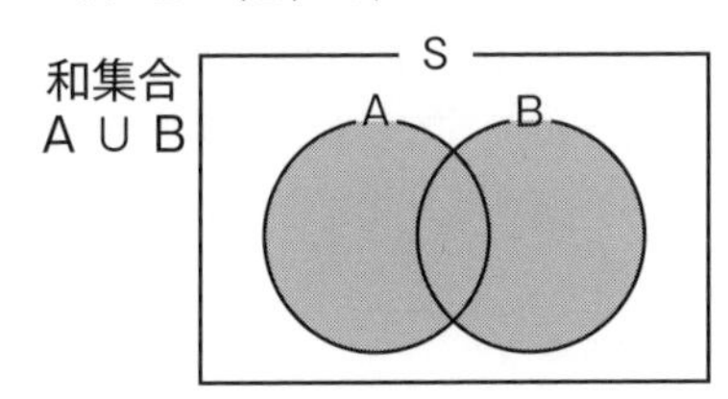

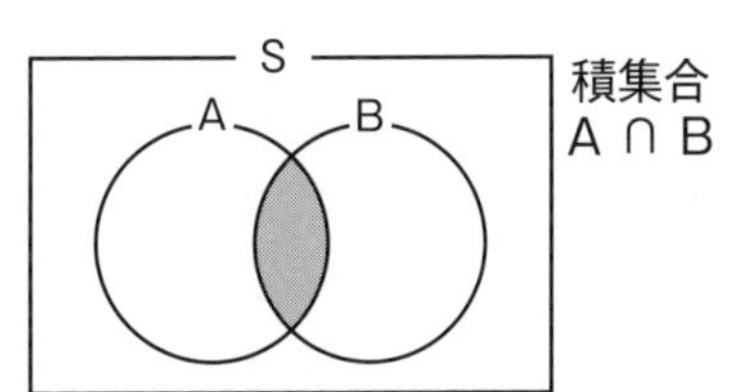

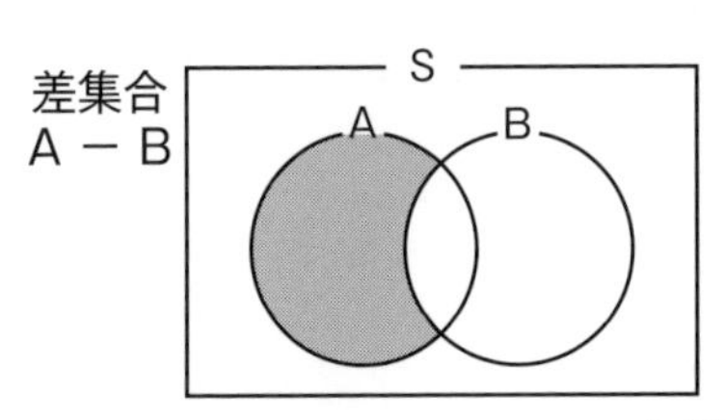

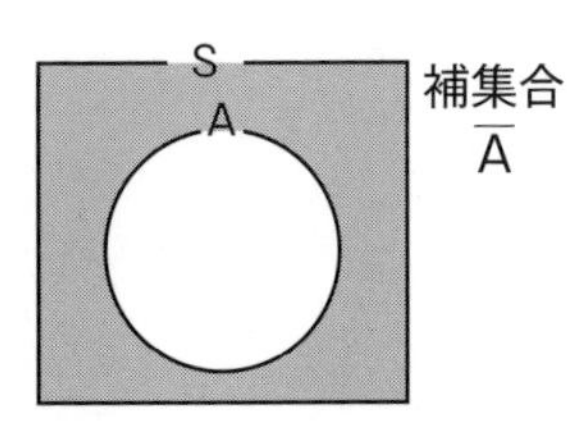

▶集合演算

また，集合演算についても，論理式と同様の基本的な法則がある。ここで，ϕは要素が一つもない集合を意味し，空集合という。

▶集合演算の公式

	法則	概要
①	交換の法則	$A \cap B = B \cap A$ ， $A \cup B = B \cup A$
②	結合の法則	$A \cap (B \cap C) = (A \cap B) \cap C$ ， $A \cup (B \cup C) = (A \cup B) \cup C$
③	分配の法則	$A \cap (B \cup C) = (A \cap B) \cup (A \cap C)$ $A \cup (B \cap C) = (A \cup B) \cap (A \cup C)$
④	否定の法則	$A \cup \overline{A} = S$ ， $A \cap \overline{A} = \phi$ ， $\overline{\overline{A}} = A$
⑤	ド・モルガンの法則	$\overline{A \cap B} = \overline{A} \cup \overline{B}$ ， $\overline{A \cup B} = \overline{A} \cap \overline{B}$

1.3 プログラム言語における基礎理論

❏有限オートマトン 問4

オートマトンは，「入力から計算を実行し，結果を出力して停止する」という処理手順（振舞い）を定式化したものである。初期状態と最終状態に加え，有限個の状態と入力される有限個の記号，状態遷移関数によって構成されるものを有限オートマトンという。有限オートマトンの表現には，状態遷移図や状態遷移表などが用いられ，ディジタル回路の設計やプログラム設計，構文解析などに応用される。

次の状態遷移図と状態遷移表は，いずれも初期状態から入力された文字と状態遷移関数に従って終了状態に遷移できるかを判定するものであり，初期状態q_0から入力値と状態遷移関数（状態遷移図では矢印で表される）に従って状態を遷移させた結果，終了状態q_2に遷移すれば，その言語は受理される。例えば，“bba”という入力があった場合，先頭から１文字ずつ処理していくので，

$$q_0 \rightarrow q_1 \rightarrow q_1 \rightarrow q_2$$

と遷移する。これは，最終状態に遷移したことになるので，文字列“bba”は受理されることになる。

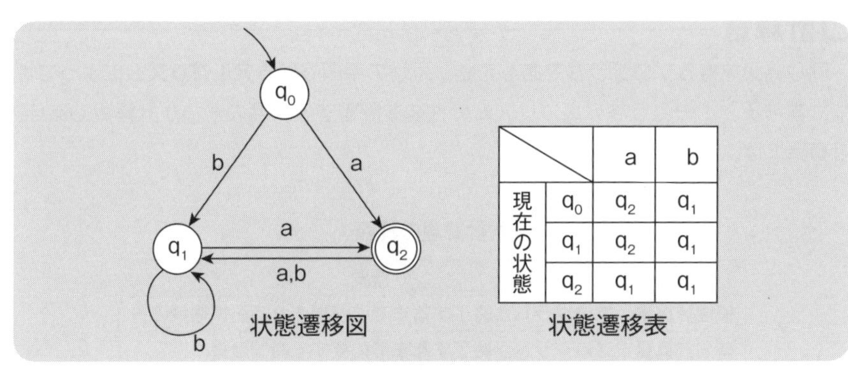

▶状態遷移図の例

❏BNF（バッカス記法） 問5

プログラム言語の構文を形式的に記述する手段の一つである。次の三つの記号および文字列を用いて構文規則（生成規則）を表す。

▶BNFの記号

：：＝	「定義」を表す。
｜	「または」を表す。
＜＞	名詞や名詞句などのような「非終端記号」を表す。

文の生成は，非終端記号を生成規則に従って文字などの終端記号の列に変換する。例えば，プログラム言語における変数名が「必ず英字で始まり，それ以降は英字または数字を０回以上繰り返す」と定義される場合，変数名の識別子は次のように定義される。aや0などの各文字は終端記号を表す。

<識別子>：：＝<英字>｜<識別子><英字>｜<識別子><数字>

<英字>：：＝a｜b｜c｜…｜z｜A｜…｜Z

<数字>：：＝0｜1｜2｜…｜9

❏計算量

同じ結果を得るプログラムであっても，処理の手順である**アルゴリズム**によって性能は異なる。このようなアルゴリズムの性能を評価する尺度の一つが計算量である。計算量には，次のような種類がある。

▶計算量の種類

種類	概要
領域計算量	プログラムが終了するまでに使用される記憶領域の量
時間計算量	プログラムが終了するまでに要する時間の量

時間計算量（処理時間）は処理の実行回数に依存し，処理の実行回数は処理対象のデータ数によって変動する。時間計算量は，一般的に**オーダ記法（O記法）**によって評価する。オーダ記法では，処理の実行回数をデータ数Nを用いた関数F(N)で表したうえで，処理回数F(N)の定数や係数を除外し，最も増加率の大きな項に着目する。

例えば，データ数Nに対する処理回数が（$5N^3+2N^2+3N+5$）回であれば，オーダ記法では$O(N^3)$と評価される。これは，処理時間がデータ数Nの３乗に比例することを意味し，データ数が２倍になると処理時間は８倍に，データ数が10倍になると処理時間は1,000倍になることを意味する。

なお，Nのオーダに関する増加率の大小関係は，

$O(1)<O(\log_2 N)<O(N)<O(N\ \log_2 N)<O(N^c)<O(c^N)<O(N!)$　（cは１より大きな値を持つ定数）

である。$O(\log_2 N)$や$O(N\ \log_2 N)$は，底の２を省略して$O(\log N)$のように表記することが多い。$O(\log N)$のアルゴリズムは，データ数が２倍になったとしても処理時間はほとんど変わらない（処理回数が定数回増える程度の）高速なアルゴリズムである。

❏関数　問6

プログラムは命令（文）の集合であり，この制御の流れを規定した制御構造に従って実行される。構造化定理では，制御構造は「連接（順次)」「選択（分岐)」「繰返し(ループ)」の三つで構成される。

これらの構造のほかにも，プログラムを簡潔に記述するために副プログラムを用いる。副プログラムは手続き（procedure）と関数（function）の総称であり，副プログラムを用いることによって，まとまった手順を抽象化（共通化）することが可能

となり，簡潔なプログラムを記述することができる。

手続きと関数は，目的とする仕事（処理）を手順に従って実行する一連の文から構成される。手続きが処理結果を返却しないのに対して，関数は値（引数）を与えると結果（戻り値）を返す。また，副プログラムの呼出しが起きると，呼び出した側と呼び出された側で，情報の受渡しが行われる。ここで受け渡される情報を引数またはパラメタといい，呼び出した側から渡す情報を「実引数」，呼び出された側が受け取る情報を「仮引数」という。副プログラムの呼出しによる制御の流れは次のとおりである。

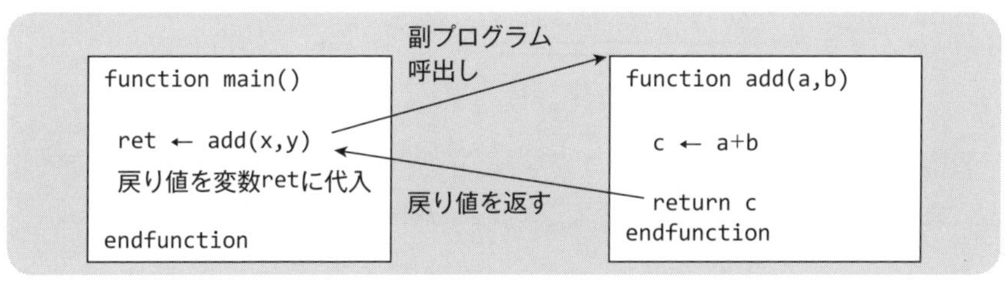

▶副プログラムの呼出しにおける制御の流れ

この例では，副プログラムadd（x,y）を呼び出すと，制御が副プログラムaddに移る。このときの実引数x，yは，この順に副プログラム中の仮引数a，bに渡され，処理が実行される。そして，副プログラムaddの実行が終了すると，呼出しの直後に制御が戻り，戻り値が呼出し側で利用できるようになる。

1.4 数理応用

❏相関係数 問7

二つの変数xとyに関して，その観測値の組合せを（x，y）と表現すると，n個の組合せは次のようになる。

(x_1, y_1)　(x_2, y_2)　(x_3, y_3)　……　(x_n, y_n)

これらの値を用いて，相関係数rを計算する公式は次のようになる。

$$r = \frac{\sum_{i=1}^{n}(x_i-\bar{x})(y_i-\bar{y})}{\sqrt{\sum_{i=1}^{n}(x_i-\bar{x})^2}\sqrt{\sum_{i=1}^{n}(y_i-\bar{y})^2}}$$

$\bar{x}$: x_i ～ x_n の平均値

$\bar{y}$: y_i ～ y_n の平均値

rのとり得る値は，$-1 \leqq r \leqq +1$となる。正の相関が強いほど，rは$+1$に近くなり，負の相関が強いほど，rは-1に近くなる。相関がない場合は0に近くなる。

❏確率 問8

ある事象が発生する頻度の割合である。例えば，サイコロは1～6の目を持つので，それぞれの目が出る確率は$\frac{1}{6}$となる。各事象が発生する確率の合計は1となる。発生する事象と確率の対応関係を確率分布といい，サイコロの目における確率分布は次のようになる。

▶サイコロの目の確率分布

出る目	1	2	3	4	5	6	合計
確率	$\frac{1}{6}$	$\frac{1}{6}$	$\frac{1}{6}$	$\frac{1}{6}$	$\frac{1}{6}$	$\frac{1}{6}$	1

事象Aが発生しない確率は，

事象Aが発生しない確率＝１－事象Aが発生する確率

として求めることができる。同様に，

事象Aが発生する確率＝１－事象Aが発生しない確率

となる。

同時に発生しない（排反である）事象Aと事象Bがある場合，いずれかが発生する確率pは，

p＝事象Aの発生する確率＋事象Bの発生する確率

となる。一方，発生の可否が相互に影響しない（独立である）事象Aと事象Bがある場合，両方がともに発生する確率pは，

p＝事象Aの発生する確率×事象Bの発生する確率

となる。また，同時に発生し得る（排反でない）事象Aと事象Bがある場合，いずれかまたは両方が発生する確率pは，

p＝事象Aの発生する確率＋事象Bの発生する確率－両方の事象が発生する確率

となる。

❑画像表現

画像を表現する場合，色の着いた画素（ピクセル）を縦横に並べ，一つひとつの画素に，白黒の２色であれば１ビット，256（2^8）色であれば８ビット，65,536（2^{16}）色であれば16ビットといった色数に対応したビットを割り当てる。結果，画像の表現に必要なビット数は，画素数と色を表現するためのビット数の積となる。例えば，1,024×768ピクセルの画像に65,536色を割り当てた場合，必要なビット数は，

1,024×768×16＝12,582,912［ビット］

となる。なお，画像を圧縮した場合，より少ないビット数で画像を表現できる。圧縮画像のフォーマットにはJPEGやGIF，PNGなどがある。

❑文字表現

コンピュータにおける文字は，ASCIIコードであれば，“A”は65（16進数では41），“j”は106（16進数では６A）などのように対応する数値を割り当てて表現する。これを文字コードという。文字コードにはさまざまな種類があり，主要な文字コードには，次のようなものがある。

▶主要な文字コード

ASCII	ANSI（米国標準規格協会）によって定められた，英数字や記号のみを扱う7ビットの文字コード体系
シフトJIS	JIS（日本工業規格）で定められた文字コード体系。英数字とカタカナを扱う8ビットと全角文字を扱う16ビットの文字コードから構成される。
EUC-JP	UNIXで用いられる，全角文字と半角カタカナ文字を2バイト又は3バイトで表現する文字コード体系。拡張UNIXコードとも呼ばれる。
Unicode	全世界で使われる多国籍文字を同一の文字集合で利用するための文字コード体系。エンコード方式によって，UTF-8やUTF-16などがある。

UTF-8	ASCII文字との互換性を保つため，ASCII文字と同じ文字は1バイトで，それ以外を2バイトから4バイト(又は6バイト)で表現する。
UTF-16	2バイトで表現できる文字は2バイトで表現し，それ以外は4バイトで表現する。

❏音声表現

音声のようなアナログ信号をコンピュータが扱う場合，ディジタル信号に変換する。この変換方式の一つに**PCM**（Pulse Code Modulation）がある。PCMでは，**標本化**（**サンプリング**），**量子化**，**符号化**の三段階でアナログ信号をディジタル信号に変換（A/D変換）する。

標本化では音声信号（アナログ信号）を一定の時間間隔で抽出する。抽出したアナログ信号は，量子化によって数値に変換され，符号化によって２進数に変換される。

１秒間に抽出する回数をサンプリング周波数（単位はHz）といい，音質を劣化させずにディジタル化するためには音声信号の最大周波数の２倍以上の周波数でサンプリングすればよいとされる。これを標本化定理という。例えば，人間の音声が持つ周波数を最大４kHz程度とした場合，サンプリング周波数は８kHz，つまり１秒間に8,000回音声信号を抽出すれば，劣化させずに音声を記録できることになる。

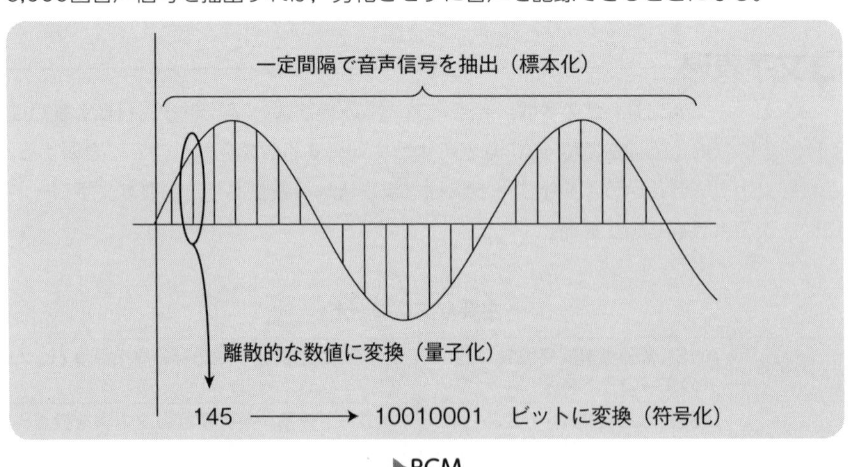

▶PCM

さらに，量子化するビット数が大きいほど，より詳細に音声を再現できる。例えば，サンプリング周波数が８kHz，量子化ビット数が８ビット（256階調）の場合，１秒間で生成されるビット数は，

8,000×８＝64,000［ビット］＝64［kビット］

となる。

PCMでは，量子化ビット数を多くすれば元の音声を忠実に再現できるが，必要な記憶容量が多くなる。これを削減する方式として，前回のサンプリング結果との差分を求めてデータ量を圧縮する**ADPCM**（Adaptive Differential Pulse Code Modulation；適応差分PCM）がある。例えば，サンプリング周波数が８kHz，量子化ビット数が８ビットでADPCMによる圧縮率が$\frac{1}{4}$であれば，１秒間で生成されるビット数は16kビットとなる。

❑ D/A変換器　問12

D/Aコンバータ（Digital to Analog Converter）ともいう。デジタル信号をアナログ信号に変換する機器である。

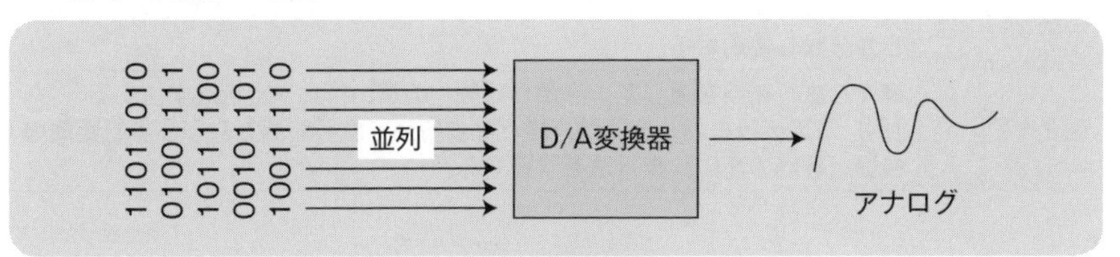

▶D/A変換器

1.5 AI

❑ ニューラルネットワーク　問14

脳の神経細胞（ニューロン）とそのつながりの仕組みをモデル化した情報処理システムである。データマイニングなどにおいて活用される。

❑ ディープラーニング（深層学習）　問14

分析処理などを機械（コンピュータ）に学習させる手法の一つである。ニューラルネットワークがもつ，

入力 →〔何層にもわたる複雑な構造変換〕→ 出力

という仕組みを模倣し，大量のデータを入力していくことでコンピュータ自らが特徴的な部分を見つけ出しながら学習を進める。

データが大量であるほど精度を上げることができ，画像認識や音声認識など様々な

分野で利用され始めている。これにより，車などに搭載されたシステムが歩行者（人間）と車や標識などを見分けることができるようになった。

❏ 機械学習 問13 問14

人間のもつ学習能力と同じ機能をコンピュータで実現する技術や手法である。大量の観測データをコンピュータに与えることでコンピュータが学習を行い，学習した特徴に基づいて予測や判断を行う。機械学習は，次の三つに分類することができる。

▶機械学習の分類

教師あり学習	解答（教師データ）の付いたデータを学習する。 【例】「猫」という解答の付いた大量の画像を学習することで，解答のない（猫の）画像に対して「これは猫」と答えることができる。
教師なし学習	解答のないデータを学習する。大量のデータを，様々な特徴によってAI自らが分類し要約する。
強化学習	様々な試行錯誤を通じて，評価（報酬）の高い行動や選択を学習する。 【例】二足歩行ロボットでは，様々な歩行法を試行錯誤しながら歩行距離の長い（評価の高い）歩行法を学習する。

1.6 プログラム言語

❏ XML（eXtensible Markup Language） 問15

インターネット上でのデータ交換を効率良く行うためのマークアップ言語であり，次のような特徴を持つ。

- 一つのXML文書は，ただ一つのルート要素を持つツリー構造となる。
- 開始タグと終了タグを対で用いる必要があり，内容がない要素は<タグ名/>という空要素タグを用いることができる。
- 要素を入れ子にできる。
- タグを自由に定義できる。

ユーザが独自のタグを定義して使用することができるため，業務要件に適した様式を定義し，企業間でやり取りすることなどが容易になる。

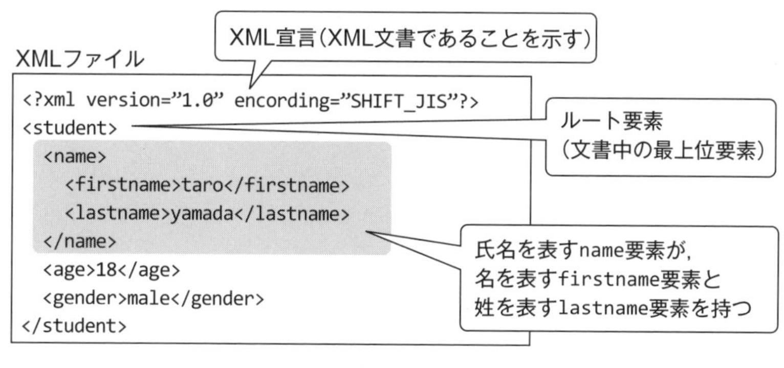

▶XML

XMLの各タグがどのような名前を持ち，どのような構造をとるかといった定義（文書型定義）は，スキーマ言語によって記述される。スキーマ言語には，DTD（Document Type Definition）などがある。

記述されたXML文書のうち，「ルートがただ一つである」「開始タグと終了タグが対応している」といったように，XMLとしての最低限の形式（文法ルール）を満たしているものを，整形式（well-formed）のXML文書という。また，整形式のXML文書のうち，DTDなどのスキーマ言語によって記述された"文書型定義"の要件を満たしているものを，妥当（valid）なXML文書という。

❑ SMIL（Synchronized Multimedia Integration Language）—— 問15

XML関連技術の一つで，静止画や動画，音声といったマルチメディアデータの位置，タイミング，時間等を制御し，表現するための言語である。

❑ Python —— 問16

パイソンと読む。初心者から専門家まで幅広く使用できる，様々な分野で活用されている汎用プログラム言語である。最も多く使用されているのが，AIアプリケーションの開発であるが，Webアプリケーションの開発などでも使われている。

文法がシンプルで柔軟性に富んでいるため，１文で多くの内容を記述できる。そのため，C言語と比較すると，同じ内容のプログラムを短く書くことができる。また，標準ライブラリや外部ライブラリが非常に豊富である。

問題編

問1 ☑□ □□ 10進数123を，英字A ～ Zを用いた26進数で表したものはどれか。ここで，A＝0，B＝1，…，Z＝25とする。 （H28S問１）

ア　BCD　　イ　DCB　　ウ　ET　　エ　TE

問2 ☑□ □□ A，B，C，Dを論理変数とするとき，次のカルノー図と等価な論理式はどれか。ここで，・は論理積，＋は論理和，$\overline{X}$はXの否定を表す。

（H26F問１）

AB \ CD	00	01	11	10
00	1	0	0	1
01	0	1	1	0
11	0	1	1	0
10	0	0	0	0

ア　$A \cdot B \cdot \overline{C} \cdot D + \overline{B} \cdot \overline{D}$　　イ　$\overline{A} \cdot \overline{B} \cdot \overline{C} \cdot \overline{D} + B \cdot D$

ウ　$A \cdot B \cdot D + \overline{B} \cdot \overline{D}$　　エ　$\overline{A} \cdot \overline{B} \cdot \overline{D} + B \cdot D$

答1 n進数への変換 ▶ P.10 ………………………………………………… **ウ**

問題のルールを用いると，アルファベットのi番目にある文字は，10進数の（i－1）に該当する。また，1桁繰り上がって26進数の“10”となった場合，この下から2桁目の“1”は10進数の26に該当する重みを持つことになる。ここで，10進数の123を26で割ってみると，

123 ÷ 26 ＝ 4 … 余り 19

となるので，10進数の123を英字A ～ Zを用いた26進数で表現した場合，

下から2桁目：4 … “E” （Eはアルファベットの5番目の文字）

と

下から1桁目：19 … “T” （Tはアルファベットの20番目の文字）

となるので“ET”が解答となる。

答2 カルノー図 ▶ P.12 ………………………………………………… **エ**

提示されたカルノー図のうち，“1”となる場合について，次のように分類する。

AB＼CD	00	01	11	10
00	1	0	0	1
01	0	1	1	0
11	0	1	1	0
10	0	0	0	0

（①：AB=00行のCD=00とCD=10の1　②：AB=01,11行のCD=01,11の1）

まず，①について考えると，A=0，B=0，D=0であれば，Cの真偽にかかわらず結果は“1”となっている。これは，

$\overline{A} \cdot \overline{B} \cdot \overline{D}$

と等価である。

また，②について考えると，B=1，D=1であれば，AやCの真偽にかかわらず結果は“1”となっている。これは，

$B \cdot D$

と等価である。①と②のいずれか（論理和）が成立すれば“1”となり，それ以外の場合で“1”となることはないので，カルノー図は

$\overline{A} \cdot \overline{B} \cdot \overline{D} + B \cdot D$

と等価である。

問3 ☑☐ ☐☐ 集合A, B, Cに対して$\overline{A \cup B \cup C}$が空集合であるとき，包含関係として適切なものはどれか。ここで，∪は和集合を，∩は積集合を，$\overline{X}$はXの補集合を，また，$X \subseteq Y$はXがYの部分集合であることを表す。

（H27F問１）

ア　$(A \cap B) \subseteq C$　　イ　$(A \cap \overline{B}) \subseteq C$　　ウ　$(\overline{A} \cap B) \subseteq C$　　エ　$(\overline{A} \cap \overline{B}) \subseteq C$

問4 ☑☐ ☐☐ 表は，入力記号の集合が｛0，1｝，状態集合が｛a，b，c，d｝である有限オートマトンの状態遷移表である。長さ３以上の任意のビット列を左（上位ビット）から順に読み込んで最後が110で終わっているものを受理するには，どの状態を受理状態とすればよいか。　（H28F問２，H26S問２）

	0	1
a	a	b
b	c	d
c	a	b
d	c	d

ア　a　　イ　b　　ウ　c　　エ　d

答3　集合 ▶ P.12 ………………………………………… **エ**

各選択肢の左辺の内容をベン図で表すと，次のようになる。

ア　$A \cap B$

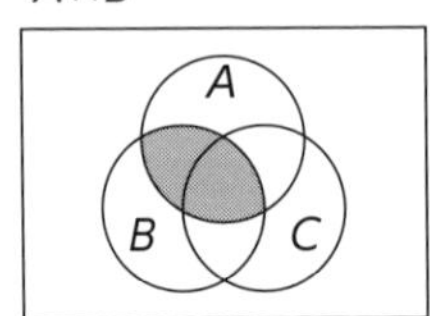

イ　$A \cap \overline{B}$

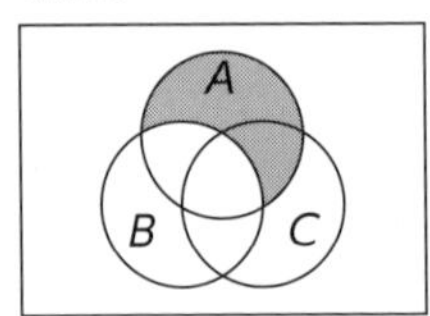

ウ　$\overline{A} \cap B$

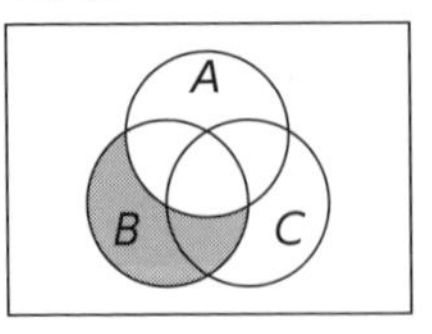

エ　$\overline{A} \cap \overline{B}$

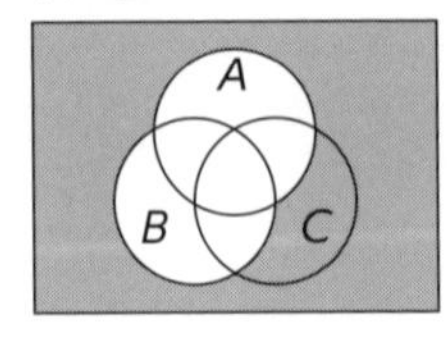

ここで，$\overline{A \cup B \cup C}$は空集合であるとされているので，ベン図の外周部分（三つの円のいずれにも入らない部分）には，要素が存在しないとみなせる。ベン図からその部分を除外すると次のようになり，$(\overline{A} \cap \overline{B})$だけが$C$の内部に収まることが分かる。

ア　$A \cap B$

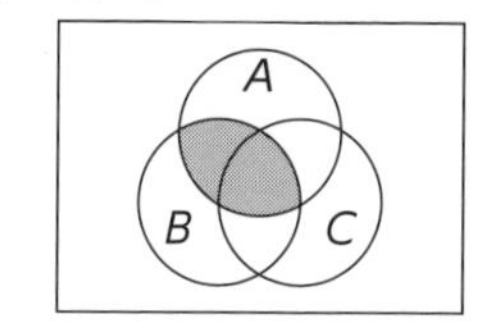

イ　$A \cap \overline{B}$

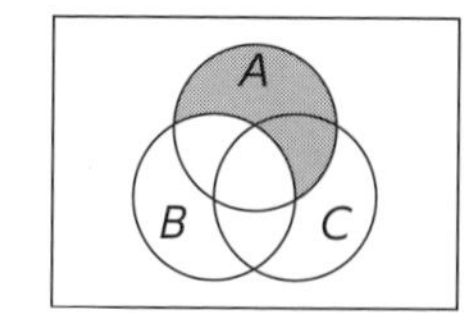

ウ　$\overline{A} \cap B$

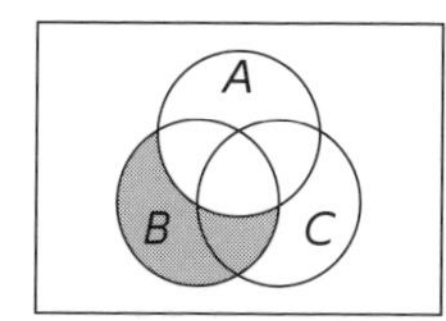

エ　$\overline{A} \cap \overline{B}$

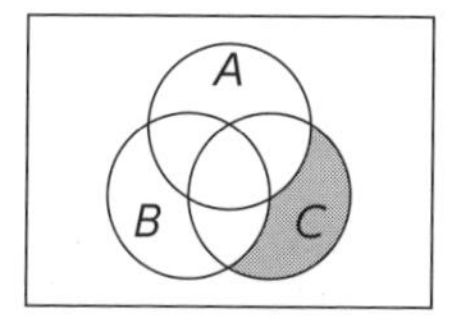

答4　有限オートマトン ▶ P.14 ……………………………… **ウ**

今いる状態に関わらず，1が現れた時点で次に遷移する状態は，bまたはdに限定される。bまたはdの状態から1が現れると状態dに遷移するので，1が二つ以上連続して現れると，状態は必ずdとなる。dの状態から0が現れた場合は必ずcに遷移することから，受理状態はcとなる。

現在の状態	状態遷移先			受理状態
	最初の1	次の1	最後の0	
状態 a	b	d	c	c
状態 b	d	d	c	c
状態 c	b	d	c	c
状態 d	d	d	c	c

問5 ☑☐ ☐☐ あるプログラム言語において，識別子（identifier）は，先頭が英字で始まり，それ以降に任意個の英数字が続く文字列である。これをBNFで定義したとき，aに入るものはどれか。（H29S問2，H23S問2）

<digit>：：= 0|1|2|3|4|5|6|7|8|9

<letter>：：= A|B|C|…|X|Y|Z|a|b|c|…|x|y|z

<identifier>：：= [a]

ア <letter>|<digit>|<identifier><letter>|<identifier><digit>

イ <letter>|<digit>|<letter><identifier>|<identifier><digit>

ウ <letter>|<identifier><digit>

エ <letter>|<identifier><digit>|<identifier><letter>

問6 ☑☐ ☐☐ 非負の整数m，nに対して次のとおりに定義された関数Ack(m，n)がある。Ack(1，3)の値はどれか。（H30S問2）

$$\mathrm{Ack}(m, n)=\begin{cases}\mathrm{Ack}(m-1, \mathrm{Ack}(m, n-1)) & (m>0\text{かつ}n>0\text{のとき}) \\ \mathrm{Ack}(m-1, 1) & (m>0\text{かつ}n=0\text{のとき}) \\ n+1 & (m=0\text{のとき})\end{cases}$$

ア 3　イ 4　ウ 5　エ 6

問7 ☑☐ ☐☐ 相関係数に関する記述のうち，適切なものはどれか。（H29F問1，H23S問1）

ア 全ての標本点が正の傾きをもつ直線上にあるときは，相関係数が＋1になる。

イ 変量間の関係が線形のときは，相関係数が0になる。

ウ 変量間の関係が非線形のときは，相関係数が負になる。

エ 無相関のときは，相関係数が－1になる。

答5 BNF ▶ P.15 …………… **エ**

<digit> は任意の数字を，<letter> は任意の英字を表している。

識別子は，「先頭が英字」の必要があるので，定義中に，

<letter>

は単独で含まれるが，

<digit>
は単独で含まれてはならない。また，「任意個の英数字が続く」ためには，
識別子として成立している文字列＋数字
識別子として成立している文字列＋英字
が，どちらも識別子となるように定義すればよい。したがって，
<identifier> <digit>
<identifier> <letter>
が，どちらも定義中に含まれることになる。
以上が <identifier> の条件なので，これらを“｜”によってつなげた，
<letter> | <identifier> <digit> | <identifier> <letter>
が答えとなる。

答6 関数 ▶ P.16　再帰アルゴリズム ▶ P.54 ………… **ウ**

再帰呼出しにおいて，引数の一方がさらに再帰呼出しとなっている点に注意が必要である。Ack（1，3）が終了するまでの流れを追跡してみると次のようになる。

```
Ack(1, 3) ⇒ Ack(0, Ack(1, 2)) ⇒ Ack(0, 4) ⇒ 4+1=5
                   ⇓
            Ack(0, Ack(1, 1)) ⇒ Ack(0, 3) ⇒ 3+1=4
                       ⇓
                   Ack(0, Ack(1, 0)) ⇒ Ack(0, 2) ⇒ 2+1=3
                              ⇓
                          Ack(0, 1) ⇒ 1+1=2
```

したがって，最終的な結果は5となる。この関数はアッカーマン関数と呼ばれるものであり，引数の値が大きくなると処理回数が非常に増加するという特徴を持っている。

答7 相関係数 ▶ P.18 ………… **ア**

相関係数は一般に記号rで表され，$-1 \leqq r \leqq +1$ の範囲の値をとる。正の相関が強いほど，rは＋1に近くなり，負の相関が強いほど，rは－1に近くなる（相関がない場合は0に近くなる）。

ア　正しい。このような関係を正の完全相関といい，２属性の値（x，y）の間には，
$y = ax + b \quad (a > 0)$
の関係が成立する。逆に負の完全相関（$a < 0$）の場合には，相関係数が－１となる。
イ　関係が線形であるとは，“ア”の解説で示したように完全相関であることを示す。この場合，相関係数は＋１か－１である。
ウ　関係が非線形の場合，$-1 < r < +1$ となる。この記述だけでは，正負は特定できない。
エ　関係が無相関の場合，相関係数は0になる。

問8 ☑☐ ☐☐ 製品100個を1ロットとして生産する。一つのロットからサンプルを3個抽出して検査し，3個とも良品であればロット全体を合格とする。100個中に10個の不良品を含むロットが合格と判定される確率は幾らか。

（H27S問2）

ア $\frac{7}{10}$　イ $\frac{178}{245}$　ウ $\frac{729}{1000}$　エ $\frac{89}{110}$

問9 ☑☐ ☐☐ ディジタルハイビジョン対応のビデオカメラやワンセグの映像圧縮符号化方式として採用されているものはどれか。（H27F問9）

ア AC-3　イ G.729　ウ H.264/AVC　エ MPEG-1

答8 確率 ▶ P.18 …… **イ**

一つのロットから3個を抽出して3個とも良品である，ということは，

① 100個の中から取り出した1個が，良品である
② ①が起こった前提で，残りの99個から取り出した1個が，良品である
③ ①②が起こった前提で，残りの98個から取り出した1個が，良品である

という事象がすべて起こる場合を意味する。それぞれの確率は，

① … 100個中10個が不良品，残りの90個が良品なので，$\frac{90}{100}$
② … 99個中10個が不良品，89個が良品となっているので，$\frac{89}{99}$
③ … 98個中10個が不良品，88個が良品となっているので，$\frac{88}{98}$

と求められるので，これらをすべて掛け合わせた，

$$\frac{90}{100}\times\frac{89}{99}\times\frac{88}{98}$$

$$=\frac{178}{245}$$

が合格確率となる。

なお，組合せ（combination）の概念および公式を知っていれば，

(a) 100個から３個を取り出すときの組合せの数

$${}_{100}C_3=\frac{100!}{97!\times 3!}=\frac{100\times 99\times 98}{3\times 2}$$

(b) 良品である90個から３個を取り出すときの組合せの数

$${}_{90}C_3=\frac{90!}{87!\times 3!}=\frac{90\times 89\times 88}{3\times 2}$$

を用いて，

$$\frac{(b)}{(a)}=\frac{90\times 89\times 88}{100\times 99\times 98}=\frac{178}{245}$$

のように答えを導いてもよい。

答9 ……………………………………………………………………… **ウ**

ディジタルハイビジョン放送やワンセグ放送などに用いられる動画データの符号化方式をH.264/AVCという。DVDなどで用いられるMPEG-2と比べて圧縮率が高く，低ビットレート（低速低画質）から高ビットレートまでのさまざまな用途に用いられる。H.264/MPEG-4 AVCともいう。

- AC-3：映画やDVD，Blu-rayなどに採用されている音声圧縮符号化方式の一つ。ドルビーサラウンドともいう
- G.729：IP電話（VoIP）などに採用されている音声圧縮符号化方式の一つ
- MPEG-1：動画圧縮符号化方式の一つ。ビデオCDなどに利用されていた

問10 ☑□ □□ 四つのアルファベットa～dから成るテキストがあり，各アルファベットは２ビットの固定長２進符号で符号化されている。このテキストにおける各アルファベットの出現確率を調べたところ，表のとおりであった。各アルファベットの符号を表のような可変長２進符号に変換する場合，符号化されたテキストの，変換前に対する変換後のビット列の長さの比は，およそ幾つか。　(H29F問２)

アルファベット	a	b	c	d
出現確率（％）	40	30	20	10
可変長２進符号	0	10	110	111

ア　0.75　　イ　0.85　　ウ　0.90　　エ　0.95

問11 ☑□ □□ a，b，c，dの４文字から成るメッセージを符号化してビット列にする方法として表のア～エの４通りを考えた。この表はa，b，c，dの各１文字を符号化するときのビット列を表している。メッセージ中でのa, b, c, dの出現頻度は，それぞれ50%，30%，10%，10%であることが分かっている。符号化されたビット列から元のメッセージが一意に復号可能であって，ビット列の長さが最も短くなるものはどれか。　(R2F問２，H28S問２，H22F問２)

	a	b	c	d
ア	0	1	00	11
イ	0	01	10	11
ウ	0	10	110	111
エ	00	01	10	11

問12 ☑□ □□ ８ビットD/A変換器を使って負でない電圧を発生させる。使用するD/A変換器は，最下位の１ビットの変化で出力が10ミリV変化する。データに０を与えたときの出力は０ミリVである。データに16進数で82を与えたときの出力は何ミリVか。　(R2F問８)

ア　820　　イ　1,024　　ウ　1,300　　エ　1,312

答10 …………………………………………………………………………………………… エ

問題の表から，１文字当たりで考えると

1ビットの“0”に変換される確率：0.4

2ビットの“10”に変換される確率：0.3

3ビットの“110”に変換される確率：0.2

3ビットの“111”に変換される確率：0.1

ということになる。このビット数と確率の関係を用いて，アルファベット１文字当たりの「変換後の符号長」を求めてみると，

$1 \times 0.4 + 2 \times 0.3 + 3 \times 0.2 + 3 \times 0.1 = 0.4 + 0.6 + 0.6 + 0.3 = 1.9$

となり，平均して１文字当たり1.9ビットになることが分かる。変換前は１文字当たり２ビットの固定長だったのだから，長さの比は

$1.9 \div 2 = 0.95$

となる。

答11 …………………………………………………………………………………………… ウ

各選択肢が「一意に復号可能」という条件を満たすか否かを調べると，

ア　例えば“00”というビット列は“aa”と“c”の２通りに解釈できるので，一意に復号することができない。

イ　例えば“0110”というビット列は“ada”と“bc”の２通りに解釈できるので，一意に復号することができない。

となり，“ア”と“イ”は条件を満たさないことが分かる。

“ウ”と“エ”は，元のメッセージを一意に復号できる。この二つについて，出現頻度をもとにビット列の平均長（期待値）を求めてみると次のようになる。

ウ　$0.5 \times 1 + 0.3 \times 2 + 0.1 \times 3 + 0.1 \times 3 = 1.7$［ビット］

エ　$0.5 \times 2 + 0.3 \times 2 + 0.1 \times 2 + 0.1 \times 2 = 2$［ビット］

以上より，答えは“ウ”となる。

答12　D/A変換器 ▶ P.21 …………………………………………………………… ウ

データが０のときの出力が０ミリVであり，１ビットの変化で10ミリV変化するのであるから，

与えられたデータの値×10［ミリV］

が出力されることになる。16進数の82は10進数で130（$8 \times 16 + 2$）なので，

$130 \times 10 = 1{,}300$［ミリV］

が出力される。

問13 ☑□ □□ AIの機械学習における教師なし学習で用いられる手法として，最も適切なものはどれか。 (R元F問３)

ア　幾つかのグループに分かれている既存データ間に分離境界を定め，新たなデータがどのグループに属するかはその分離境界によって判別するパターン認識手法

イ　数式で解を求めることが難しい場合に，乱数を使って疑似データを作り，数値計算をすることによって解を推定するモンテカルロ法

ウ　データ同士の類似度を定義し，その定義した類似度に従って似たもの同士は同じグループに入るようにデータをグループ化するクラスタリング

エ　プロットされた時系列データに対して，曲線の当てはめを行い，得られた近似曲線によってデータの補完や未来予測を行う回帰分析

問14 ☑□ □□ AIにおけるディープラーニングに関する記述として，最も適切なものはどれか。 (H31S問２)

ア　あるデータから結果を求める処理を，人間の脳神経回路のように多層の処理を重ねることによって，複雑な判断をできるようにする。

イ　大量のデータからまだ知られていない新たな規則や仮説を発見するために，想定値から大きく外れている例外事項を取り除きながら分析を繰り返す手法である。

ウ　多様なデータや大量のデータに対して，三段論法，統計的手法やパターン認識手法を組み合わせることによって，高度なデータ分析を行う手法である。

エ　知識がルールに従って表現されており，演繹（えき）手法を利用した推論によって有意な結論を導く手法である。

問15 ☑□ □□ 動画や音声などのマルチメディアコンテンツのレイアウトや再生のタイミシグをXMLフォーマットで記述するためのW3C勧告はどれか。 (H28F問８，H23S問10)

ア　Ajax　　イ　CSS　　ウ　SMIL　　エ　SVG

答13 機械学習 ▶ P.22 ………………………………………………………… ウ

機械学習は次のような種類に分類できる。

- 教師あり学習：データとそれに対する「正解」を与えて，結果が近似するよう学習させる手法
- 教師なし学習：明確な正解は与えずにコンピュータ自身にグループ分けやモデル構築を任せる手法
- 強化学習：ゲームの勝敗などの結果をフィードバックしながら，より良い結果となるように試行していく手法

“ウ”は，類似度を用いて似たもの同士をグループ化していく手法を指しており，教師なし学習の一つと言える。

答14 ニューラルネットワーク ▶ P.21 ディープラーニング ▶ P.21
機械学習 ▶ P.22 ………………………………………………………… ア

ディープラーニングは，ニューラルネットワークという人間の脳の神経細胞（ニューロン）の仕組みを利用して，処理を行う層を何層も重ねて予測の精度を向上させている。機械学習のうち，多層のニューラルネットワークを用いた手法がディープラーニングといえる。

イ データマイニング，及びそこで生じる外れ値の検出・除外に関する記述である。
ウ BIツールなどを用いたビッグデータ分析に関する記述である。
エ 演繹法を用いた論理的思考に関する記述である。

答15 XML ▶ P.22 SMIL ▶ P.23 ………………………………………………… ウ

SMIL（Synchronized Multimedia Integration Language）は，マルチメディアを用いたプレゼンテーション情報をXML形式で記述するための言語仕様である。テキストや音声，動画などの各メディアのレイアウトや再生制御の手順などを指定できる。

- Ajax：JavaScriptを活用し，画面遷移なしで動的なホームページ処理を実現する技術
- CSS（Cascading Style Sheet）：文字の大きさやレイアウトなどに関する情報をスタイルシートとして定義する仕組み
- SVG（Scalable Vector Graphics）：線や円などのベクタ図形の情報をXML形式で記述し，画像を表現する言語仕様

問16 ☑☐ ☐☐ オブジェクト指向のプログラム言語であり，クラスや関数，条件文などのコードブロックの範囲はインデントの深さによって指定する仕様であるものはどれか。 (R2F問３)

ア JavaScript　　イ Perl　　ウ Python　　エ Ruby

答16 Python ▶ P.23 ………… **ウ**

Python（パイソン）はWebアプリケーション，データ解析など，幅広い分野で利用されているスクリプト言語である。次のような特徴を持ちディープラーニングなどの機械学習や人工知能（AI），IoTなどの分野に多く使用されている。

- オブジェクト指向型のプログラミングが可能である。
- 文法がシンプルなので，プログラムを書きやすい。また，プログラムが読みやすい(可読性が高い)。
- インデントを用いた字下げ（オフサイドルール）によって，可読性が高い。
- 豊富なライブラリが提供されている。

2 データ構造とアルゴリズム

知識編

2.1 データ構造

❑抽象データ型

データの内部構造には触れずに，データに対する基本操作だけで定義されたデータ種別である。PUSHとPOPという二つの基本操作だけで定義されるスタックは，抽象データ型に該当する。抽象データ型は，次のような特徴や利点を持つ。

- カプセル化…データとデータを操作する手続きをひとまとめに定義することである。データを扱うモジュールはカプセル化された手続きを利用してデータにアクセスするため，アルゴリズムとデータを明確に分離でき，情報隠ぺいを実現できる。
- 情報隠ぺい…モジュールなどを設計する際に必要最低限の外部仕様のみを公開する概念である。情報を隠ぺいすることによってモジュールの独立性が高まり，変更に対する耐性を高めることができる。

❑線形リスト 問1

データを格納するデータ部と，次または前の要素を指すポインタ部から構成される要素をつないだデータ構造である。線形リストでは，要素の並び順が物理的な位置関係に依存せず，論理的な位置関係を実現できる。

要素が次の要素を指すポインタ部のみを持ち，リストを前から後ろの一方向にだけたどることができる線形リストを**単方向リスト**という。単方向リストでは，末尾の要素のポインタ部には次の要素がないことを示す特別な値（NULLなど）が格納される。末尾の要素のポインタ部に先頭の要素を示す値を格納し，要素が環状に結ばれているリストを**環状リスト**（**循環リスト**）という。また，要素が次の要素を指すポインタ部と前の要素を指すポインタ部を持ち，リストの前後両方向にたどることができる線形リストを**双方向リスト**という。

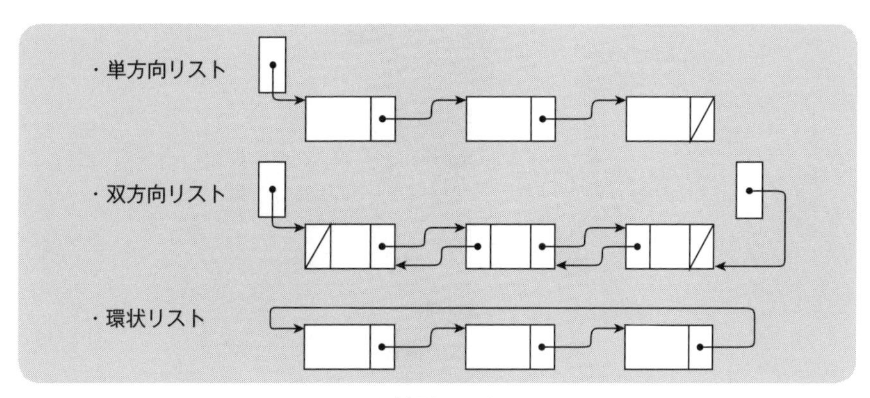

▶**線形リスト**

線形リストは，構造体の配列を用いて実現することも可能である。この場合，ポインタ部には次の要素を示す配列の添字を格納し，末尾の要素のポインタ部には配列の添字として無効な値（－1など）を設定する。

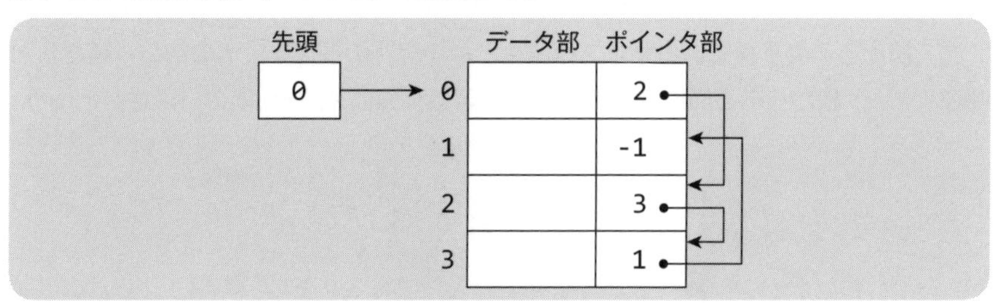

▶**レコード型配列を用いたリストの例**

❏木構造

複数の要素を階層的に並べたデータ構造で，次のような要素で構成されている。

- 節（node）…木を構成する要素の集合
- 根（root）…階層の一番浅い位置にある節
- 辺または枝（branch）…節と節を結ぶ経路
- 親（parent）…枝で結ばれた節と節のうち，根から近い方の節
- 子（child）…枝で結ばれた節と節のうち，根から遠い方の節
- 兄弟（sibling）…同じ親を持つ子どうし
- 葉（leaf）…子を持たない節
- 子孫（descendant）…ある節から見て下方に位置する節
- 祖先（ancestor）…ある節から見て上方に位置する節

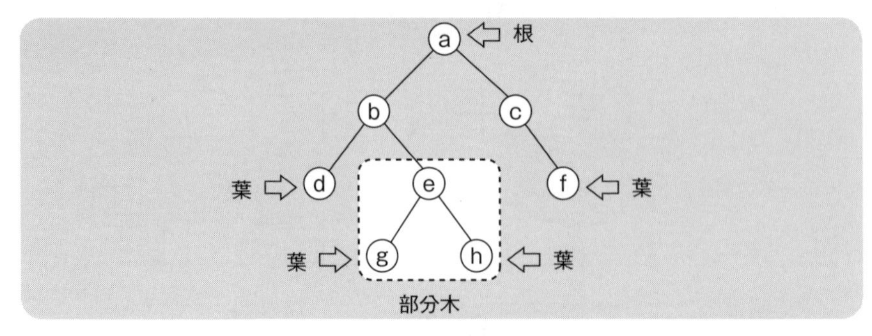

▶**木の構造**

この図において，アルファベットが書いてある丸が**節**である。節aは**根**であり，節d，節f，節g，節hは**葉**である。また，節e，節g，節hに着目したとき，節gと節hは節eの**子**であり，節eは節gと節hの**親**である。このとき，点線で囲まれたこれらの節は，節eを根とした木とも考えられる。このような木の一部分を「部分木」という。

ある節からその子孫である葉までの最長となる経路の長さを，その節の「**高さ**」と呼ぶ。また，根からある節に到達するまでに通る枝の数を，その節の「**深さ**」という。

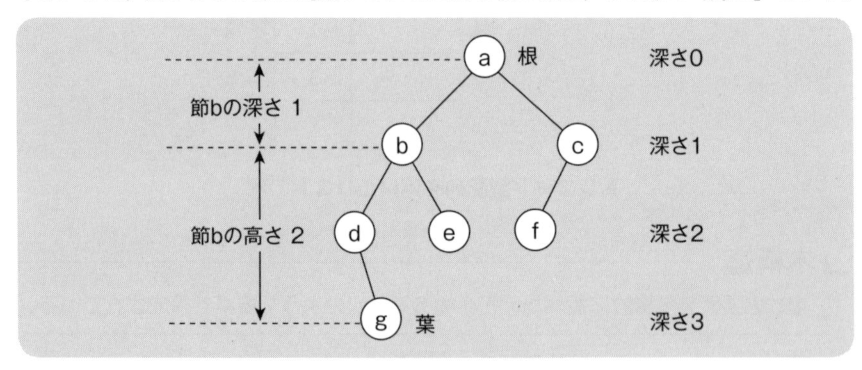

▶**木の高さと深さ**

❑ 2分木

木構造において，各節が最大二つまでの子を持てる木を２分木という。各節が次の性質のうちのいずれかを満たしている木が２分木である。

- 子を持たない。
- 左の子を一つだけ持つ。
- 右の子を一つだけ持つ。

●左の子と右の子を一つずつ持つ。

2分木において，ある節の右側に位置する部分木を右部分木，左側に位置する部分木を左部分木という。

❑完全2分木

完全2分木を構成するためには，根から深さの小さい順に節を詰めていき，各深さにおいて2の深さ乗個（深さをiとするならば2^i個）の節を詰める。ただし，一番下（i番目）の深さでは，左から順に節を詰めれば，節の数が2^i個に満たなくてもかまわない。すなわち，完全2分木とは，高さhの2分木において，深さi（$0 \leqq i < h$）の節が2^i個存在し，深さhの節が左詰めに並んでいるものである。

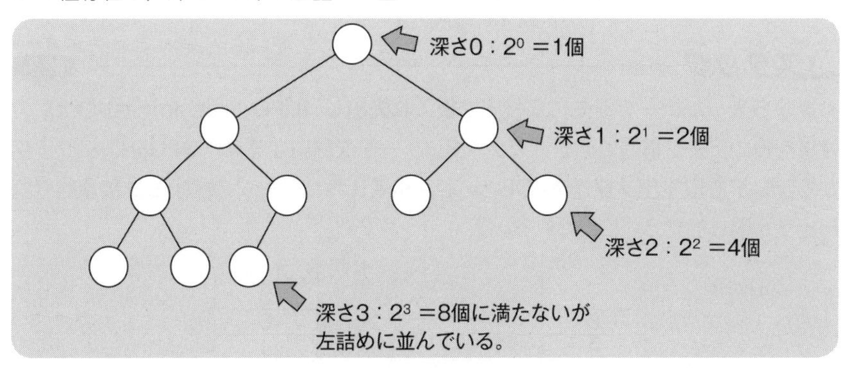

▶完全2分木の例

完全2分木において，どの親子の節の値についても一定の大小関係が成立しているものを**ヒープ**（heap）という。

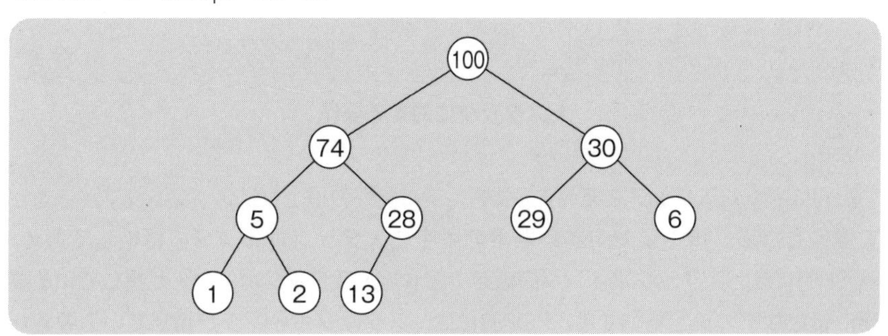

▶ヒープの例

この図は，

親の節が持つ値≧子の節が持つ値

という関係が成立しているヒープである。

❑ 2分探索木

次の条件を満たした２分木が２分探索木である。

- ある節の左部分木に属する節の値は，すべてその節の値より小さい。
- ある節の右部分木に属する節の値は，すべてその節の値より大きい。

２分探索木にデータを格納した場合，要素の参照などに伴う計算量は木の高さに比例する。

❑ スタック 問3

後から入ったデータを先に取り出す**後入れ先出し**（**LIFO**：Last-In First-Out）の性質を持つデータ構造である。スタックにデータを格納する操作を**PUSH**，スタックからデータを取り出す操作を**POP**といい，格納されたデータの読出しは破壊的（読み出すと消去される）に行われる。

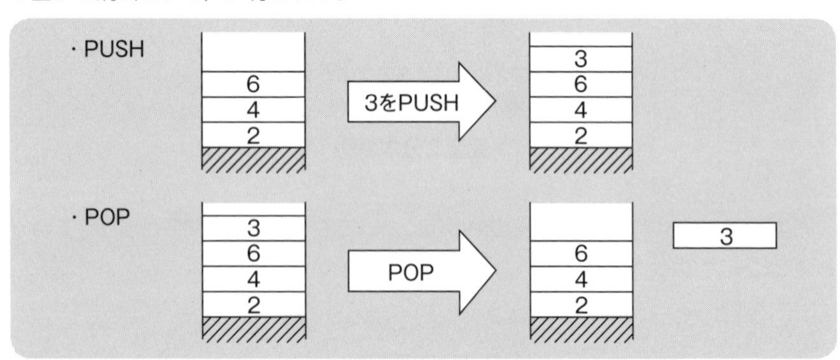

▶**スタックに対する操作**

配列によってスタックを実現する場合，常に配列の頂上（スタックトップ）に対して操作を行う。頂上に対応する要素の添字をスタックポインタに格納しておき，PUSH時には，スタックポインタの値を１増やし，スタックポインタが指している要素に新たなデータを格納する。POP時には，スタックポインタが指している要素からデータを取り出し，スタックポインタの値を１減らす。

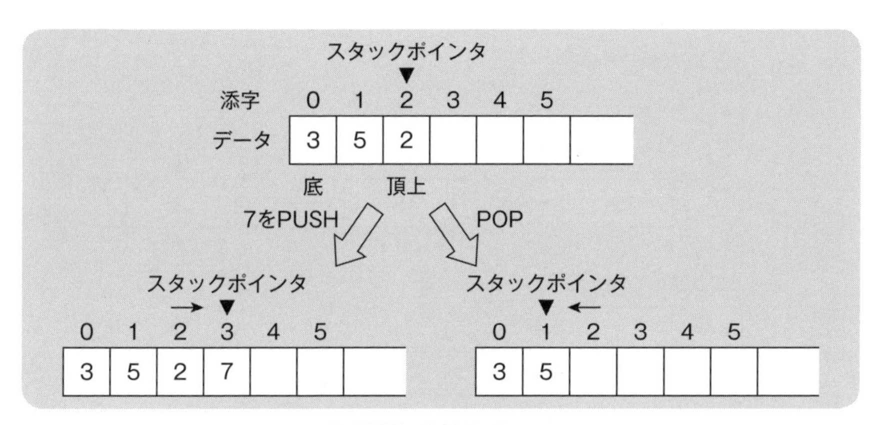

▶配列によるスタック

あるいは，次にデータを格納すべき要素の添え字をスタックポインタに格納しておき，PUSH時には，スタックポインタが指している要素に新たなデータを格納する。POP時には，スタックポインタの値を１減らし，スタックポインタが指している要素からデータを取り出す。

リストによってスタックを実現する場合，リストの先頭でPUSHやPOPを行うとリストをたどる必要がなく，少ない計算量でスタックを実現でき，効率が良い。

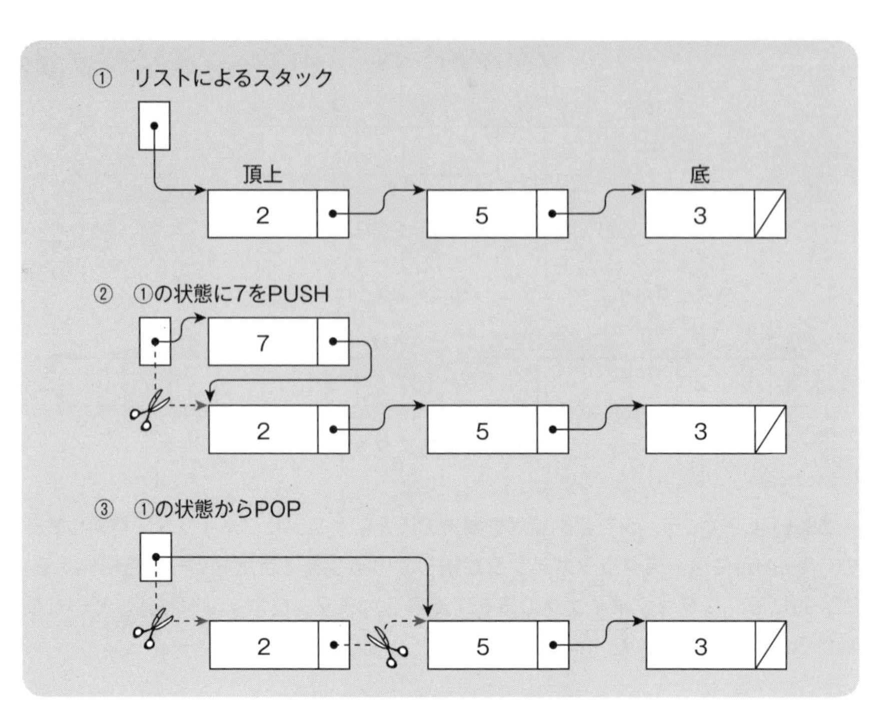

▶リストによるスタックの実現

❏キュー

先に入ったデータを先に取り出す**先入れ先出し**（**FIFO**：First-In First-Out）の性質を持つデータ構造である。キューにデータを格納する操作を**エンキュー**(enqueue)，キューからデータを取り出す操作を**デキュー**（dequeue）といい，格納されたデータの読出しは，スタックと同様に破壊的に行われる。

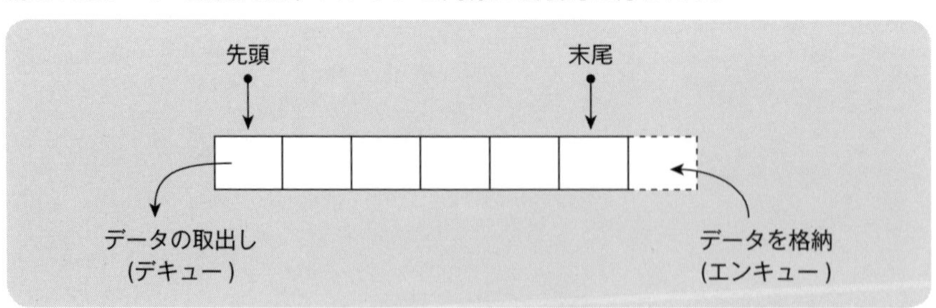

▶キューに対する操作

配列によってキューを実現する場合，データを格納する場所（キューの末尾）を示す情報と，データを取り出す場所（キューの先頭）を示す情報が必要となる。エンキューのときは，末尾の要素の添字を格納している変数の値を1増やし，新たな末尾の要素としてデータを格納する。デキューのときは，先頭の要素の添字を格納している変数に従ってデータを取り出し，その変数の値を1増やす。

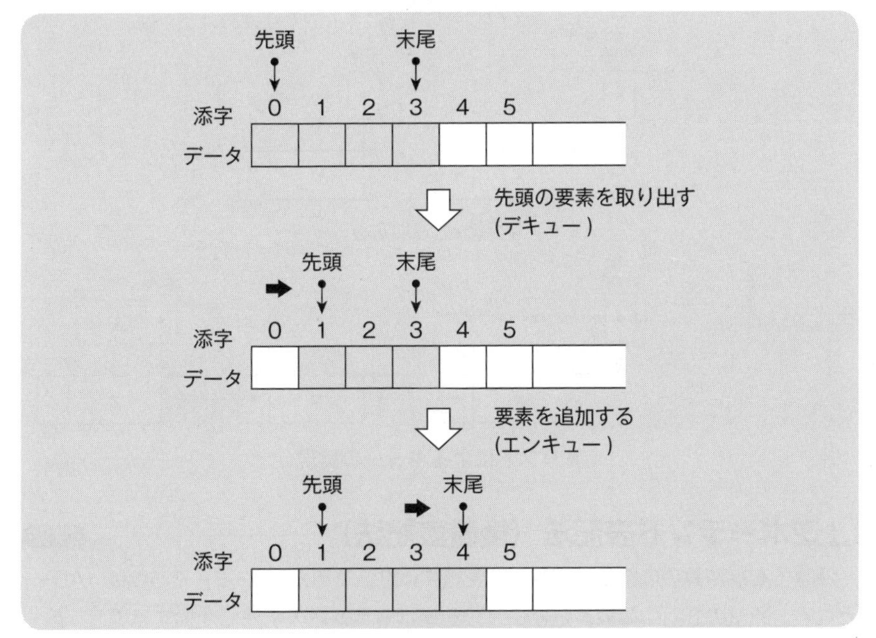

▶配列によるキューの実現

この方法では，無限配列が必要になる。そこで，先頭や末尾を示す添字の値に制限を設け，上限を超えた場合は下限に戻すことによって，有限配列を循環利用する方法がとられる。

リストによってキューを実現する場合，先頭の要素へのポインタを格納する変数と，末尾の要素へのポインタを格納する変数を用意する。エンキューのときは要素にデータを格納し，末尾の要素の次の要素を指すポインタと末尾の要素へのポインタを格納する変数を追加した要素に更新する。デキューのときは先頭の要素へのポインタを格納する変数に従って先頭の要素からデータを取り出し，先頭の要素へのポインタを格納する変数を次の要素に更新する。

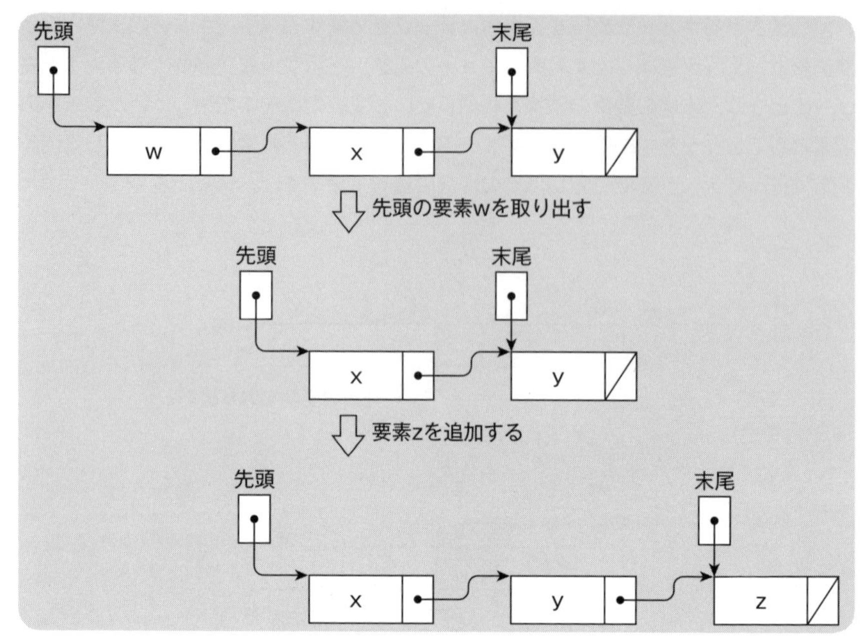

▶リストによるキューの実現

❑逆ポーランド表記法（後置表記法） 問2

演算子を被演算項の後ろ（右側）に表記する方法であり,「A+B」であれば「AB+」となる。通常の式（中置表記法という）を逆ポーランド表記法に変換する場合，最も優先度が低い（最後に作用する）演算子から順に後置表記法に変換すればよい。逆ポーランド表記法では括弧が不要なため，逆ポーランド表記法に変換する過程で括弧は除去される。また，最も優先度が高い演算子から変換してもよい。式“X=A+B×(C+D)−E”を逆ポーランド表記法に変換すると，次のようになる。ここで，下線は中置表記法（変換前）を表す。

X=A+B×(C+D)−E
XA+B×(C+D)−E=
XA+B×(C+D)E−=
XAB×(C+D)+E−=
XAB(C+D)×+E−=
XABCD+×+E−=

“A+B×(C+D)−E”を逆ポーランド表記法で表現すると，次のようになる。逆ポーランド表記法は，構文木を「左から」「深さ優先順の」「後行順に」巡回した結果と一致する。

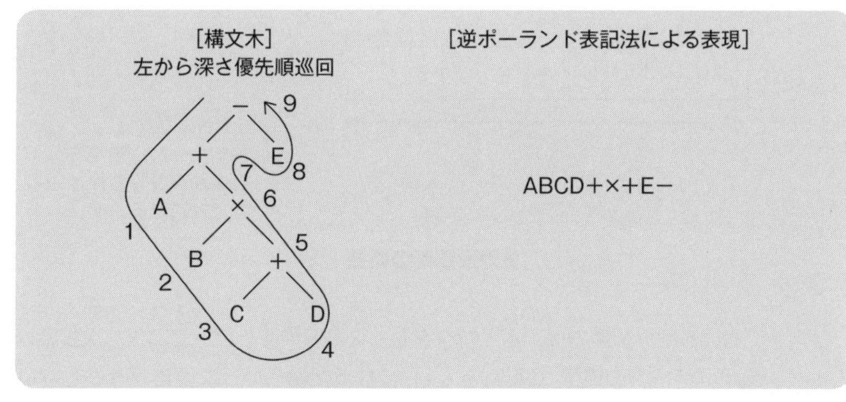

▶構文木と逆ポーランド表記法

2.2 探索アルゴリズム

❏線形探索

列の先頭の要素から順に１要素ずつ，目的の要素を探していく探索アルゴリズムである。線形探索には，配列や線形リストなどを用いることができ，汎用性の高いアルゴリズムである。

線形探索は，データ列のi（i＝０，１，２，…，N－１）番目の要素を探索キーと比較し，一致しなければ（i＋１）番目の要素と比較する手順を，

　　i≧要素数となるか，i番目の要素と探索キーが一致する

まで繰り返す。次図は探索キーと一致する要素がデータ列に存在しない場合の例である。i＝要素数（N）になるまで探索した場合は，探索キーと一致する要素がデータ列中に存在しなかったことになる。

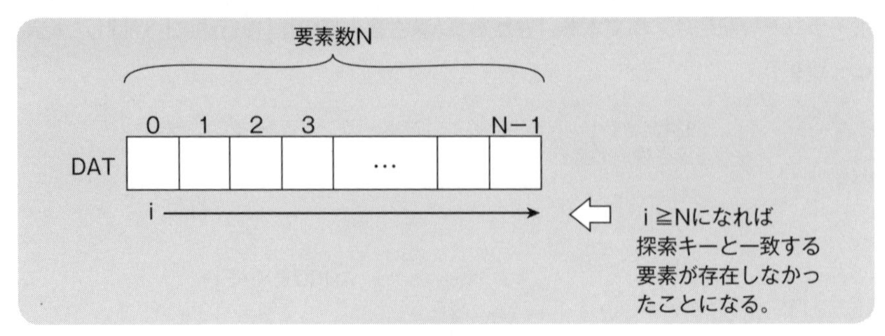

▶線形探索の概要

リストにおける線形探索では，ポインタをもとに各要素をたどっていき，次要素へのポインタが「データの終了（NULLなど）」になった場合は，次要素が存在しないため，そのリストには探索キーと一致する要素が存在しなかったことになる。

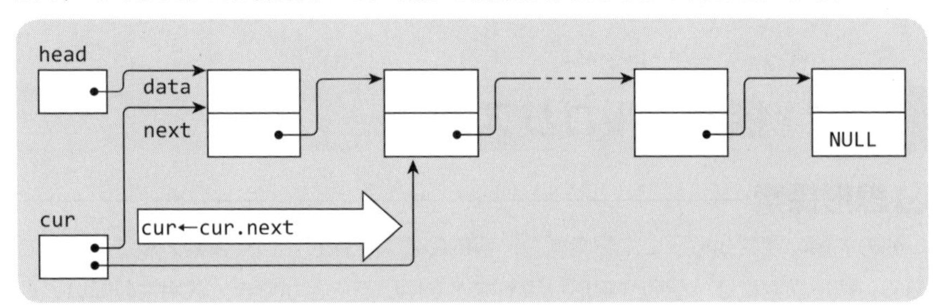

▶リスト構造における線形探索の概要

❑線形探索の計算量

探索の対象となる要素数をNとした場合，配列のi番目に探索キーと一致する要素があればi回の比較が行われる。したがって，線形探索の平均比較回数は次式で求められる。

$$\frac{\sum_{i=1}^{N} i}{N} = \frac{(N+1) \times \frac{N}{2}}{N} = \frac{N+1}{2}$$

▶計算式

オーダ表記ではO（N）となり，線形探索の計算量は要素数Nに比例することになる。

❏ 2分探索

要素が昇順または降順に並んでいる配列において，探索範囲の中央に位置する要素と探索キーを比較し，比較結果に応じて探索範囲の半分を切り捨て，探索範囲を狭めながら探索キーと一致する要素を探し出すアルゴリズムである。

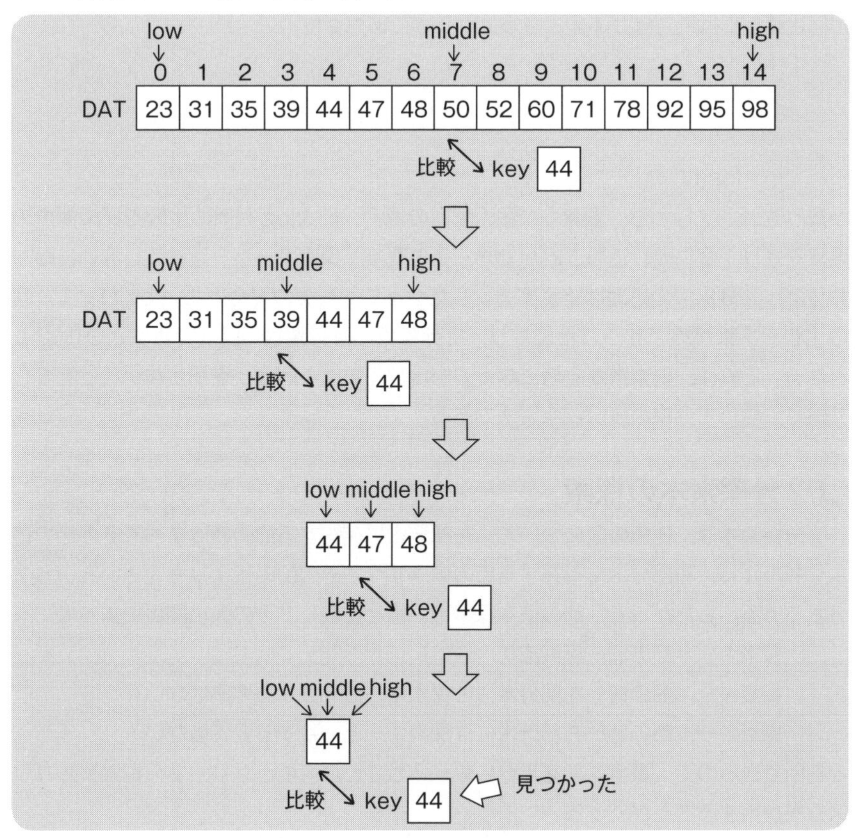

▶ 2分探索の概要

検索を始めるときは，配列全体を探索範囲とし，探索範囲の中央位置を求める。その後，探索範囲を狭めていくが，中央位置の添字（middle）は，探索範囲の先頭となる添字（low），末尾となる添字（high）とすると，$\frac{\text{low}+\text{high}}{2}$で求めることができる。探索キーと一致する要素が配列に存在しない場合は，最終的にhigh＜lowとなる。

❏ 2分探索の計算量

探索対象の要素数をNとした場合，１回比較するごとに探索対象となる要素数は$\frac{N}{2}$，$\frac{N}{4}$，…と減っていく。したがって，m回比較すれば，探索対象となる要素数は$\frac{N}{2^m}$個となっているはずである。探索終了時に探索対象が残り１個となった状態，つまり，m回比較して探索対象が１個となっているのであれば，

$$\frac{N}{2^m}=1$$

$$N=2^m$$

$$m=\log_2 N$$

が成り立つ。すなわち，要素がN個の配列の場合，最大$\log_2 N$回の比較で探索対象の要素を残り１個に絞り込むことができ，その要素が探索キーと一致するしないにかかわらず，２分探索の処理は終了する。したがって，最悪の場合でも（$\log_2 N+1$）回の比較で探索が終了することになり，２分探索の計算量はO記法で表すとO(logN)となる。これは，要素数が２倍になっても比較回数は１回しか増加しないことを表しており，極めて効率の良い探索方法である。

❏ 2分探索木の探索

２分探索木は，任意の節について，左部分木に存在する節の値はすべてその節の値よりも小さく，右部分木に存在する節の値はすべてその節の値よりも大きいという２分木である。したがって，節の値を探索キー値と比較し，その大小関係によって

探索キー＝節の値…探索成功

探索キー＞節の値…左部分木には探索キーと一致する要素はない

探索キー＜節の値…右部分木には探索キーと一致する要素はない

と判断できるので，探索対象を半分に絞り込むことが可能となり，２分探索アルゴリズムを適用することができる。

root		left	data	right
0 →	0	1	15	3
	1	2	7	−1
	2	−1	5	−1
	3	5	25	4
	4	−1	28	−1
	5	−1	17	−1

▶2分探索木

❏ 2分探索木の計算量

探索対象が要素数Nの完全2分木の場合，木の高さは$\log_2 N$に比例する。すなわち，配列を用いた2分探索と同様に，最大比較回数は（$\log_2 N$＋1）回となり，計算量はO記法で表すとO(logN）となる。一方，各節が子を一つだけ持つ2分探索木では，木の高さがNとなるため，計算量はO(N）となり最悪の2分探索木となる。

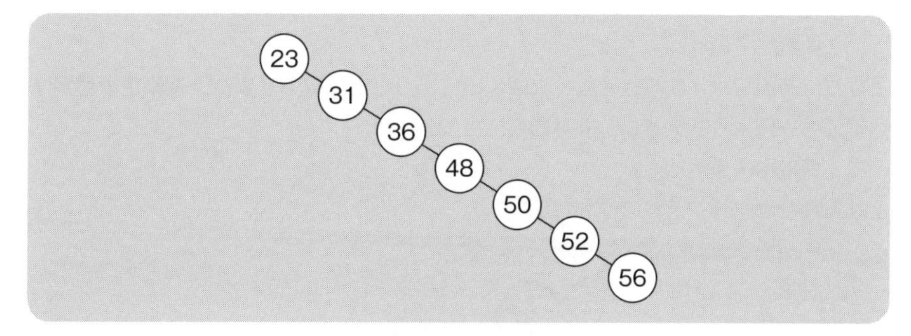

▶最悪の2分探索木

❏ B木

2分探索木に対して挿入や削除などの操作を繰り返すと，要素数が偏った2分探索木になってしまう。このような2分探索木の左右の要素数を調整し平衡を保つ木を「**バランス木**（平衡木)」という。B木は，多分木（各節が三つ以上の子を持つことができる木）をベースにしたバランス木である。B木は次の条件を満たす。

- 根は0個以上2k個以下のキーを持つ。
- 根と葉以外の各節は，k個以上2k個以下のキーを持つ（k個未満は許されない)。
- 根各節は（キーの数＋1）のポインタを持つ。
- 根からすべての葉までの経路の長さは等しい。

k＝2の時の節の構造は次図のようになる。

p_0	k_0	p_1	k_1	p_2	k_2	p_3	k_3	p_4
ポインタ	キー	ポインタ	キー	ポインタ	キー	ポインタ	キー	ポインタ

▶B木の節の構造

一つの節には，キー値k_iとポインタp_iは，

p_0，k_0，p_1，k_1，…，p_{2k-1}，k_{2k-1}，p_{2k}

と並び，キー値k_iは，

$k_0 < k_1 < \cdots < k_{2k-1}$

という関係にある。また，ポインタp_iは，

「キー値k_{i-1}よりも大きく，キー値k_iよりも小さい値を持つ節」

のアドレスを指している。このため，探索を行う場合，線形探索と同様の要領で節のキー値を，

k_0，k_1，…，k_{2k-1}

の順に比較し，

探索キー値$< k_i$

となった時点でポインタp_iをたどればよいということになる。また，探索キー値がすべてのキー値よりも大きい，すなわち，

探索キー値$> k_{2k-1}$

となる場合はポインタp_{2k}をたどればよい。

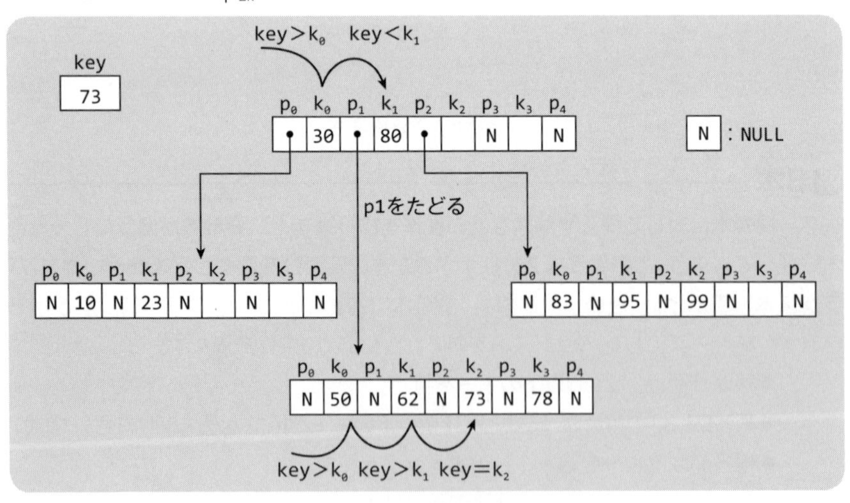

▶B木の探索

❏ハッシュ表探索

キー値をハッシュ関数を用いてハッシュ値に変換し，目的のデータを探索する方法である。データへのポインタを格納する配列を「ハッシュ表」という。ハッシュ関数では，異なるキー値が同じハッシュ値に変換されることがある。これを「衝突」という。衝突が発生した（シノニム）場合は，同じハッシュ値を持つデータ同士で線形リストを作成する。探索時はハッシュ関数によってハッシュ値から線形探索によってリストをたどる。

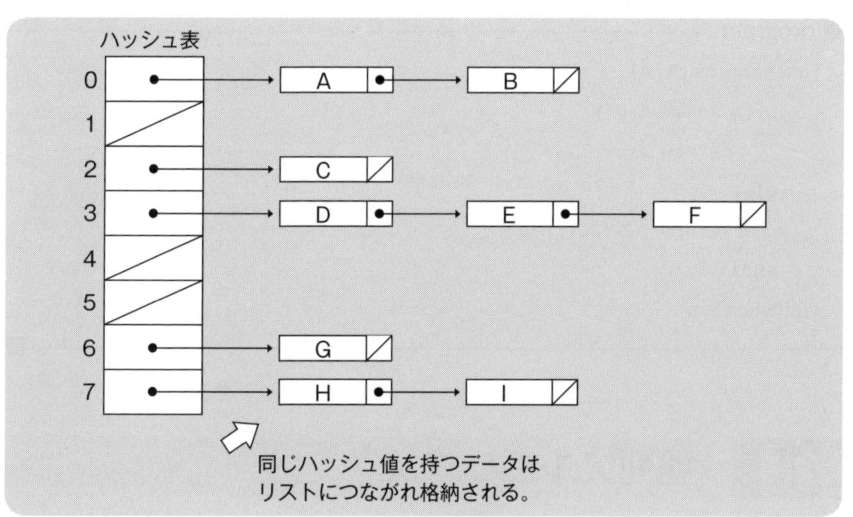

▶ハッシュ表探索

2.3 再帰アルゴリズム

❏ 再帰アルゴリズム

1問6 問4

自分自身を呼び出すアルゴリズムである。

単純な再帰アルゴリズムの一つに，階乗を求める関数がある。関数factは引数nを受け取り，n!(＝n×(n－1)×…×2×1）を返す。ここで，nは1以上であり，nが1の場合は再帰呼出しをしない。

■ program

```
function fact(n)
    if(nが1に等しい)
        return 1
    else
        return n×fact(n-1)
    endif
endfunction
```

2.4 整列アルゴリズム

❏ 選択法

最も基本的な整列（データをあるキー項目の値の順に並べ替える）アルゴリズムの一つである。昇順に整列する場合，整列開始時は配列すべてを整列対象とする。整列対象の配列から最も小さな要素を選択し，配列の左端の要素と交換する。次に，配列から最小値と確定した左端の要素を除いた配列を新たな整列対象として同じ処理を行う。これらの処理を（要素数－1）回繰り返した時点で，整列が完了する。

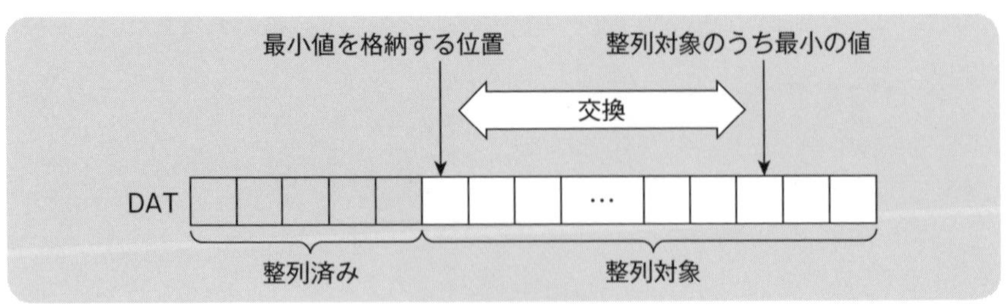

▶選択法の概念

❏選択法の計算量

N，N－1，N－2，…，3，2個の中からそれぞれ最小値を見つける必要があり，比較回数はそれぞれN－1，N－2，N－3，…，2，1回である。したがって，比較回数の合計は$\frac{N(N-1)}{2}$回となり，計算量はO記法で表現すると$O(N^2)$となる。したがって，選択法は効率の良いアルゴリズムであるとはいえない。

❏ヒープソート 問5

ヒープを利用した整列アルゴリズムである。ヒープでは親子間に一定の大小関係が成立している。親＞子という関係が成立するヒープでは，根には最大値が格納されている。まず，根の要素と末尾の要素（完全2分木なので最右にある葉）を交換し，新たに葉となった元の根の要素を切り離し最大値を確定する。この状態では，親＞子の関係が崩れているので，親と左右の大きな方の子と比較し，親の方が小さければ親と子を交換する。この操作を，親よりも大きな子がなくなるか，葉に到達するまで繰り返し，ヒープを再構築する。

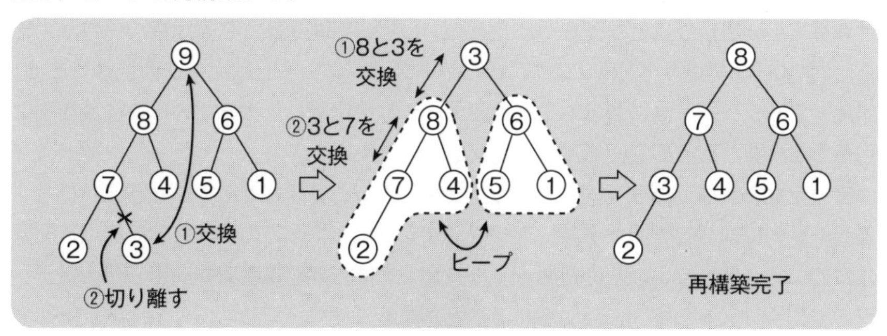

▶再構築

この手順を要素が1個になるまで繰り返せば，降順の整列が完了する。

❏マージソート

整列済みの配列の併合（マージ）を利用して高速に整列を行うアルゴリズムである。最初に，整列対象が1つのデータとなるまで2分割する操作を繰り返す。そして，整列された二つの配列を，元の大きさになるまで併合する処理を繰り返す。この処理は，クイックソートと同様に，再帰を用いることによって簡潔に記述することが可能である。

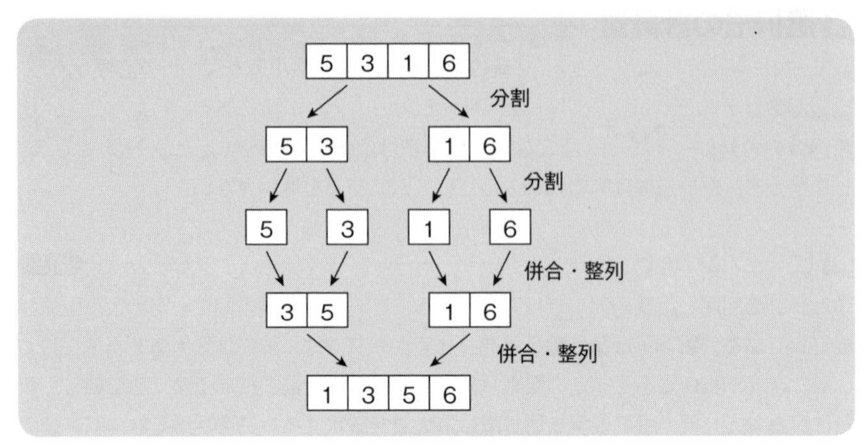

▶マージソートの図

マージソートは，どのような対象に対しても（最悪の場合でも），O(N logN) の計算量で整列を行うことができる。ただし，O記法では除外される定数や係数が大きく，同じO(N logN) のアルゴリズムであるクイックソートと比べると低速である。また，マージソートは整列の対象とするデータ数に比例した大きさの作業領域を別に用意する必要があるので，領域計算量がO(N) となる。

マージソートは，高速ソートであるが安定なアルゴリズムである。さらに，併合するデータ列に対して先頭から順にアクセスするため，すべての要素が主記憶上に配置されている必要がない。このため，マージソートは外部記憶装置を利用した大量データの整列やリストの整列に用いられることもある。

2.5 グラフアルゴリズム

❏ 最短経路探索のアルゴリズム 問6

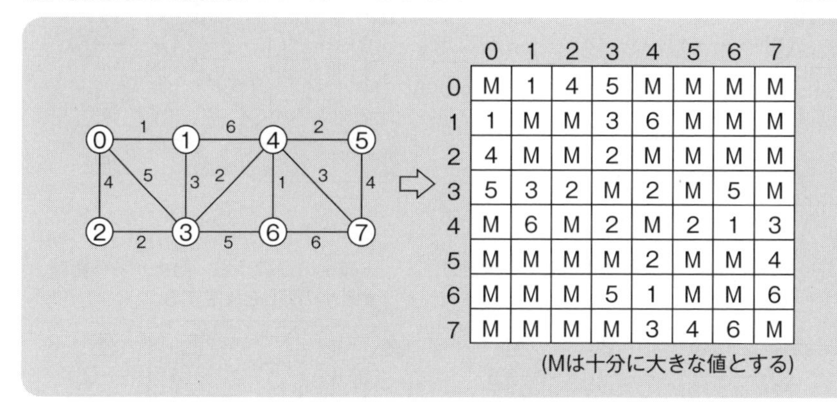

	0	1	2	3	4	5	6	7
0	M	1	4	5	M	M	M	M
1	1	M	M	3	6	M	M	M
2	4	M	M	2	M	M	M	M
3	5	3	2	M	2	M	5	M
4	M	6	M	2	M	2	1	3
5	M	M	M	M	2	M	M	4
6	M	M	M	5	1	M	M	6
7	M	M	M	M	3	4	6	M

(Mは十分に大きな値とする)

▶重み付きグラフと隣接行列

重み付きグラフと始点が与えられたとき，始点から任意の節までの辺の重みの総和が最小となる経路を探索するアルゴリズムである。最短経路探索のアルゴリズムのうち，**ダイクストラ**（Dijkstra）のアルゴリズムでは，次の手順で最短経路を探索する。

① すべての節は，確定されていない（未確定）とする。

② すべての節について，距離を記入する。このとき，始点と隣接していない節までの距離は無限となる。

③ 始点までの距離を0として，始点に印を付ける。ここで，印を付けた節は，その節までの最短経路が確定済みであることを表す。

④ 未確定の節のうち，距離が最も短い節を選び，確定する。

⑤ ④で印を付けた節に隣接する節までの距離を求め，より短い経路があれば更新する。

⑥ すべての節に印が付くまで④と⑤を繰り返すと，各節の始点からの最短経路と距離が得られる。

節3を始点としてダイクストラのアルゴリズムによる最短経路探索を行うと，次のようになる。図中の三角形は「始点からの距離」を表し，確定した部分は線で囲んで示している。

① 始点からすべての節までの距離を記入し，始点を確定する。

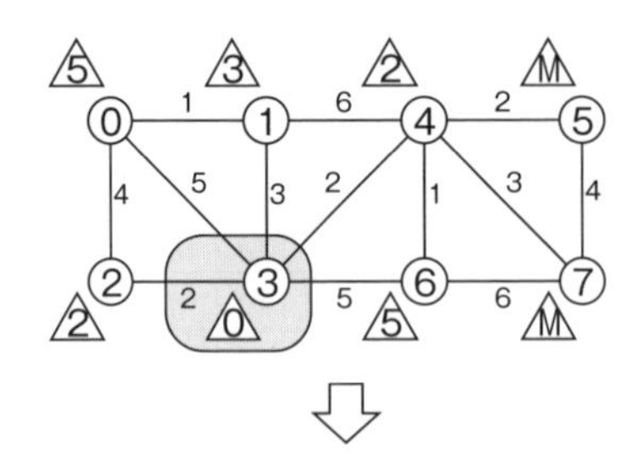

② 始点からの距離が最小の節2を確定する。

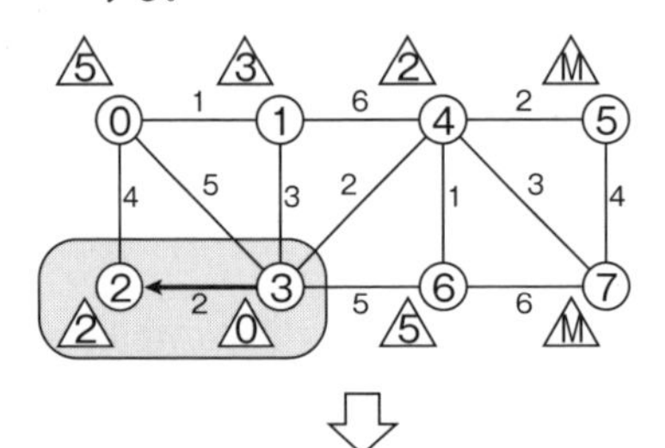

③ 未確定の節のうち，始点からの距離が最小の節4を確定する。節4に隣接する節5，6，7のまでの距離が更新できる。

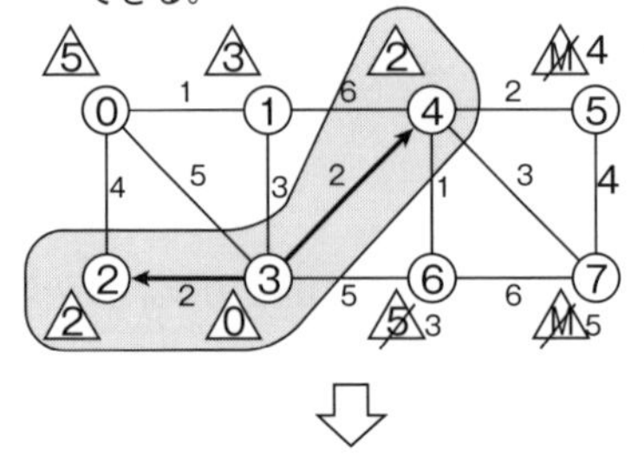

④ 未確定の節のうち，始点からの距離が最小の節1を確定する。節1に隣接する節0の距離が更新できる。

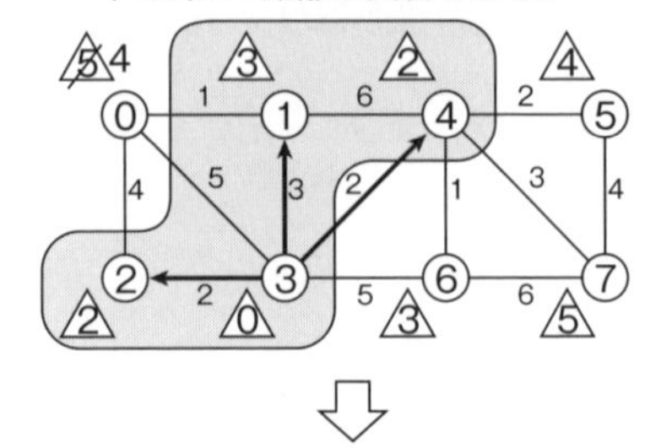

⑤ 未確定の節のうち，始点からの距離が最小の節6を確定する。

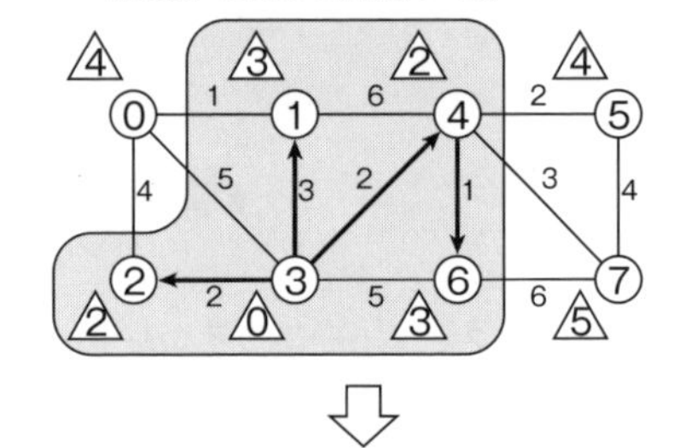

⑥ 未確定の節のうち，始点からの距離が最小の節0を確定する。

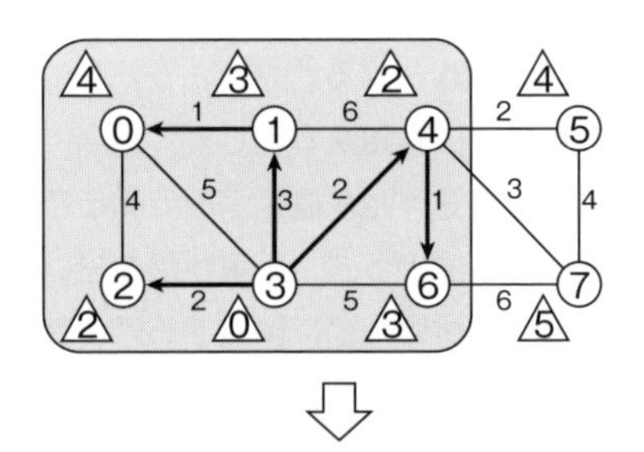

この後は，節5，7の順に最短経路を確定していく。

▶ダイクストラのアルゴリズムによる最短経路探索

この図から，節３から節６への最短経路は，直接行く（距離５）経路ではなく，節４を経由していく（距離３）経路であることが分かる。

MEMO

問題編

問1 ☑□ □□　先頭ポインタと末尾ポインタをもち，多くのデータがポインタでつながった単方向の線形リストの処理のうち，先頭ポインタ，末尾ポインタ又は各データのポインタをたどる回数が最も多いものはどれか。ここで，単方向のリストは先頭ポインタからつながっているものとし，追加するデータはポインタをたどらなくても参照できるものとする。　（R元F問4）

ア　先頭にデータを追加する処理

イ　先頭のデータを削除する処理

ウ　末尾にデータを追加する処理

エ　末尾のデータを削除する処理

答1　線形リスト ▶ P.38 ………………………………………… **エ**

“エ”以外の処理は，それぞれ次のように一つまたは二つのポインタを書き換える処理で実現できる。よって，ポインタをたどるような操作は不要である。

ア　追加するデータのポインタ部に先頭ポインタの値を設定し，追加するデータがリストの先頭データを指すようにする。その後，先頭ポインタを「追加するデータのアドレス」で書き換え，先頭ポインタが追加するデータを指すようにする。

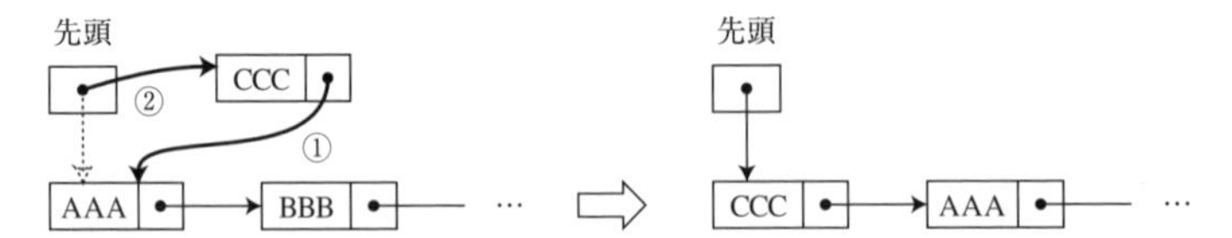

イ　先頭ポインタを「先頭ポインタが指すデータのポインタ部」で書き換える。

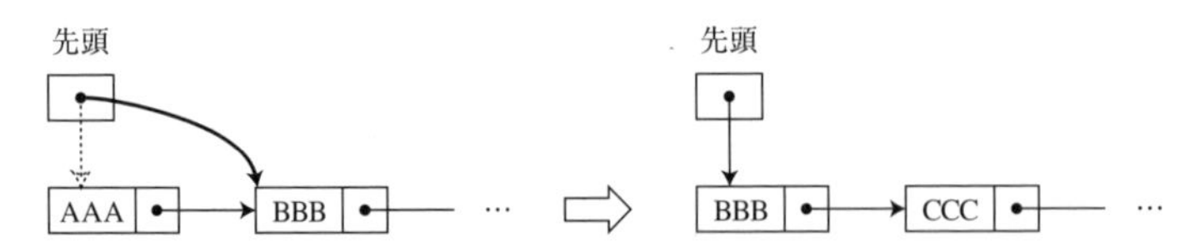

ウ　末尾ポインタが指すデータのポインタ部を「追加するデータのアドレス」で書き換え，その後に末尾ポインタを「追加するデータのアドレス」で書き換える。

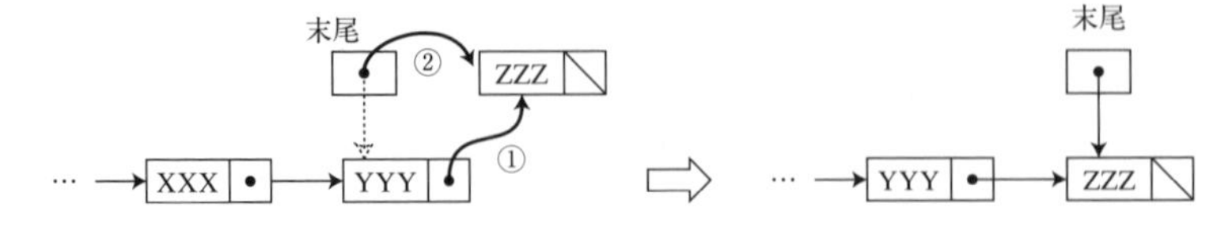

一方，“エ”の処理だけは，ポインタをたどる処理が必要であり，各データのポインタをたどる回数は最大となる。末尾データを削除する場合は，「現在の末尾の一つ前のデータ」を得る必要があるが，そのためにはリストの先頭から順にポインタをたどるしかないからである（末尾から逆にたどることはできない）。具体的には，次のような手順で末尾の削除を行うことになる。

・先頭ポインタからリストの末尾方向へ順にポインタをたどり，「末尾の一つ前のデータ」への参照を得る
・「末尾の一つ前のデータ」のポインタ部を，ナル値（末尾であることを示す）などの特殊な値で書き換える
・末尾ポインタを「末尾の一つ前のデータ」のアドレスで書き換える

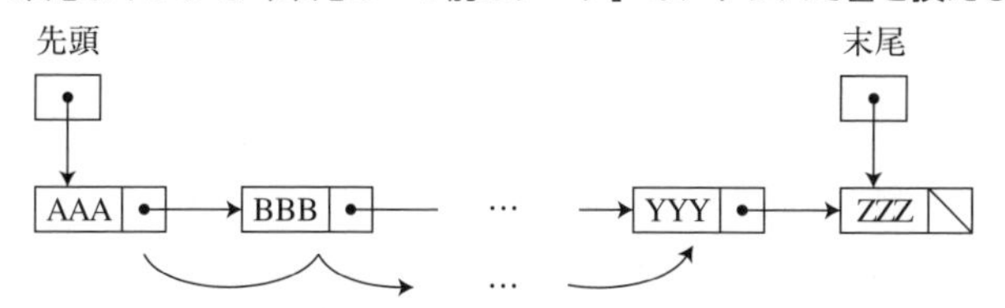

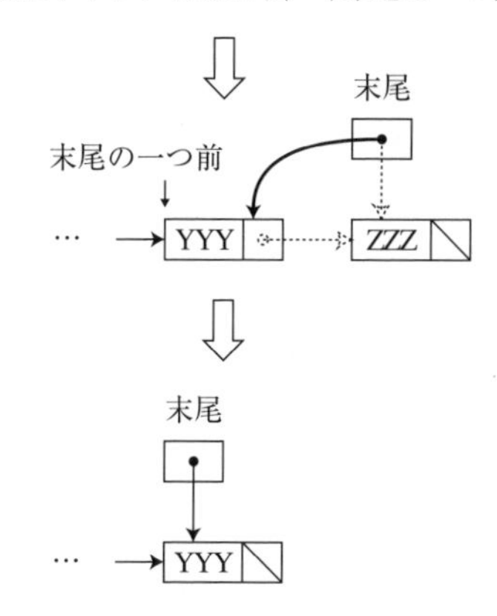

問2 ☑☐☐☐ 式A＋B×Cの逆ポーランド表記法による表現として，適切なものはどれか。 (R2F問1，H23F問1)

ア ＋×CBA　イ ×＋ABC　ウ ABC×＋　エ CBA＋×

問3 ☑☐☐☐ 再帰的な処理を実現するためには，再帰的に呼び出したときのレジスタ及びメモリの内容を保存しておく必要がある。そのための記憶管理方式はどれか。 (H30S問3)

ア FIFO　イ LFU　ウ LIFO　エ LRU

問4 ☑☐☐☐ fact(n)は，非負の整数nに対してnの階乗を返す。fact(n)の再帰的な定義はどれか。 (H29F問3，H25S問2)

ア if $n=0$ then return 0 else return $n\times$fact($n-1$)

イ if $n=0$ then return 0 else return $n\times$fact($n+1$)

ウ if $n=0$ then return 1 else return $n\times$fact($n-1$)

エ if $n=0$ then return 1 else return $n\times$fact($n+1$)

答2 逆ポーランド表記法 ▶ P.46 ……………… **ウ**

逆ポーランド表記法は，演算子を被演算子の右側に記述する後置表記法である。

提示された式では，“＋”よりも“×”の方が演算の優先順位が高いので，次のように演算子を記述していけばよい。

提示式：A＋B×C

① B×C → BC×

② A＋① → A①＋ → ABC×＋

答3 スタック ▶ P.42 …………………………………………………………… **ウ**

LIFO（Last-In First-Out；後入先出）とは，後から記録したデータを先に取り出す性質のことである。この性質は，サブルーチンなどの処理（手続き）が入れ子構造で呼び出されるときのデータの保管に適している。サブルーチンAがBを呼び出し，BがCを呼び出す場合，BはAへの戻り番地を保管してからCを呼び出す。CはBへの戻り番地を保管してから処理を行い，Bへの戻り番地を取り出してBへ戻る。BはCの処理が終わってBへ実行が戻ってきてから，Aの戻り番地を取り出してAへ戻る。このように，後から入れたデータを先に取り出していく性質を利用して，サブルーチンの入れ子構造を実現している。

再帰的な処理とは，サブルーチンが自分自身を入れ子構造で呼び出す処理であり，戻りアドレスの保管の考え方は，他のサブルーチンを呼び出して入れ子構造にするときと同じである。これより，再帰的な処理を実現するときの記憶管理方式は，LIFOの性質を持つスタックが最も適したデータ構造である。

- FIFO（First-In First-Out；先入先出）…先に記録したデータを先に取り出す方式
- LFU（Least Frequently Used）…参照（使用）回数が最小のデータを選択する方式。仮想記憶のページ置換えやキャッシュメモリ管理などで用いられる
- LRU（Least Recently Used）…最後に参照（使用）してからの経過時間が最長のデータを選択する方式。仮想記憶のページ置換えやキャッシュメモリ管理などで用いられる

答4 再帰アルゴリズム ▶ P.54 …………………………………………………… **ウ**

$n!$（nの階乗）の計算は，nを非負の整数とすると，$n\times(n-1)\times(n-2)\times\cdots\times 2\times 1$と表せる。これをfact($n$)として再帰的に計算すると，次のようになる。

$$\mathrm{fact}(n)=n\times\mathrm{fact}(n-1)$$
$$\mathrm{fact}(n-1)=(n-1)\times\mathrm{fact}(n-2)$$
$$\mathrm{fact}(n-2)=(n-2)\times\mathrm{fact}(n-3)$$
$$\cdots$$
$$\mathrm{fact}(2)=2\times\mathrm{fact}(1)$$
$$\mathrm{fact}(1)=1\times\mathrm{fact}(0)$$

これより，$n!$を再帰的に計算する関数 fact(n)は，次のように定義できる。

$n=0$のとき，$\mathrm{fact}(0)=0!=1$

$n>0$のとき，$\mathrm{fact}(n)=n\times\mathrm{fact}(n-1)$

これを提示された表現形式にすると，次のような手続きになる。

if　$n=0$　then　return　1　else　return　$n\times\mathrm{fact}(n-1)$

問5 ☑☐ ☐☐　ヒープソートの説明として，適切なものはどれか。

(H28F問３)

ア　ある間隔おきに取り出した要素から成る部分列をそれぞれ整列し，更に間隔を詰めて同様の操作を行い，間隔が１になるまでこれを繰り返す。

イ　中間的な基準値を決めて，それよりも大きな値を集めた区分と，小さな値を集めた区分に要素を振り分ける。次に，それぞれの区分の中で同様な処理を繰り返す。

ウ　隣り合う要素を比較して，大小の順が逆であれば，それらの要素を入れ替えるという操作を繰り返す。

エ　未整列の部分を順序木にし，そこから最小値を取り出して整列済の部分に移す。この操作を繰り返して，未整列の部分を縮めていく。

問6 ☑☐ ☐☐　グラフに示される頂点V_1から，V_4，V_5，V_6の各点への最短所要時間を求め，短い順に並べたものはどれか。ここで，グラフ中の数値は各区間の所要時間を表すものとし，最短所要時間が同一の場合には添字の小さい順に並べるものとする。

(H26F問３)

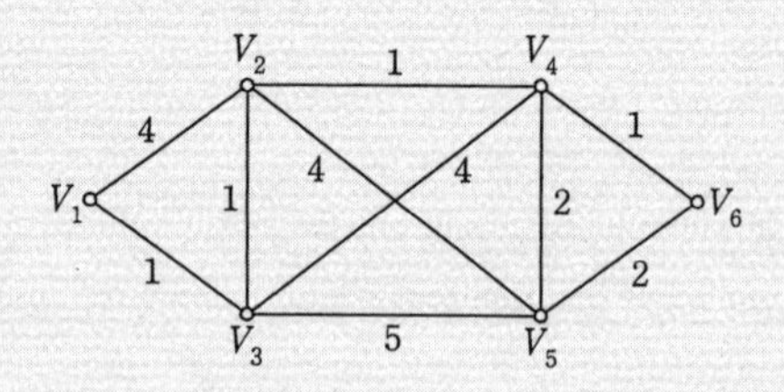

ア　V_4，V_5，V_6　　イ　V_4，V_6，V_5

ウ　V_5，V_4，V_6　　エ　V_5，V_6，V_4

答5 ヒープソート ▶ P.55 …………………………………… **エ**

ヒープとは，すべての親子の間に一定の大小関係（親≧子　または　子≧親）が成立するような完全2分木である。ヒープは，その特徴から根には最大値あるいは最小値が格納されるので，

① 根を取り出す
② 残った部分をヒープに再構築する

という処理を繰り返すことで，データを整列することができる。このアルゴリズムをヒープソートという。

ア　シェルソートに関する記述である。
イ　クイックソートに関する記述である。
ウ　バブルソート（交換法）に関する記述である。

答6 最短経路探索のアルゴリズム ▶ P.57 …………………………………… **イ**

グラフより，V_1からV_2～V_6に至る最短経路とその距離を求めていくと，次のようになる。

V_2：$V_1 \rightarrow V_3 \rightarrow V_2$ の経路で，距離が $1+1=2$
V_3：$V_1 \rightarrow V_3$ の経路で，距離が1
V_4：$V_1 \rightarrow V_3 \rightarrow V_2 \rightarrow V_4$ の経路で，距離が $1+1+1=3$
V_5：$V_1 \rightarrow V_3 \rightarrow V_2 \rightarrow V_4 \rightarrow V_5$ の経路で，距離が $1+1+1+2=5$
V_6：$V_1 \rightarrow V_3 \rightarrow V_2 \rightarrow V_4 \rightarrow V_6$ の経路で，距離が $1+1+1+1=4$

したがって，V_4，V_5，V_6を短い順に並べると

V_4，V_6，V_5

となる。

なお，各点の最短経路と最短距離を求める際には，ダイクストラのアルゴリズムを用い，その時点でV_1からの距離が最小である点から求めていくと分かりやすい。その場合，確定の順序は$V_3 \rightarrow V_2 \rightarrow V_4 \rightarrow V_6 \rightarrow V_5$となる。

コンピュータシステム

知識編

3.1 プロセッサ性能と高速化技法

❏ クロック周波数

プロセッサは，一定間隔で発生するクロック信号に同期して命令を実行する。1秒当たりのクロック信号の発生数をクロック周波数といい，その単位はHz（ヘルツ）である。クロック周波数の逆数（1クロック当たりの時間）は，**クロック周期**（クロックサイクル）となる。

また，一つの命令が実行に要するクロック数を**CPI**（Cycles Per Instruction）という。CPIとクロック周期から，1命令当たりの実行時間が求まる。例えば，クロック周波数が800MHzで，CPIの平均値が5とすると，

平均命令実行時間
　＝(1クロック当たりの時間)×(CPIの平均値)
　＝(クロック周波数の逆数)×(CPIの平均値)
　＝$(1\div(800\times10^{6}))\times5$
　＝$1.25\times10^{-9}\times5$ ［秒］
　＝6.25 ［ナノ秒］

となる。

❏ MIPS（Million Instructions Per Second）

プロセッサが1秒間に実行できる命令数の平均値を，100万（$=10^{6}$）を単位として表したものである。クロック周波数が800MHzで，CPIの平均値が5のプロセッサがあった場合，

MIPS値
＝(1秒間の命令実行数)$\div10^{6}$
＝((クロック周波数)÷(CPIの平均値))$\div10^{6}$
＝$(800\times10^{6}\div5)\div10^{6}$
＝160

となる。

また，クロック周波数の逆数（1クロック当たりの時間）のことを，クロック周期（クロックサイクル）と呼ぶ。1命令当たりの実行時間は，各命令の実行に必要なクロック数（CPI：Cycles Per Instruction）にクロック周期を乗じた値となる。プロセッサ間で命令実行性能を比較する場合，クロック周波数で比較可能なのは，両者が同一アーキテクチャである場合だけである。

❏ FLOPS (FLoating point number Operations Per Second)

1秒間に実行可能な浮動小数点数演算の回数を表す性能評価指標であり，主に科学技術計算の分野で用いられる。

❏ 命令パイプライン 問1

命令をいくつかのステージ（段階）に分け，各ステージをオーバラップさせながら並列に処理することで処理速度を向上させる技術である。このとき，1ステージを処理するために必要な時間をピッチ，同時に実行できる命令数をパイプラインの深さという。

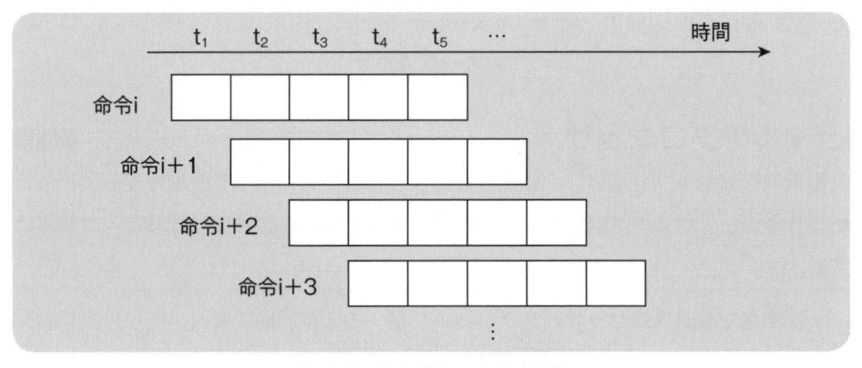

▶命令パイプラインの概念

パイプラインを用いない場合，実行するのに5サイクル必要な命令をn個実行するには（5×n）サイクルの時間を要する。しかし，図のように，命令を5ステージに分割した場合，パイプラインを使用すると（n+4）サイクルで終了できる。命令を構成するステージ数（パイプラインの深さ，段数）をD，1ステージ当たりの実行時間（パイプラインピッチ）をPとしたとき，M個の命令を実行するのに必要な時間は，

　ステージの総数×ピッチ
　＝(命令数＋深さ－1)×P

$=(M+D-1)\times P$

で表すことができる。

パイプラインのステージ数をより細分化すれば，高速化が期待できる。このような概念を**スーパパイプライン**という。

❑スーパスカラ ―― 問1

パイプラインの実行ユニットを複数用意して同時に複数の命令を実行する手法である。スーパスカラにより，CPIを1より小さくすることが可能となる。

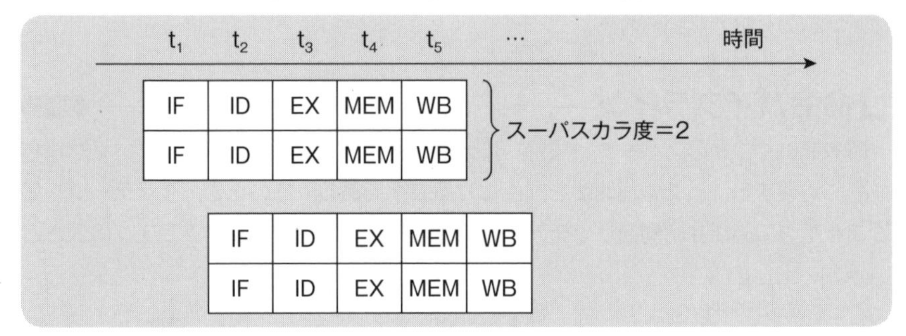

▶スーパスカラ

❑マルチプロセッサ ―― 問1

複数のプロセッサを用意し，並列して動作させることによって処理性能を高める仕組みである。プロセッサ以外の資源の共有方法によって，密結合と疎結合に分類できる。

- **密結合マルチプロセッサ**…全プロセッサが一つの主記憶装置（メモリ）を共有し，単一のOSの制御下で処理を行う。
- **疎結合マルチプロセッサ**…各プロセッサが主記憶装置とOSを個別に持ち，主にディスク装置を共有する。

❑SIMD(Single Instruction stream/Multiple Data stream) ― 問1 問2

スタンフォード大学のM.J.Flynnが提唱した概念に，“命令の流れ”と“データの流れ”がそれぞれ単一か複数かによって，プロセッサを4種類に分類する概念がある。その一つがSIMDで，単一の命令で複数のデータを同時に処理するものであり，マルチメディアデータの処理などに用いられる。

❏ Amdahl（アムダール）の法則

マルチプロセッサ構成にすることで処理速度は向上するが，単純に，プロセッサを二つ使用したマルチプロセッサシステムが，同じプロセッサ一つを使用したシステムの２倍の速度でプログラムを実行できるというわけではない。マルチプロセッサでは通常の処理に加えて，プロセッサ間での命令の振分けや同期制御などが生じるため，プロセッサ数に完全に比例した性能を得ることはできない。これを数式で表したものがAmdahlの法則である。Amdahlの法則では，次の式で「期待できる速度向上比」を求める。

$$\frac{1}{(1-\text{高速化部分率})+\dfrac{\text{高速化部分率}}{\text{高速化度}}}$$

▶**計算式**

- 高速化度…マルチプロセッサ構成によって実現可能な理論上の速度の従来比
- 高速化部分率…処理全般において，マルチプロセッサ構成が適用できる割合

3.2 メモリアーキテクチャ

❏ RAM

データの書込みと読出しが可能なメモリであり，電源供給が停止すると内容を失う**揮発性**という特性を持つ。RAMはデータ保持方式の違いによって，SRAMとDRAMの二つに大別できる。

❏ DRAM（Dynamic RAM） 問3 問4

ビットを保持するためのメモリセルをコンデンサやトランジスタで構成する。SRAMに比べて低速であるが，メモリセル構成が単純なためビット当たりの単価が安く，集積度を高めること（大容量化）が容易である。コンデンサの電荷は時間経過とともに失われていく。そのため，定期的な通電によって再書込み（リフレッシュ）し，内容を保持する必要がある。

❏ ROM

データの読出しのみが可能なメモリであり，電源供給を停止しても内容が保持される**不揮発性**という特性を持つ。主に，ゲーム機のプログラムや組込み機器のファームウェア，プリンタのフォントデータなど，変更の必要がないデータの提供に適している。

現在では，電気的に内容を消去して再書込みが可能なEEPROM（Electrically Erasable Programmable ROM）や**フラッシュメモリ**が広く普及している。記録された内容の消去や変更ができないものをマスクROMという。

❏ キャッシュメモリ

プロセッサ（レジスタ群）と主記憶装置の間に配置され，プロセッサと主記憶装置のアクセス速度の差（アクセスギャップ）を補うための小容量な緩衝記憶装置である。一般にSRAMが用いられる。キャッシュメモリは通常ブロック単位で管理されるため，あるアドレスへのアクセスが実行される際には，そのアドレスの前後も含めた主記憶装置の１ブロック分のデータが，キャッシュメモリに転送される。

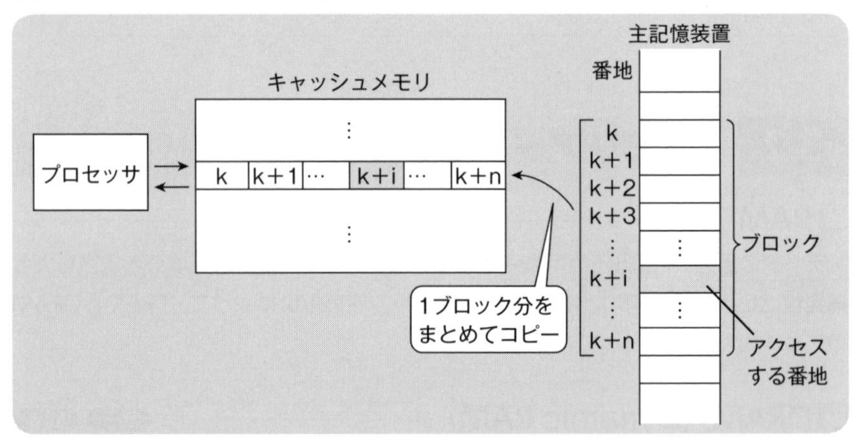

▶**キャッシュメモリ**

❏ 平均アクセス時間

プロセッサにおける主記憶装置へのアクセス時間，キャッシュメモリのアクセス時間，キャッシュメモリのヒット率を用いて求めた期待値であり，次の式で求められる。

平均アクセス時間＝(１－キャッシュメモリのヒット率)×主記憶装置へのアクセス時間＋キャッシュメモリのヒット率×キャッシュメモリのアクセス時間

（1－キャッシュメモリのヒット率）は，キャッシュメモリ上に目的のデータが存在しない確率であり，NFP（Not Found Probability）という。

例えば，主記憶装置へのアクセス時間が100ナノ秒，キャッシュメモリへのアクセス時間が20ナノ秒のコンピュータがあり，キャッシュメモリのヒット率が90%であった場合，平均アクセス時間は，

$$(1-0.9)\times 100+0.9\times 20=10+18=28\ [\text{ナノ秒}]$$

と求められる。

逆に，同じコンピュータにおいて，平均アクセス時間を24ナノ秒以内に収めるために必要なキャッシュメモリのヒット率aは，

$$(1-a)\times 100+a\times 20\leqq 24$$
$$100-80a\leqq 24$$
$$80a\geqq 76$$
$$a\geqq 0.95$$

となり，95%以上と求めることができる。

❏ライトスルー方式　問7

キャッシュメモリにデータを書き込む際，キャッシュメモリと主記憶装置の両方にデータを書き込む方式である。キャッシュと主記憶装置の一貫性（コヒーレンシ）を保ちやすく，キャッシュの内容を主記憶装置に書き戻す必要はないが，キャッシュの効果は期待できない。

❏ライトバック方式　問7

キャッシュメモリにデータを書き込む際，キャッシュにだけデータを書き込む方式である。キャッシュから追い出すブロックをそのタイミングで主記憶装置に書き込む。主記憶装置への書込み頻度を減らせるが，一貫性を保つための制御が複雑になる。

❏メモリインタリーブ　問8

メモリを複数の“バンク”と呼ばれるグループに分割し，各バンクに対して並列にアクセスする，メモリアクセスの高速化技術である。

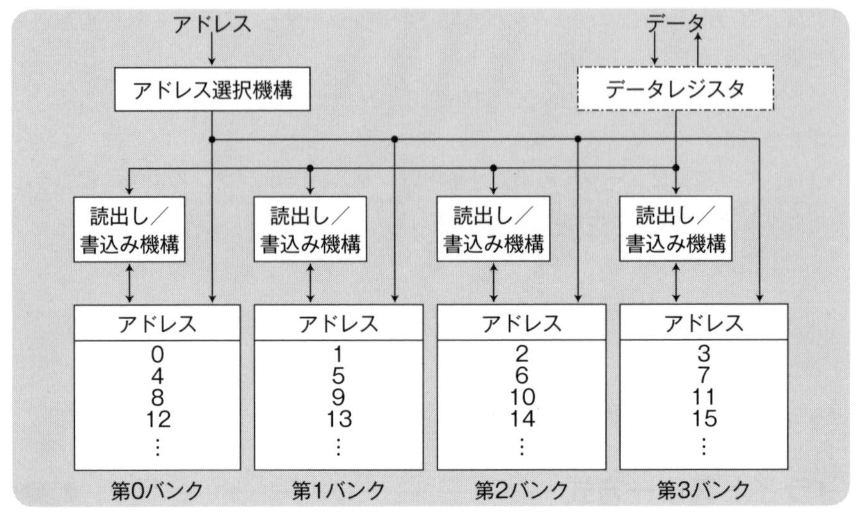

▶メモリインタリーブ

❏ECC（誤り訂正符号）　問9

メモリ上のディジタル情報が雑音などで変化して誤りが発生した場合に，自動的に訂正する技法である。ECCメモリにはハミング符号を採用することが多い。

❏ハミング符号　問9

メモリの誤り制御に用いられ，２ビットまでの誤りの検出と，１ビットの誤りの訂正が可能である。ハミング符号では，情報にnビットの検査ビットを付与することで，（2^n-n-1）ビットまで（全体としては2^n-1ビットまで）の情報に対して，誤りの検出や訂正を行うことができる。検査ビットを大きくするほど誤り訂正能力は高くなる。

４ビットの情報x1～x4に対して，次の検査式が成立するような３ビットの検査ビットx5～x7を付加したx1～x7の符号を考える。a mod 2とはaを２で割った余りを示す。

$(x1+x2+x3+x5) \bmod 2=0$

$(x1+x2+x4+x6) \bmod 2=0$

$(x2+x3+x4+x7) \bmod 2=0$

これらの検査式が成立するということは，(x1＋x2＋x3＋x5)，(x1＋x2＋x4＋x6)，(x2＋x3＋x4＋x7) それぞれの“1”のビットの数が偶数になるということである。

ここで，1ビットの情報誤りを含むことが分かっている情報（1100）を正しい情報に訂正する。この4ビット“1100”の情報（x1～x4）に3ビット“010”の検査ビット（x5～x7）を付与した“1100010”のビット列を考える。これを検査式に当てはめると，

(1＋1＋0＋0) mod 2＝0 成立 → x1，x2，x3に誤りはない。

(1＋1＋0＋1) mod 2＝1 不成立 → x1，x2，x4のうちいずれかが誤っている。

(1＋0＋0＋0) mod 2＝1 不成立 → x2，x3，x4のうちいずれかが誤っている。

となる。これらから，x4が誤っていると判断でき，正しい情報は，x4を0から1に訂正した（1101）となる。

問題編

問1 ☑☐ ☐☐ スーパスカラの説明として，適切なものはどれか。

(H31S問４)

ア　一つのチップ内に複数のプロセッサコアを実装し，複数のスレッドを並列に実行する。
イ　一つのプロセッサコアで複数のスレッドを切り替えて並列に実行する。
ウ　一つの命令で，複数の異なるデータに対する演算を，複数の演算器を用いて並列に実行する。
エ　並列実行可能な複数の命令を，複数の演算器に振り分けることによって並列に実行する。

問2 ☑☐ ☐☐ 並列処理方式であるSIMDの説明として，適切なものはどれか。

(H28S問４)

ア　単一命令ストリームで単一データストリームを処理する方式
イ　単一命令ストリームで複数のデータストリームを処理する方式
ウ　複数の命令ストリームで単一データストリームを処理する方式
エ　複数の命令ストリームで複数のデータストリームを処理する方式

問3 ☑☐ ☐☐ DRAMの説明として，適切なものはどれか。

(H28S問７)

ア　１バイト単位でデータの消去及び書込みが可能な不揮発性のメモリであり，電源遮断時もデータ保持が必要な用途に用いられる。
イ　不揮発性のメモリでNAND型又はNOR型があり，SSDに用いられる。
ウ　メモリセルはフリップフロップで構成され，キャッシュメモリに用いられる。
エ　リフレッシュ動作が必要なメモリであり，PCの主記憶として用いられる。

答1 命令パイプライン ▶ P.67　スーパスカラ ▶ P.68　マルチプロセッサ ▶ P.68
SIMD ▶ P.68 ……………………………………………… **エ**

スーパスカラは，複数のパイプラインを利用し,1クロックで複数の命令を同時に実行できるようにした方式である。これを実現するために，複数の実行ユニットを用意し，各実行ユニットで命令パイプラインを動作させる。

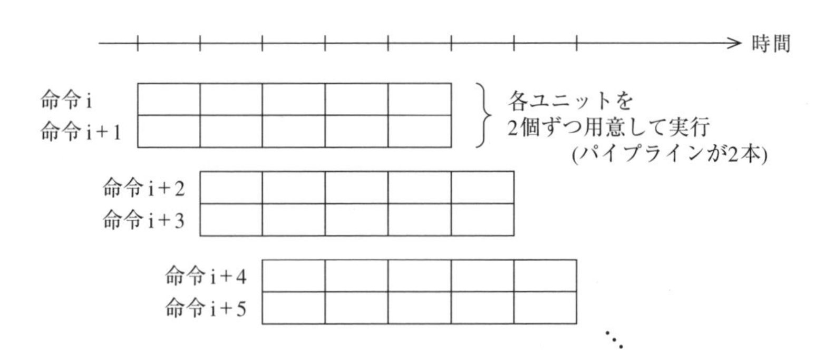

ア　マルチコアプロセッサによるマルチスレッド実行に関する記述である。
イ　シングルコアプロセッサによるマルチスレッド実行に関する記述である。
ウ　SIMD（Single Instruction stream Multiple Data stream）に関する記述である。SIMDは音声や映像などのマルチメディアデータ処理に適したアーキテクチャといえる。

答2　SIMD ▶ P.68 ……… **イ**

SIMD（Single Instruction stream Multiple Data stream）は，1命令で複数のデータの演算処理を並列に実行する方式である。音声や映像などのマルチメディアデータ処理などに適している。

ア　SISD（Single Instruction stream Single Data stream）の説明である。
ウ　MISD（Multiple Instruction stream Single Data stream）の説明である。
エ　MIMD（Multiple Instruction stream Multiple Data stream）の説明である。

答3　DRAM ▶ P.69 ……… **エ**

DRAMは記憶素子にコンデンサを用いた揮発性の性質を持った半導体メモリであり，記憶内容を保持するためのリフレッシュ（再書込み）が必要となる。また，構造が単純なので製造コストが低く，主にPCの主記憶などに用いられる。

ア　EEPROMに関する記述である。
イ　フラッシュメモリに関する記述である。
ウ　SRAMに関する記述である。

問4 ☑☐ ☐☐ SRAMと比較した場合のDRAMの特徴はどれか。（R2F問７，H25F問８）

ア　主にキャッシュメモリとして使用される。
イ　データを保持するためのリフレッシュ又はアクセス動作が不要である。
ウ　メモリセル構成が単純なので，ビット当たりの単価が安くなる。
エ　メモリセルにフリップフロップを用いてデータを保存する。

問5 ☑☐ ☐☐ 15Mバイトのプログラムを圧縮した状態でフラッシュメモリに格納している。プログラムの圧縮率が40%，フラッシュメモリから主記憶への転送速度が20Mバイト／秒であり，１Mバイトに圧縮されたデータの展開に主記憶上で0.03秒が掛かるとき，このプログラムが主記憶に展開されるまでの時間は何秒か。ここで，フラッシュメモリから主記憶への転送と圧縮データの展開は同時には行われないものとする。（H29S問４）

ア　0.48　　イ　0.75　　ウ　0.93　　エ　1.20

問6 ☑☐ ☐☐ 容量がaMバイトでアクセス時間がxナノ秒の命令キャッシュと，容量がbMバイトでアクセス時間がyナノ秒の主記憶をもつシステムにおいて，CPUからみた，主記憶と命令キャッシュとを合わせた平均アクセス時間を表す式はどれか。ここで，読み込みたい命令コードがキャッシュに存在しない確率をrとし，キャッシュ管理に関するオーバヘッドは無視できるものとする。（R元F問５，H29F問４，H25F問４，H22F問４）

ア　$\frac{(1-r)\cdot a}{a+b}\cdot x+\frac{r\cdot b}{a+b}\cdot y$　　イ　$(1-r)\cdot x+r\cdot y$

ウ　$\frac{r\cdot a}{a+b}\cdot x+\frac{(1-r)\cdot b}{a+b}\cdot y$　　エ　$r\cdot x+(1-r)\cdot y$

答4 DRAM ▶ P.69 …………………………………………………… **ウ**

DRAMとSRAMの主な特徴をまとめると，次のようになる。DRAMの特徴は“ウ”であり，それ以外はSRAMの特徴である。

	DRAM	SRAM
主な構成回路	コンデンサ	フリップフロップ
アクセス速度	低速	高速
集積度	高い	低い
ビット当たりの価格	安い	高い
リフレッシュ動作	必要	不要
主な用途	主記憶	キャッシュメモリ

答5 …………………………………………………… **ア**

15Mバイトのプログラムを圧縮率40％で圧縮するので，圧縮後のデータ量は，

15×0.4＝6 ［Mバイト］

である。これを20Mバイト／秒の速度で転送するので，転送に要する時間は，

6÷20＝0.3 ［秒］

となる。また，1Mバイトに圧縮されたデータの展開に0.03秒を要するので，6Mバイトのデータをすべて展開するには，

0.03×6＝0.18 ［秒］

が掛かることになる。以上を合算した，

0.3＋0.18＝0.48 ［秒］

が求める答えとなる。

答6 …………………………………………………… **イ**

キャッシュメモリを用いる場合の平均アクセス時間は，キャッシュメモリにデータが存在しない確率（NFP：Not Found Probability）や存在する確率（ヒット率）を用いて，次式で算出することができる。ヒット率＋NFP＝1は常に成り立つ。

平均アクセス時間

＝(1－NFP)×キャッシュメモリのアクセス時間＋NFP×主記憶のアクセス時間

＝ヒット率×キャッシュメモリのアクセス時間＋(1－ヒット率)×主記憶のアクセス時間

本問では，キャッシュメモリのアクセス時間がxナノ秒，主記憶のアクセス時間がyナノ秒，NFPがrとなっている。これらを前述の式に代入すると，平均アクセス時間を求める式は，

$(1-r)\cdot x + r\cdot y$

となる。

問7 ☑□ □□ キャッシュの書込み方式には，ライトスルー方式とライトバック方式がある。ライトバック方式を使用する目的として，適切なものはどれか。

（H26F問4，H25S問4）

ア　キャッシュと主記憶の一貫性（コヒーレンシ）を保ちながら，書込みを行う。

イ　キャッシュミスが発生したときに，キャッシュの内容の主記憶への書き戻しを不要にする。

ウ　個々のプロセッサがそれぞれのキャッシュをもつマルチプロセッサシステムにおいて，キャッシュ管理をライトスルー方式よりも簡単な回路構成で実現する。

エ　プロセッサから主記憶への書込み頻度を減らす。

問8 ☑□ □□ メモリインタリーブの説明はどれか。

（R2F問4）

ア　CPUと磁気ディスク装置との間に半導体メモリによるデータバッファを設けて，磁気ディスクアクセスの高速化を図る。

イ　主記憶のデータの一部をキャッシュメモリにコピーすることによって，CPUと主記憶とのアクセス速度のギャップを埋め，メモリアクセスの高速化を図る。

ウ　主記憶へのアクセスを高速化するために，アクセス要求，データの読み書き及び後処理が終わってから，次のメモリアクセスの処理に移る。

エ　主記憶を複数の独立したグループに分けて，各グループに交互にアクセスすることによって，主記憶へのアクセスの高速化を図る。

答7　ライトスルー方式 ▶ P.71　ライトバック方式 ▶ P.71 …… **エ**

ライトバック方式では，キャッシュメモリのみに書込みを行い，キャッシュミスなどを契機としてデータがキャッシュから追い出されるタイミングでキャッシュメモリの内容を主記憶に反映する。結果としてプロセッサから主記憶への書込み頻度は減り，キャッシュメモリによるデータの読込み動作と書込み動作の両方の性能向上が期待できる。

ア　ライトバック方式では主記憶の内容が常に最新の状態であるとは限らず，コヒーレンシ（一貫性）は保たれない。コヒーレンシを保ちながら書込みを行うのであれば，ライトスルー方式を使用する必要がある。

イ　ライトバック方式ではコヒーレンシが保たれないので，キャッシュミス時にはキャッシュの内容を主記憶へ書き戻す制御が必要となる。書き戻しを不要にしたいのであれば，ライトスルー方式を使用する必要がある。

ウ　キャッシュコントローラに関する記述である。

答8　メモリインタリーブ ▶ P.72 …… **エ**

メモリインタリーブは，主記憶を複数の独立して動作するグループ（バンク）に分け，各バンクに並行にアクセスすることで，CPUから見た主記憶への効率的なアクセスを図る方式である。

ア　ディスクキャッシュに関する記述である。専用のメモリがディスク装置側に用意されることもあれば，主記憶の一部領域を確保し，そこをディスクキャッシュとして利用することもある。

イ　キャッシュメモリの利用に関する記述である。

ウ　メモリアクセスを並列化せず，逐次に行う場合の記述である。

問9 ☑☐ ☐☐ ハミング符号とは，データに冗長ビットを付加して，1ビットの誤りを訂正できるようにしたものである。ここでは，X_1，X_2，X_3，X_4の4ビットから成るデータに，3ビットの冗長ビットP_3，P_2，P_1を付加したハミング符号$X_1X_2X_3P_3X_4P_2P_1$を考える。付加したビットP_1，P_2，P_3は，それぞれ

$$X_1 \oplus X_3 \oplus X_4 \oplus P_1 = 0$$
$$X_1 \oplus X_2 \oplus X_4 \oplus P_2 = 0$$
$$X_1 \oplus X_2 \oplus X_3 \oplus P_3 = 0$$

となるように決める。ここで，$\oplus$は排他的論理和を表す。

ハミング符号1110011には1ビットの誤りが存在する。誤りビットを訂正したハミング符号はどれか。（H30S問1，H25S問1）

ア 0110011　　イ 1010011　　ウ 1100011　　エ 1110111

答9 誤り訂正符号 ▶ P.72 ハミング符号 ▶ P.72 ……………………………… **ア**

“1110011”の各ビットに対して，問題文に記述されている論理演算を行った結果はそれぞれ次のようになる。

$X_1 \oplus X_3 \oplus X_4 \oplus P_1 = 1 \oplus 1 \oplus 0 \oplus 1 = 1$

$X_1 \oplus X_2 \oplus X_4 \oplus P_2 = 1 \oplus 1 \oplus 0 \oplus 1 = 1$

$X_1 \oplus X_2 \oplus X_3 \oplus P_3 = 1 \oplus 1 \oplus 1 \oplus 0 = 1$

本来ならばこの3式はすべて0になるはずであるが，すべて1となっている。よって，すべての式に共通して含まれるビット，すなわち

X_1

が誤っていると判断できる。

正しいハミング符号は，X_1を“1”から“0”に訂正した，

0110011

となる。

システム構成技術

知識編

4.1 システムの形態と構成

❏ 集中処理システム

プログラムやデータを１か所（一つのコンピュータ）で集中して処理を行うシステム形態である。具体的には，メインフレームなどの高性能コンピュータをホストとし，それに複数の端末を接続した形態のシステムが多い。基本的なデータ処理はすべてホスト側で行い，端末側ではジョブの投入や処理結果の回収を行う。運用・保守が単純であること，セキュリティの確保が容易であること，データ内容の一貫性を保ちやすいことなどがメリットとして挙げられる。一方，新技術に柔軟に対応することが難しい，アプリケーションの追加・変更への対応が難しい，障害時の影響が大きいなどのデメリットがある。

❏ 分散処理システム

プログラムやデータを複数の拠点やコンピュータに分散して配置し，それぞれが協調しながら処理を行う形態である。分散処理システムは，各コンピュータの立場や役割から，次表のような３種類に分類できる。

要求に応じた拡張が容易であること，障害の影響を局所化できることなどがメリットとして挙げられる。一方，運用コストが増大する，障害の発生時に原因の特定が困難である，データの安全性や一貫性の確保が難しいなどのデメリットがある。

▶分散処理システムの分類

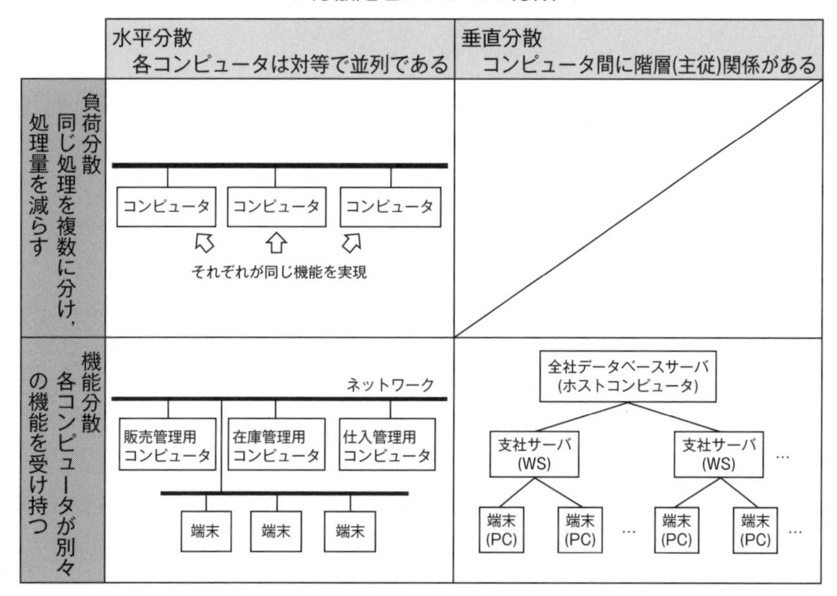

❏クライアントサーバシステム

処理を，処理を依頼するプロセス（クライアントプロセス）と，依頼された処理を実行して依頼側に結果を返すプロセス（サーバプロセス）の二つのプロセスに分け，クライアントとサーバが協調しながら処理を進めるシステム形態である。ここで，クライアントおよびサーバは基本的には「プロセス」を指す概念であるが，クライアントプロセスやサーバプロセスが稼働する機器のことをクライアントやサーバと呼ぶこともある。

❏クラスタリング 問1

複数台のサーバ機（ノード）によってクラスタ（房，群）を構成し，仮想的な一台のノードとして扱う技術である。クラスタリングを実現する方式にはいくつかの種類があり，大きく分けると可用性の向上を目的とした**HA**（High Availability）クラスタと演算性能の向上を目的とした**HPC**（High Performance Computing）クラスタがある。

HAクラスタは，フェールオーバクラスタと負荷分散クラスタに分類される。HPCクラスタは，１台のコンピュータでは実現できないような高い性能を得ることを目的としたクラスタであり，演算用ノードやデータベース用ノード，制御用ノードといった異なる役割のノードを組み合わせてクラスタを構成する。

❏ RAID　問15

複数の磁気ディスク装置を組み合わせることにより，性能や信頼性の向上を実現する技術である。

- 高信頼性の実現

  元のデータを復元するための冗長ビットを他のディスクに記録することにより，障害が発生しても正常なディスク装置から元のデータを復元し，高い信頼性を実現する。冗長ビットの持たせ方には，ディスク全体を複製する方法（**ミラーリング**）や１のビットの数を偶数あるいは奇数となるような検査ビット（パリティ）を設定する方法などがある。

- 並列動作による高速化の実現

  単一のディスク装置に格納されていた情報を複数のディスクに分散して記録（**ストライピング**）し，それを並列して読み込むことによって，高性能なディスクアクセスを実現する。

4.2 システム性能評価

❏ 性能評価指標　問2　9問3

システム性能を測る基本的な指標としては，次のようなものがある。**レスポンスタイム**は主にオンライントランザクション処理の指標として，**ターンアラウンドタイム**は主にバッチ処理の指標として用いられる。

▶基本的な評価指標

レスポンスタイム	要求入力完了の直後から，結果の出力開始までに要する時間
ターンアラウンドタイム	ジョブを提出してから，結果が戻るまでの時間
スループット	単位時間内に実行できるジョブの量
TPS	1秒間に処理できるトランザクション数

❏待ち行列モデル　問7

コンピュータシステムにおける事象を待ち行列でモデル化し，待ち行列モデルを数学的に解析することで，所要時間などを予測する。待ち行列とは，用意された「窓口」でサービスを受けるために，複数の「客」が並んでいる状態を指す言葉である。コンピュータシステムでは，

・マルチプログラミングにおける，実行可能プロセスによるプロセッサの競合

　　→ プロセッサが窓口，プロセスが客

・オンライントランザクション処理におけるトランザクション

　　→ 処理プログラムが窓口，トランザクションが客

とモデル化できる。

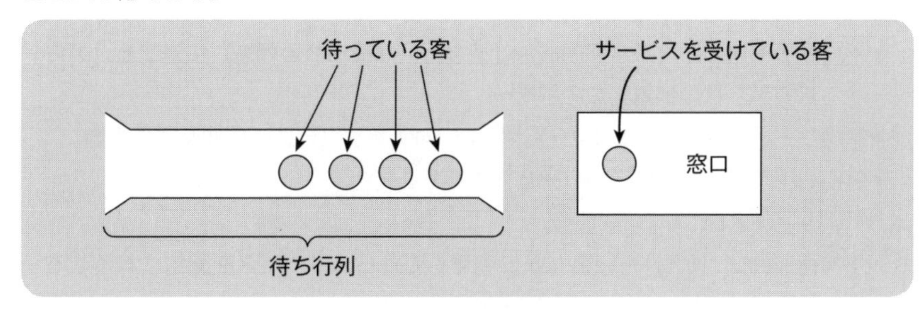

▶待ち行列の例

待ち行列モデルは，窓口に到着する客の頻度分布，窓口の数などによって，いくつかに分類できる。ここでよく用いられる表記法に，**ケンドール記法**がある。ケンドール記法は待ち行列の性質を，

　　到着の分布／サービス時間の分布／窓口の数

で記す方法である。到着およびサービス時間の分布を表す記号としては，主に次のものが用いられる。

（到着）

　M：ポアソン分布　（到着がランダム）

　G：一般分布　（MとDの中間に該当する，何らかの係数に従った通常の分布）

　D：一様分布　（到着が一定）

（サービス時間）

　M：指数分布　（サービス時間がランダム）

　G：一般分布　（MとDの中間に該当する，何らかの係数に従った通常の分布）

　D：一様分布　（サービス時間が一定）

❑M/M/1モデル　問6 問7

到着がランダム（＝到着がポアソン分布に従う），サービス時間がランダム（＝指数分布に従う）で，窓口が１つの待ち行列を表し，最も基本的な待ち行列モデルである。M/M/1モデルは次のような特徴を持つ。

- 待ち行列の長さに制限はない。
- 一度並んだ客がサービスを受ける前に立ち去ることはない。
- 到着した客は必ず待ち行列に並ぶ。
- 到着した客の順番が入れ替わることはない。

M/M/1モデルでは，平均到着率，平均サービス時間，窓口利用率の考え方を用いることで，平均待ち時間や平均応答時間が算出できる。

- 平均到着率（λ）…系（窓口および待ち行列が置かれる領域）に対する，単位時間当たりの到着客数の平均
- 平均サービス時間（$E(t_s)$）…１人の客に対するサービスの所要時間の平均
- 窓口利用率（ρ）…窓口がサービス中である割合

  $\rho = \lambda \times E(t_s)$
- 平均待ち時間（$E(t_w)$）…客が系に到着してから，サービスを開始されるまでの時間の平均

  計算式　$E(t_w)=\dfrac{\rho}{1-\rho}\times E(t_s)$

- 平均応答時間（$E(t_q)$）…客が待ち行列に並んでからサービスを受け終わるまでの時間の平均。すなわち，平均待ち時間と平均サービス時間の和

  計算式　$E(t_q)=E(t_w)+E(t_s)$

  $$=\frac{\rho}{1-\rho}\times E(t_s)+E(t_s)$$

  $$=\frac{\rho+1-\rho}{1-\rho}\times E(t_s)=\frac{1}{1-\rho}\times E(t_s)$$

❑キャパシティプランニング　問3

需要（ユーザ要求）を満足し，ピーク時の負荷にも耐え得るシステム構成を設計することである。モニタリング，分析，チューニング，実装といったサイクルで構成される。**チューニング**とは，ハードウェア使用率を最適化するために，変更箇所や変更内容を決定することである。このためには，処理性能や容量などが低く，システム全

体の処理性能を阻害する部分（ボトルネック）を特定し，そこを増強する必要がある。

❑スケールアップ　問5

CPUやメモリなどのリソースをより高性能・大容量なものに交換・増設することによって，サーバそのものの処理性能を向上させる手法である。

❑スケールアウト　問5

サーバの台数を増やして複数のサーバで分散処理を行うことによって，システム全体の処理性能を向上させる手法である。

4.3 システム信頼性評価

❑RASIS　問9

システムの信頼性（広義）を表す概念である。RASISは次に示す５つの性質の頭文字をとったものである。

▶RASIS

Reliability（狭義の信頼性）	システムの故障のしにくさを表す。 評価指標としてMTBFを用いる。
Availability（可用性）	システムが使用できる可能性を表す。 評価指標として稼働率を用いる。
Serviceability（保守性）	システム保守のしやすさを表す。 評価指標としてMTTRを用いる。
Integrity（保全性，完全性）	不整合の起こりにくさを表す。
Security（安全性）	障害や不正アクセスに対する耐性を表す。

❑MTBF（平均故障間隔）　問8 問10

ある故障が発生してから次の故障が発生するまでの時間の平均である。MTBFが長いほど，信頼性（RASISのR）の高いシステムであるといえる。

MTBFを長くする要素としては，次のようなものが考えられる。

- 記憶装置のビット誤り訂正
- 命令の再試行
- 予防保守

❑ MTTR（平均修理時間）　問8 問10

故障発生から復旧までに要する修理時間の平均である。MTTRが短いほど，保守性(RASISの1つ目のS）の高いシステムであるといえる。

MTTRを短くする要素としては，次のようなものが考えられる。

- ●エラーログの取得
- ●遠隔保守
- ●保守システムの分散配置（分散システムの場合）

❑ 稼働率　問11 問15

全時間に対する，システムが使用可能な状態にある（稼働している）時間の比率である。稼働率が高いほど，可用性（RASISのA）が高いシステムといえる。

稼働率はMTBFとMTTRを用いて，

$$稼働率=\frac{MTBF}{MTBF+MTTR}$$

▶**計算式**

で求められる。例えば，MTBFが995時間，MTTRが5時間である機器の稼働率は，

MTBF÷(MTBF＋MTTR)

＝995÷(995＋5)

＝0.995

と求められる。

❑ 故障率

単位時間内に故障が発生する確率（故障発生回数の期待値）である。モデル化して計算式に用いる際には，MTBFの逆数を用いればよい。故障率を表す際の補助単位としてFIT（1FIT＝10^9時間に1回故障する）が用いられることもある。

❑ バスタブ曲線　問14

機器の故障率は，使用経過時間とともに変化する。このとき経過時間を横軸，故障率を縦軸にとってグラフ化すると，一般に次のような形となる。これを俗にバスタブ曲線と呼んでいる。

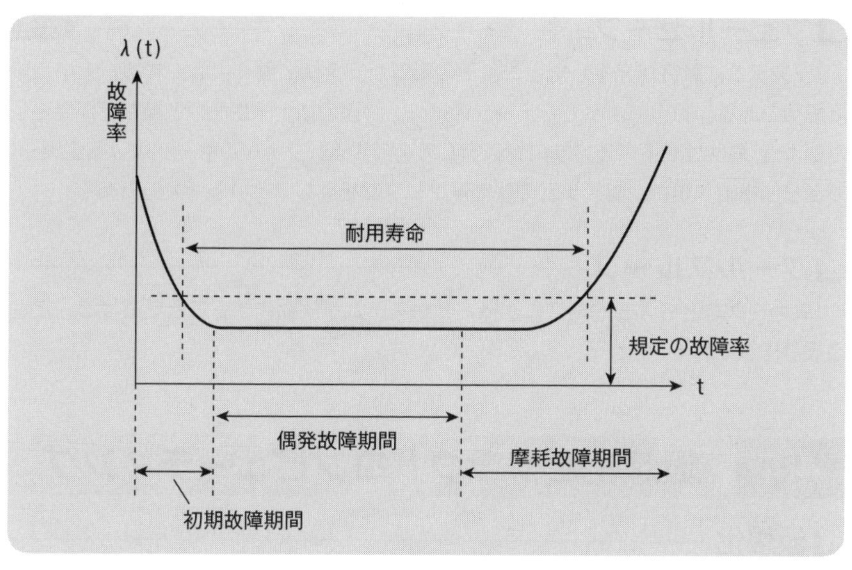

▶バスタブ曲線

❏フォールトトレランス

「システムの一部分で障害が発生しても，全体としての動作が継続できる」という設計概念である。障害発生を前提としている考え方である。分散処理や冗長構成などの設計手法を用いてフォールトトレランスを実現する。

❏フォールトアボイダンス

「個々の構成機器の信頼性を高めることで，障害の発生そのものを抑制する」という設計概念である。

❏フェールソフト

「システムの一部分で障害が発生した場合，その部分を切り離し，処理能力を落としてでもシステム全体としての稼働が継続できる」という設計思想である。

マルチプロセッサシステムで，あるプロセッサの障害が発生した場合に残りのプロセッサだけで処理を継続することはフェールソフトといえる。デュプレックスシステムもフェールソフトといえる。

障害部分を切り離し，能力が低下した状態で稼働を続けることを**フォールバック運転（縮退運転）**という。

❏ フェールセーフ 問15

「システムに障害が発生したとき，その影響が安全側に働くようにする」という設計思想である。障害によって，データの消失，障害の拡大，生命の危険などが発生しないよう，危険性を下げる方向にシステムを制御する。フェールセーフは「安全第一」であり，極端な場合，システムの稼働停止もやむを得ないという考え方である。

❏ フールプルーフ

「入力ミスなどの人為的ミスによって，システムが誤動作することを避ける」という設計思想である。

4.4 仮想化とクラウドコンピューティング

❏ 仮想化

コンピュータや資源の物理的な構成を隠蔽し，論理的な構成を提供する技術の総称である。主記憶空間，補助記憶装置（ストレージ），ネットワーク，コンピュータそのものなどが仮想化の対象となる。

❏ サーバコンソリデーション 問12

仮想化技術を使って，複数のコンピュータやアプリケーションを整理統合することで，１台の物理サーバの中に仮想的に何台ものサーバを生み出す技術である。アプリケーションごとに専用のOSを使って専用の物理サーバを用意する必要がないため，サーバ機器の管理コストの削減が実現できる。

❏ ライブマイグレーション 問13

物理サーバの仮想化環境上で動作している仮想サーバを，無停止のまま他の物理サーバに転送する機能である。**ホットマイグレーション**ともいう。ライブマイグレーションによって，仮想サーバが動作する実マシンを自由に変更することができるため，次のような柔軟な運用が可能になり，計画停止や縮退運転を避けることができる。

- 保守対象の物理サーバから仮想サーバを移動させ，保守対象の物理サーバを完全に停止，あるいは再起動させる。
- 高い負荷の発生が想定される場合など，負荷の低い物理サーバに仮想マシンを移す。

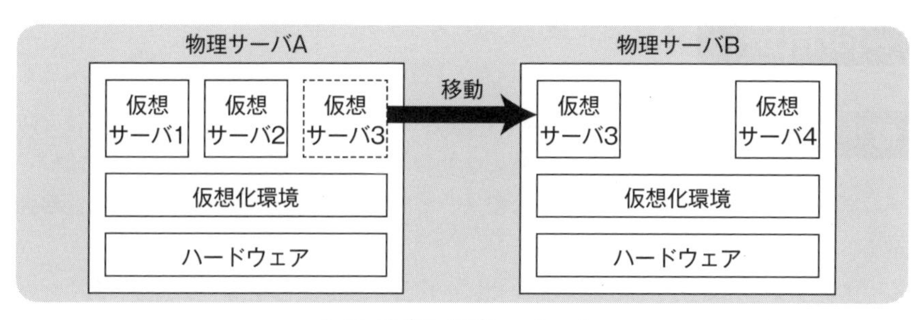

▶ライブマイグレーション

❏クラウドコンピューティング

インターネットに代表されるネットワークを通じて，ソフトウェアやハードウェア，ネットワーク，ストレージといったリソースを提供する形態である。

❏SaaS（Software as a Service） 問16 問17

クラウドサービス事業者が運用するアプリケーションをサービスとして利用する形態である。サービスされるアプリケーションには，電子メールやオンラインストレージのほかにも，会計システム，販売システム，顧客管理（CRM）システム，営業支援（SFA）システムといった業務アプリケーションなどがある。

❏PaaS（Platform as a Service） 問16 問17

開発環境やミドルウェアといったプラットフォームをサービスとして利用する形態であり，ユーザは提供されたプラットフォーム上で任意のアプリケーションプログラムを実装することができる。インフラの構築や開発環境の整備などを行うことなく自社独自のアプリケーションを作成できるが，プログラミング言語などはサービスによって異なるため，既存のプログラムをそのまま移行できるとは限らない。

❏IaaS（Infrastructure as a Service） 問16 問17

クラウドサービス事業者がサーバ機能（CPUやメモリ等），ストレージ，ネットワークといったインフラを提供する形態であり，ユーザは任意のソフトウェアをインストールして実行することができる。ミドルウェアを含め利用するソフトウェアには制限がない反面，アプリケーションやミドルウェア，OSの一部などをユーザが管理する必要がある。**HaaS**（Hardware as a Service）ともいう。

問題編

問1 ☑☐☐☐ クラスタリングシステムで，ノード障害が発生したときに信頼性を向上させる機能のうち，適切なものはどれか。 (H27F問５)

ア　アプリケーションを代替ノードに転送して実行するためのホットプラグ機能が働く。

イ　アプリケーションを再び動かすために，代替ノードを再起動する機能が働く。

ウ　障害ノードを排除して代替ノードでアプリケーションを実行させるフェールオーバ機能が働く。

エ　ノード間の通信が途切れるので，クラスタの再構成を行うフェールバック機能が働く。

問2 ☑☐☐☐ ジョブの多重度が1で，到着順にジョブが実行されるシステムにおいて，表に示す状態のジョブA～Cを処理するとき，ジョブCが到着してから実行が終了するまでのターンアラウンドタイムは何秒か。ここで，OSのオーバヘッドは考慮しないものとする。 (H23F問５)

単位 秒

ジョブ	到着時刻	処理時間（単独実行時）
A	0	5
B	2	6
C	3	3

ア　11　　イ　12　　ウ　13　　エ　14

答1 クラスタリング ▶ P.83 ………………………………………… **ウ**

クラスタリングシステムのような複数コンピュータを相互接続した冗長システムにおいて，あるコンピュータに障害が発生したとき，別のコンピュータへ処理を引き継ぐことをフェールオーバという。一方，障害復旧後に元へ戻すことはフェールバックという。

答2 性能評価指標 ▶ P.84 ………………………………………… **ア**

多重度が１で到着順に実行されるということは，「ジョブAが終わったならばジョブBが開始する」というように，各ジョブが到着順に一つずつ実行されていくことになる。よって，ジョブCの実行が終了するのは，時刻０から14（＝５＋６＋３）秒後になる。

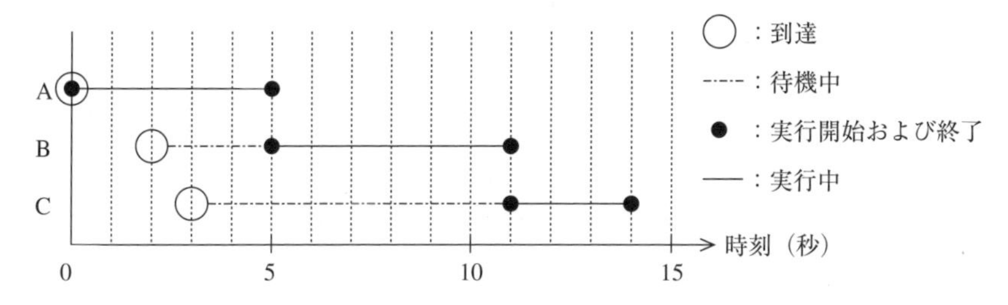

ジョブCは時刻３に到着するので，ターンアラウンドタイムは，

14－３＝11［秒］

となる。

問3 ☑□ □□ キャパシティプランニングの目的の一つに関する記述のうち，最も適切なものはどれか。 （R元F問７）

ア　応答時間に最も影響があるボトルネックだけに着目して，適切な変更を行うことによって，そのボトルネックの影響を低減又は排除することである。

イ　システムの現在の応答時間を調査し，長期的に監視することによって，将来を含めて応答時間を維持することである。

ウ　ソフトウェアとハードウェアをチューニングして，現状の処理能力を最大限に引き出して，スループットを向上させることである。

エ　パフォーマンスの問題はリソースの過剰使用によって発生するので，特定のリソースの有効利用を向上させることである。

問4 ☑□ □□ あるクライアントサーバシステムにおいて，クライアントから要求された１件の検索を処理するために，サーバで平均100万命令が実行される。１件の検索につき，ネットワーク内で転送されるデータは平均2×10^5バイトである。このサーバの性能は100MIPSであり，ネットワークの転送速度は8×10^7ビット／秒である。このシステムにおいて，1秒間に処理できる検索要求は何件か。ここで，処理できる件数は，サーバとネットワークの処理能力だけで決まるものとする。また，1バイトは８ビットとする。

（H31S問５，H24S問６）

ア　50　　イ　100　　ウ　200　　エ　400

答3 キャパシティプランニング ▶ P.86 ……………………………………………… **イ**

キャパシティプランニングとは，ハードウェアやソフトウェアの負荷を考慮し，必要な資源量を配備する計画である。その目的は，資源不足によってシステム及び業務の効率が下がり，水準を維持できなくなる状況を防ぐことになる。

ア，エ　キャパシティプランニングは，特定のボトルネック解消や，特定のリソース有効利用に特化したものではない。

答4 ……………………………………………………………………………… **ア**

「処理できる件数は，サーバとネットワークの処理能力だけで決まる」のであるから，サーバの処理能力，ネットワークの転送能力という二つの視点からそれぞれ最大処理数を求め，そのうちボトルネックとなる方，すなわち「小さい方」を選択すればよい。

・サーバの処理能力からみた最大処理数

サーバ性能が100MIPSなので，1秒間に100×10^6命令が実行可能である。よって，1秒間 に処理可能な件数は，

(1秒間に実行可能な命令数)÷(検索1件当たりの平均命令数)

$= 100 \times 10^6 \div 10^6$

$= 100$ [件／秒]

となる。

・ネットワークの転送能力からみた最大処理数

転送速度が8×10^7ビット／秒，1件の検索で転送される平均データ量が2×10^5バイトであるから，1秒間に処理（転送）可能な件数は，

(最大転送容量)÷(1件当たりの平均データ量)

$= 8 \times 10^7 \div (2 \times 10^5 \times 8)$

$= 50$ [件／秒]

となる。

よって，ボトルネックとなるのはネットワークの方であり，

50 [件／秒]

が解答となる。サーバ側は1秒間に100件を処理する能力があるが，ネットワークに足を引っ張られ，能力をフルに発揮できない。

問5 ☑□ □□ 物理サーバのスケールアウトに関する記述はどれか。

(H27S問５)

ア　サーバに接続されたストレージのディスクを増設して冗長化することによって，サーバ当たりの信頼性を向上させること

イ　サーバのCPUを高性能なものに交換することによって，サーバ当たりの処理能力を向上させること

ウ　サーバの台数を増やして負荷分散することによって，サーバ群としての処理能力を向上させること

エ　サーバのメモリを増設することによって，単位時間当たりの処理能力を向上させること

問6 ☑□ □□ コンピュータによる伝票処理システムがある。このシステムは，伝票データをためる待ち行列をもち，M/M/1の待ち行列モデルが適用できるものとする。平均待ち時間がT秒以上となるのは，システムの利用率が少なくとも何%以上となったときか。ここで，伝票データをためる待ち行列の特徴は次のとおりである。

・伝票データは，ポアソン分布に従って到着する。

・伝票データをためる数に制限はない。

・１件の伝票データの処理時間は，平均T秒の指数分布に従う。

(H30F問２，H26F問２)

ア　33　　イ　50　　ウ　67　　エ　80

問7 ☑□ □□ 通信回線を使用したデータ伝送システムにM/M/1の待ち行列モデルを適用すると，平均回線待ち時間，平均伝送時間，回線利用率の関係は，次の式で表すことができる。

(R元F問２)

$$\text{平均回線待ち時間} = \text{平均伝送時間} \times \frac{\text{回線利用率}}{1 - \text{回線利用率}}$$

回線利用率が０から徐々に増加していく場合，平均回線待ち時間が平均伝送時間よりも最初に長くなるのは，回線利用率が幾つを超えたときか。

ア　0.4　　イ　0.5　　ウ　0.6　　エ　0.7

答5 スケールアップ ▶ P.87 スケールアウト ▶ P.87 ……………………………… **ウ**

サーバの処理能力を向上させる方法の代表的なものに，スケールアップとスケールアウトがある。スケールアップは，現在利用しているサーバ自体の能力を向上させる方法であり，CPUやメモリの増強，新しい高性能のサーバへの置換えなどが該当する。これに対し，スケールアウトとは，サーバの台数を増やすことで，サーバ群全体の性能を向上させることを指す。

答6 M/M/1モデル ▶ P.86 ……………………………………………………… **イ**

伝票処理システムにM/M/1の待ち行列モデルが適用できることから，処理装置の利用率をρ，平均処理時間をTとすると，平均待ち時間T_wは次式で計算できる。

$$T_w=\frac{\rho}{1-\rho}\times T$$

よって，$T_w \geqq T$となるには，

$$\frac{\rho}{1-\rho}\times T \geqq T$$

$$\frac{\rho}{1-\rho} \geqq 1$$

が成立すればよい。これをρについて解くと，

$$\rho \geqq 1\times(1-\rho)$$
$$2\rho \geqq 1$$
$$\rho \geqq 0.5 = 50 \ [\%]$$

となる。

答7 待ち行列モデル ▶ P.85 M/M/1モデル ▶ P.86 ……………………………… **イ**

平均伝送時間をA，回線利用率をPとすると，平均回線待ち時間は

$$A\times P\div(1-P)$$

で表される。この平均回線待ち時間のほうが平均伝送時間より長くなるときは，

$$A\times P\div(1-P)>A$$

が成立するはずである。この不等式は両辺にAがあるので，除して

$$P\div(1-P)>1$$

となり，これをPについて解いて

$$P>1-P$$
↓
$$2P>1$$
↓
$$P>0.5$$

を得る。すなわち，回線利用率が0.5を超えると，平均回線待ち時間が平均伝送時間よりも長くなる。

問8 ☑☐☐☐ MTBFを長くするよりも，MTTRを短くするのに役立つものはどれか。 (H29F問５)

ア　エラーログ取得機能　　イ　記憶装置のビット誤り訂正機能

ウ　命令再試行機能　　エ　予防保守

問9 ☑☐☐☐ マスタファイル管理に関するシステム監査項目のうち，可用性に該当するものはどれか。 (R3S問21，H30S問22)

ア　マスタファイルが置かれているサーバを二重化し，耐障害性の向上を図っていること

イ　マスタファイルのデータを複数件まとめて検索・加工するための機能が，システムに盛り込まれていること

ウ　マスタファイルのメンテナンスは，特権アカウントを付与された者だけに許されていること

エ　マスタファイルへのデータ入力チェック機能が，システムに盛り込まれていること

問10 ☑☐☐☐ あるシステムにおいて，MTBFとMTTRがともに1.5倍になったとき，アベイラビリティ（稼働率）は何倍になるか。 (H28F問５，㊩H23F問６)

ア　$\frac{2}{3}$　　イ　1.5　　ウ　2.25　　エ　変わらない

答8 MTBF ▶ P.87 MTTR ▶ P.88 …… **ア**

MTBF（平均故障間隔）は「故障なく稼働し続けられる時間」の平均であり，（狭義の）信頼性の指標となる。一方，MTTR（平均修理時間）は「修理に要する平均時間」であり，保守性の指標となる。MTBFは長いほど，MTTRは短いほど望ましく，その結果として，可用性の指標である稼働率も高まる。

エラーログは，システム稼働においてどんなエラーがどこで起きたかを記録した履歴である。取得したエラーログを解析することによって，エラー原因究明などの修復作業の効率化が図れ，MTTRが短くなることが期待できる。

イ ビット誤り訂正機能によって一時的なデータの誤り発生を防ぐことで，それに起因するシステム停止を抑制できる。MTBFを長くするのには役立つが，MTTRの短縮とは直接の関係はない。
ウ 命令再試行機能によって，一時的な誤動作によるシステム停止を抑制できる。MTBFを長くするのには役立つが，MTTRの短縮とは直接の関係はない。
エ 予防保守を実施することで，顕在化していない障害の要因を早期に発見し，取り除くことができる。MTBFを長くするのには役立つが，MTTRの短縮とは直接の関係はない。

答9 RASIS ▶ P.87 …… **ア**

可用性とは，利用者が必要なときにデータやシステムを確実に利用できるという性質を表す。マスタファイル管理における可用性であれば，マスタファイルのデータや媒体を二重化することにより，マスタファイルを参照する必要が生じたときに障害等で参照できないということが起こらないように，対策を行う必要がある。

イ 効率性に該当する記述である。
ウ 機密性に該当する記述である。
エ 完全性に該当する記述である。

答10 MTBF ▶ P.87 MTTR ▶ P.88 …… **エ**

MTBFとMTTRを用いると，稼働率は，

MTBF÷(MTBF+MTTR)

で求められる。よって，これらがともに1.5倍になった場合は，稼働率は，

(MTBF×1.5)÷(MTBF×1.5+MTTR×1.5)
=(MTBF×1.5)÷((MTBF+MTTR)×1.5)
=MTBF÷(MTBF+MTTR)

となる。すなわち，従来の稼働率と同じ値である。

問11 ☑☐ ☐☐ 4種類の装置で構成される次のシステムの稼働率は，およそ幾らか。ここで，アプリケーションサーバとデータベースサーバの稼働率は0.8であり，それぞれのサーバのどちらかが稼働していればシステムとして稼働する。また，負荷分散装置と磁気ディスク装置は，故障しないものとする。

（H30S問5）

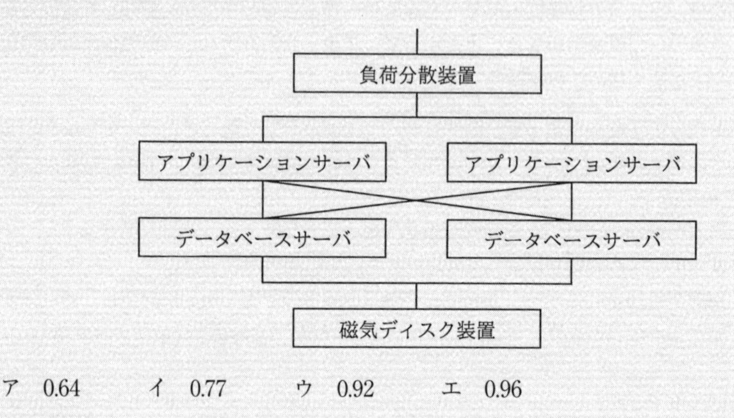

ア 0.64　　イ 0.77　　ウ 0.92　　エ 0.96

問12 ☑☐ ☐☐ 複数のサーバを用いて構築されたシステムに対するサーバコンソリデーションの説明として，適切なものはどれか。（R2F問5）

ア 各サーバに存在する複数の磁気ディスクを，特定のサーバから利用できるようにして，資源の有効活用を図る。
イ 仮想化ソフトウェアを利用して元のサーバ数よりも少なくすることによって，サーバ機器の管理コストを削減する。
ウ サーバのうちいずれかを監視専用に変更することによって，システム全体のセキュリティを強化する。
エ サーバの故障時に正常なサーバだけで瞬時にシステムを再構成し，サーバ数を減らしてでも運転を継続する。

答11 稼働率 ▶ P.88 …… **ウ**

アプリケーションサーバの部分は2台のうち少なくとも1台が稼働していればよいので,

1−(2台とも故障している確率)

=1−(1台が故障している確率)^2

=1−0.2^2

=0.96

が稼働率となる。データベースサーバ部分も同様であり,それぞれが稼働している場合だけシステム全体として稼働しているとみなせる。したがって,

0.96×0.96=0.9216

が全体の稼働率となる。

答12 サーバコンソリデーション ▶ P.90 …… **イ**

コンソリデーション(consolidation)は,複数のコンピュータやアプリケーションなどを整理統合することを指す言葉である。運用や保守費用の低減を実現する方策として採用される。

エ　クラスタ構成などによるフォールトトレラントな設計に関する記述である。

問13 ☑□ □□ 仮想サーバの運用サービスで使用するライブマイグレーションの概念を説明したものはどれか。 (H28S問５)

ア　仮想サーバで稼働しているOSやソフトウェアを停止することなく，他の物理サーバへ移し替える技術である。

イ　データの利用目的や頻度などに応じて，データを格納するのに適したストレージへ自動的に配置することによって，情報活用とストレージ活用を高める技術である。

ウ　複数の利用者でサーバやデータベースを共有しながら，利用者ごとにデータベースの内容を明確に分離する技術である。

エ　利用者の要求に応じてリソースを動的に割り当てたり，不要になったリソースを回収して別の利用者のために移し替えたりする技術である。

問14 ☑□ □□ 故障率曲線において，図中のAの期間に実施すべきことはどれか。 (H28F問29)

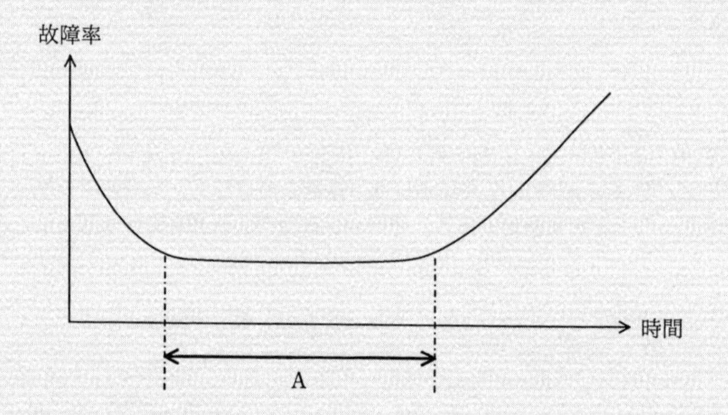

ア　設計段階では予想できなかった設計ミス，生産工程では発見できなかった欠陥などによって故障が発生するので，出荷前に試運転を行う。

イ　対象の機器・部品が，様々な環境条件の下で使用されているうちに，偶発的に故障が発生するので，予備部品などを用意しておく。

ウ　疲労・摩耗・劣化などの原因によって故障が発生するので，部品交換などの保全作業を行い，故障率を下げる。

エ　摩耗故障が多く発生してくるので，定期的に適切な保守を行うことによって事故を未然に防止する。

答13 ライブマイグレーション ▶ P.90 ……………………………………………… **ア**

仮想化環境において，ある物理サーバ上にある仮想サーバを，別の物理サーバ上に移動させる技術のことをマイグレーションという。このうち，仮想サーバを停止させることなく移動させる技術のことを，ライブマイグレーションやホットマイグレーションという。これに対し，仮想サーバを停止させてから移動させる技術はコールドマイグレーションなどと呼ばれる。

イ　ストレージ構成を仮想化して自動的に階層化するときの考え方に関する記述である。
ウ　マルチテナントと呼ばれる設計思想（アーキテクチャ）に関する記述である。
エ　仮想化環境における動的なリソース割当ての考え方に関する記述である。

答14 バスタブ曲線 ▶ P.88 ……………………………………………… **イ**

一般にハードウェアの故障率は，次のような三つの期間にわたって変化していく。

・初期故障期間
　最初は初期不良の可能性が残っているので故障率が高く，その後は徐々に減少する。
・偶発故障期間
　初期不良も出尽くし，稼働が安定して故障率は低くほぼ一定になる。この期間に発生する故障は偶発的なものと考えられる。
・摩耗故障期間
　経年劣化の影響が出始め，機械部分の摩耗などを原因とした故障が発生するようになる。このため，故障率は単調に増加していく。

経過時間と故障率の関係をグラフにすると，その形状は次のような，“バスタブ曲線”と呼ばれるものになる。

(バスタブ曲線)

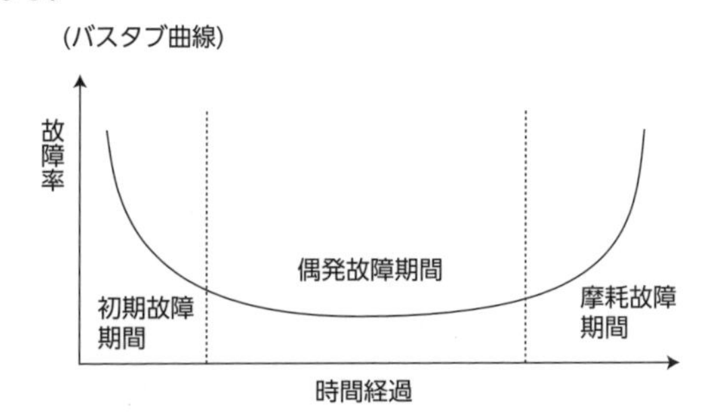

問題図のAの期間は偶発故障期間に該当するので，“偶発的”などの言葉を用いている“イ”が正解となる。

ア　初期故障期間で実施すべき事項である。
ウ，エ　摩耗故障期間で実施すべき事項である。

問15 ☑□ □□　フェールセーフの考えに基づいて設計したものはどれか。

（H31S問16）

ア　乾電池のプラスとマイナスを逆にすると，乾電池が装填できないようにする。

イ　交通管制システムが故障したときには，信号機に赤色が点灯するようにする。

ウ　ネットワークカードのコントローラを二重化しておき，片方のコントローラが故障しても運用できるようにする。

エ　ハードディスクにRAID1を採用して，MTBFで示される信頼性が向上するようにする。

問16 ☑□ □□　クラウドのサービスモデルをNISTの定義に従ってIaaS，PaaS，SaaSに分類したとき，パブリッククラウドサービスの利用企業が行うシステム管理作業において，PaaSとSaaSでは実施できないが，IaaSでは実施できるものはどれか。

（H28S問15）

ア　アプリケーションの利用者ID管理

イ　アプリケーションログの取得と分析

ウ　仮想サーバのゲストOSに係るセキュリティの設定

エ　ハイパバイザに係るセキュリティの設定

答15 RAID ▶ P.84　稼働率 ▶ P.88　フェールセーフ ▶ P.90 …… **イ**

フェールセーフとは，システムの一部に故障や異常が発生したとき，データの喪失，装置への障害拡大，運転員への危害などを減じる方向にシステムを制御するシステムの信頼性を追求する耐障害設計の考え方である。

交通管制システムが故障したときに信号機に赤色を点灯するという設計は，危険を回避するという，フェールセーフの考えに基づいている。

ア　電池のプラスマイナスを間違えるという事象は，人間による「誤操作」や「不注意」に該当する。これらを配慮することは，フールプルーフに基づいた設計と評価できる。

ウ，エ　コントローラや磁気ディスクを二重化する（RAID1は同じデータを複数ディスクにミラーリングして書き込む）ことで，一部が故障したときにシステムの全面停止を回避し，処理を継続できる。これらはフォールトトレランスやフェールソフトに基づいた設計と評価できる。

答16 SaaS ▶ P.91　PaaS ▶ P.91　IaaS ▶ P.91 …… **ウ**

IaaS，PaaS，SaaSの基本的な内容は次のとおりである。

- SaaS（Software as a Service）：ハードウェアからアプリケーションまでのすべてを事業者側が管理し，利用者は必要に応じてアプリケーション機能を選択・利用する
- PaaS（Platform as a Service）：ハードウェアとネットワーク，およびその上で稼働するアプリケーション開発用の環境（プラットフォーム）は事業者が管理し，その上で稼働する個々のアプリケーションは利用者が用意して管理する
- IaaS（Infrastructure as a Service）：ハードウェアとネットワークなどのリソースは事業者が管理し，利用者はその環境に自分で用意したソフトウェアをインストールして管理・使用する。HaaS（Hardware as a Service）と呼ばれることもある

仮想サーバのゲストOSの設定は，「インフラ上で稼働するソフトウェア」に関する設定の一つなので，IaaSであれば利用企業側で管理作業を実施できる。一方，PaaSやSaaSではこのような「プラットフォーム」については提供を受ける立場なので，管理作業は実施できない。

ア，イ　アプリケーションに関する管理作業は，PaaSでも実施できる。

エ　ハイパバイザは，仮想化環境全体を統括管理するソフトウェアである。これはゲストOSと比較すると，よりインフラ（基盤）に近い存在であり，IaaSの場合においてもサービス提供側で管理する項目と判断できる。

問17 ☑☐ ☐☐ NISTの定義によるクラウドサービスモデルのうち，クラウド利用企業の責任者がセキュリティ対策に関して表中の項番1と2の責務を負うが，項番3～5の責務を負わないものはどれか。 (H27S問14)

項番	責　務
1	アプリケーションに対して，データのアクセス制御と暗号化の設定を行う。
2	アプリケーションに対して，セキュアプログラミングと脆（ぜい）弱性診断を行う。
3	DBMS に対して，修正プログラム適用と権限設定を行う。
4	OS に対して，修正プログラム適用と権限設定を行う。
5	ハードウェアに対して，アクセス制御と物理セキュリティ確保を行う。

ア　HaaS　　イ　IaaS　　ウ　PaaS　　エ　SaaS

答17 SaaS ▶ P.91　PaaS ▶ P.91　IaaS ▶ P.91 …………………………………… **ウ**

NIST（National Institute of Standards and Technology：米国国立標準技術研究所）では，クラウドコンピューティングのサービスモデルとして，SaaS，PaaS，IaaSの３つを定義している。

- SaaS（Software as a Service）：オンラインストレージ，Webメール，会計ソフトといった，クラウドのインフラ上で稼働するアプリケーションを利用者に提供する形態であり，原則として利用者はインフラやアプリケーションの機能などを管理することはできない
- PaaS（Platform as a Service）：利用者にユーザが開発したアプリケーションを実装することが可能なインフラを利用者に提供する形態であり，利用者はインフラを管理することはできないが，実装したアプリケーションは管理する権限と責任を持つ
- IaaS（Infrastructure as a Service）：CPUやメモリ，ストレージ，ネットワーク，場合によってはOSといったコンピュータ資源を提供する形態であり，利用者はOS，ミドルウェア，アプリケーションなどを管理する権限と責任を持つ

項番１と２はアプリケーションに関する責務を負うことを示しているので，PaaSかIaaSのどちらか，ということになる。また，項番３～５の責務を負わないということは，利用者がDBMS（ミドルウェア）とOSに関する権限を持たないことを意味する。選択肢のうち，これらに適合するサービスモデルはPaaSである。

ソフトウェア

知識編

5.1 ソフトウェアの分類とOS

❏オペレーティングシステム（OS）

OSには，中心的な制御プログラム部分を指す場合（狭義のOS，スーパバイザまたは**カーネル**とも呼ぶ）と，**シェル**（OSのユーザインタフェースを提供するソフトウェア）やエディタなどのユーティリティプログラムなども含めた基本ソフトウェア全体を指す場合（広義のOS）とがある。

❏UNIXとLinux 問1

UNIXは，ワークステーションなどで用いられる，マルチユーザ・マルチプロセスのOSである。UNIXは，次のような特徴を持つ。

- ディレクトリやプロセスをファイルと同様に扱える。
- OS自体がC言語で記述されている。

Linuxは，ソースプログラム自体はUNIXと異なるが，ほぼ同じ動作を実現したOS（厳密には，OSのカーネル部分）で，Linuxカーネル自体はライセンスフリーであり，小規模オフィスでのサーバ用途などで広く利用されている。

5.2 プロセス状態遷移とスケジューリング

❏プロセス 問6

プロセッサやメモリ・入出力装置といった各種リソース（資源）を割り当て，処理されるプログラムの実行実体である。

プロセスは，

- 実行（running，active）状態…資源を割り当てられており，実効中にある
- 実行可能（ready）状態…資源の割当てがあれば，すぐに実行を開始できる
- 待ち（待機，wait）状態…入出力完了など，何らかの事象発生を待っている

の三つの状態間を遷移しながら処理される。

シングルプロセッサのコンピュータならば，ある時点で実行状態のプロセスはただ一つであり，生成直後のプロセスは実行可能状態となって，他の実行可能状態プロセスと待ち行列を形成する。

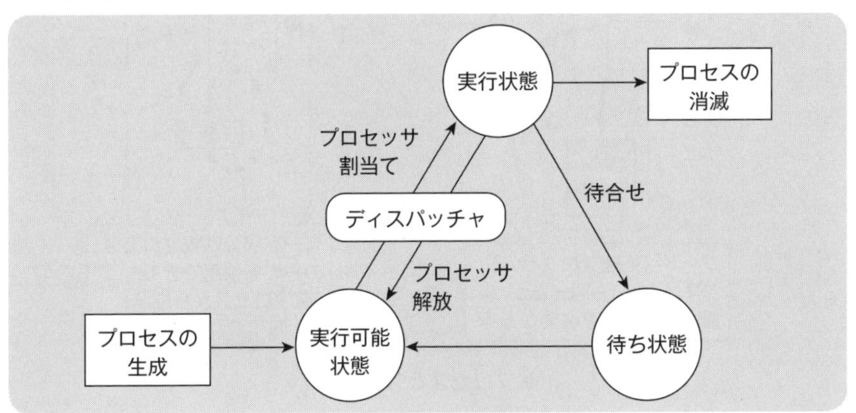

▶**プロセスの状態遷移**

❏ディスパッチャ

実行可能状態のプロセスに資源を割り当て，実行状態に移す動作をディスパッチングといい，これを行う機構をディスパッチャという。

また，複数の実行可能状態のプロセスの中から，次に実行状態にすべきプロセスを選択することを**スケジューリング**といい，これを行う機構を**スケジューラ**という。一般には「ディスパッチャ」あるいは「スケジューラ」という単語で，ディスパッチングおよびスケジューリングを行う機構全体を指すことが多い。

❏スレッド

軽量プロセスとも呼ばれる，比較的新しく登場した実行単位の概念である。

プロセスは生成時にそれぞれ独立したメモリ空間などの資源が与えられるが，スレッドにはレジスタ群やスタック領域が独自に割り当てられ，メモリ空間のような資源は親プロセスのものをそのまま継承し，共有する。このため，スレッド生成時には子プロセス生成時のようなオーバヘッドが生じず，処理効率を高めることができる。一つのプロセスで複数のスレッドを生成し，同時並行的に処理を行えるシステムを，マルチスレッドと呼び，一つのプロセスは必ず一つ以上のスレッドを保有することになる。

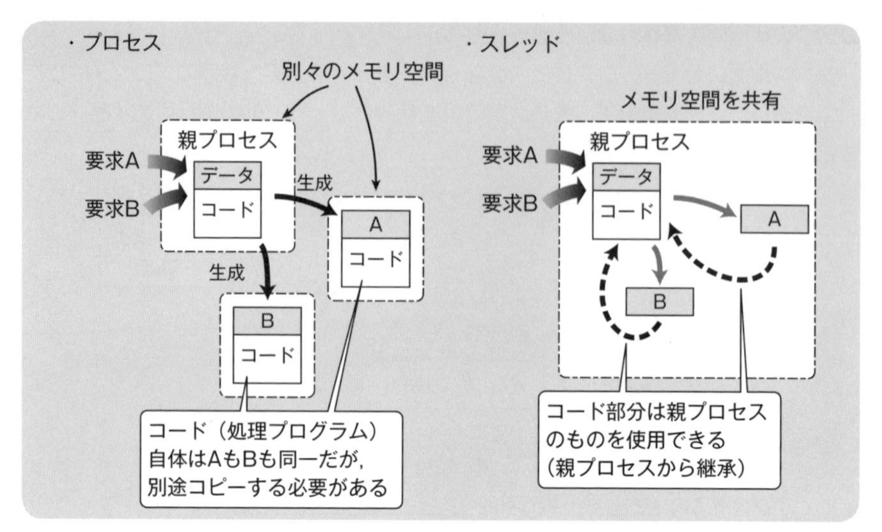

▶プロセスとスレッド

❑プリエンプティブ方式 問6

実行状態のプロセスがタイムクォンタムを使い切った時点や，より優先度の高いプロセスが実行可能状態になった時点で，OSが割込みを発生させて実行状態のプロセスから強制的にプロセッサをとり上げる方式である。プリエンプティブマルチタスクともいう。実行状態であったプロセスは，実行可能状態に遷移する。

プリエンプティブ方式では複数のプロセスが公平にプロセッサを使用することができ，優先度などを考慮した効率の高いコンテキスト切替えが可能となる。ノンプリエンプティブ方式に比べ，OSのオーバヘッドが大きくなるが，現在のCPU性能では問題にならないことが多い。

❑タイムクウォンタム 問2

プロセッサを複数のプロセスで使用する場合に，各プロセスに割り当てられたプロセッサを使用できる時間である。タイムスライスともいう。

❑ノンプリエンプティブ方式

OSが実行状態のプロセスから強制的にプロセッサをとり上げることができない方式である。実行状態のプロセスは，終了するか，特定の要因で自主的にOSに制御を移さない限り，プロセッサを占有し続ける。ノンプリエンプティブ方式は制御が単純であり，OSのオーバヘッドは小さい。しかし，円滑なマルチプログラミングが期待できない，あるプロセスが無限ループに入った場合はOSに制御が戻らないなどの欠点を持つ。

❑スケジューリングアルゴリズム

実行可能状態のプロセスの待ち行列をどのようなルールで形成し，どのような方法でディスパッチを行うかというアルゴリズムによってスケジューリングは行われる。

❑到着順方式

実行可能状態となったプロセスを順番に待ち行列に並べ，待ち行列の先頭から順にプロセッサを割り当てるスケジューリングアルゴリズムである。FCFS（First-Come First-Service）方式あるいはFIFO（First-In First-Out）方式とも呼ばれる。単純でオーバヘッドが少ないが，ノンプリエンプティブ方式のスケジューリングアルゴリズムのため，優先度の高いプロセスを優先させることができない，プロセッサの使用割合が高い（入出力装置の使用割合が低い）プロセスにサービスが偏ってしまうなどの欠点がある。

❑ラウンドロビン方式　問2

各プロセスに一定のタイムクォンタムを与え，実行中のプロセスがタイムクォンタムを使い切った場合は，実行可能状態に遷移し，待ち行列の最後尾に回って再度実行されるのを待つ方式である。

5.3 プロセス排他制御

❑排他制御

複数のプロセスが同時に実行される環境で発生する資源競合を解決するための制御である。あるプロセスが資源を利用している間は，その資源に対する他のプロセスのアクセスを許さないように排他制御する。

排他制御が行われなかった場合に発生する不都合を次図に示す。

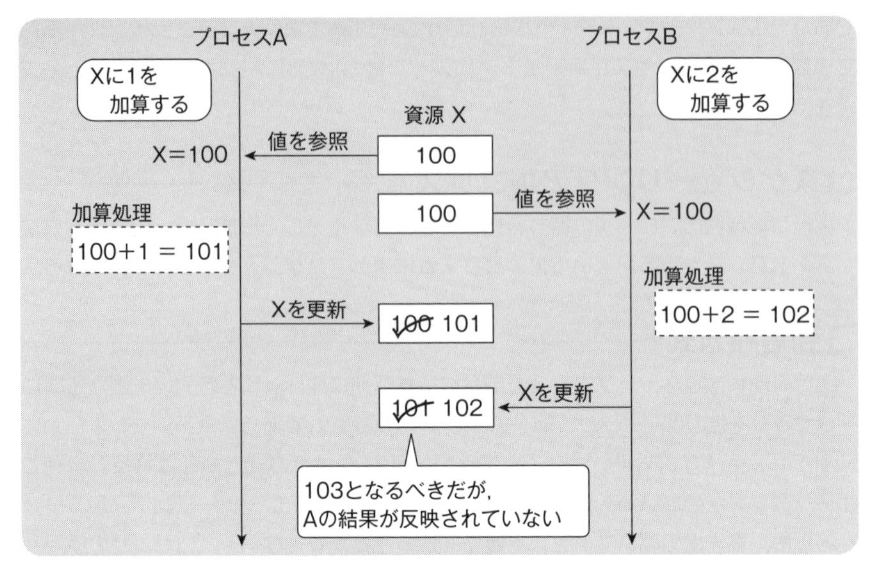

▶**排他制御が行われない場合**

この図において,“値を参照”から“Xを更新”までの間,すなわち「その間,他のプロセスに資源を更新されると正しい処理が行えなくなる」期間のことを,**クリティカルセクション**と呼ぶ。排他制御とは「クリティカルセクション中での,他プロセスによる割込みを禁止する」処理である。

5.4 割込み制御

❏割込み制御

OSの中核部分であるカーネル(制御プログラム)は,デバイスドライバなどからの割込み通知によって,割込みの種類に応じた処理を行う。この処理を行うプログラムは,割込みルーチンや割込みハンドラと呼ばれる。割込み通知を検出すると,カーネルは実行中のプロセスをいったん中断し,割込みルーチンに制御を移す。割込みルーチンが終了すると,原則的には割り込まれたプロセスに制御を戻す。

❏外部割込み

プロセッサ以外のハードウェア(入出力装置やメモリのECC,ハードウェアタイマなど）によって生じる割込みである。

▶外部割込み

名　称	発生要因
入出力割込み	入出力動作の完了，入出力装置の状態変化など
タイマ割込み	タイマ（計時機構）に設定された所定の時間が経過
外部信号割込み	コンソールからの入力，他の処理装置からの連絡など
異常割込み	電源異常，処理装置／主記憶装置の障害など 機械チェック割込みともいう

❏ 内部割込み

プロセッサ内部の要因によって生じる割込みである。

▶内部割込み

名　称	発生要因
演算例外	オーバフロー／アンダフローの発生，0による除算
不正な命令コードの実行	存在しない命令や形式が一致しない命令を実行
モード違反	特権モードの命令をユーザモードで実行
ページフォールト	仮想記憶において存在しないページを指定
割出し	SVC命令の実行，トラップ処理など

5.5 記憶管理

❏ 主記憶領域の管理方式

マルチプログラミングを実現するためには，主記憶領域を複数の区画に分割し，それぞれの区画にプログラムをロードする。一つの区画に複数のプログラムをロードすることはできないので，空き区画がなければ，すぐに実行しないプログラムを補助記憶に退避（**スワップアウト**）して空き区画を作り，新しいプログラムをロードする。また，退避したプログラムを実行する際は，補助記憶からプログラムを主記憶に再読込み（**スワップイン**）する。この仕組みをスワッピングという。

❏仮想記憶方式 問4 問5

補助記憶装置上に仮想的な主記憶領域を設定し，OSの制御によって実際の主記憶領域と連携させる方式である。仮想記憶を用いることで，主記憶の容量を意識せずにプログラムを設計・実行できる。仮想記憶方式では，命令実行のたびに仮想記憶上の仮想アドレスを主記憶上の実アドレスに変換する作業が必要となる。これを**動的アドレス変換**（**DAT**：Dynamic Address Translation）という。

❏ページング方式 問4 問5

プログラムおよび記憶領域を，数100～数kバイトの“ページ”と呼ばれる固定長の単位に分割して仮想記憶を管理する方式である。ページテーブルと呼ばれるアドレス変換テーブルによって実アドレスと仮想アドレスの変換を実現する。

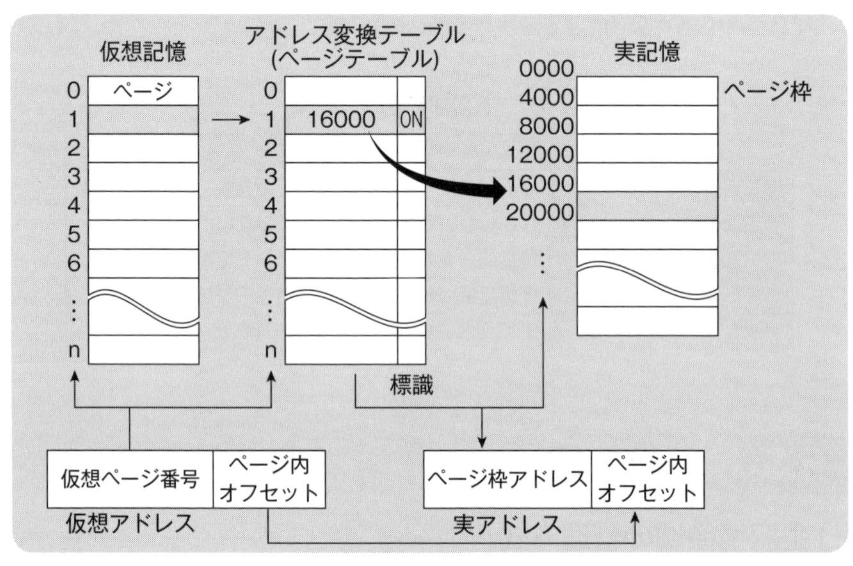

▶ページング方式

❏デマンドページング 問4

アクセスしたいページが実記憶上に存在しない状態を，**ページフォールト**という。ページフォールトが起こった場合，カーネルによる割込み制御が行われて補助記憶から必要なページが読み込まれる。この読込み動作を**ページイン**と呼ぶ。ページフォールトが発生するつどページインを行う方式をデマンドページングと呼ぶ。これに対して，あらかじめ必要とされそうなページを予測して，ページフォールトが発生するよりも先にページインしておく方式を**プリページング**と呼ぶ。

5.6 プログラム実行制御

❏コンパイル

テキスト形式で記述されたソース（原始）プログラムを翻訳し，0と1のビットで表現された機械語の目的プログラムに変換することをコンパイルという。この目的プログラムを生成する言語処理プログラムをコンパイラという。コンパイラは，字句解析，構文解析，意味解析，最適化，コード生成という順に処理を行い，目的プログラムを生成する。

5.7 オープンソースソフトウェア

❏オープンソースソフトウェア（OSS）

ソースコードが無償で公開されており，ライセンスに反さない限りにおいて自由に改変・再配布が行えるソフトウェアの総称である。

オープンソースソフトウェアの普及や啓蒙を目的とする非営利団体として有名なものに，OSI（Open Source Initiative）がある。OSIでは，OSSが持つべき性質として，OSD（The Open Source Definition）と呼ばれる次のような“オープンソースの定義”を提唱している。

1．再頒布の自由（販売や無料で配布することを制限しない）
2．ソースコードの頒布許可
3．派生ソフトウェア作成，頒布許可
4．作者のソースコードの完全性
5．個人やグループに対する差別の禁止
6．利用する分野に対する差別の禁止
7．ライセンスの分配の自由
8．特定製品でのみ有効なライセンスの禁止
9．他のソフトウェアを制限するライセンスの禁止
10．ライセンスは技術的中立でなければならない

問題編

問1 ☑☐☐☐ Linuxカーネルの説明として，適切なものはどれか。

（H26F問6）

ア　GUIが組み込まれていて，マウスを使った直感的な操作が可能である。

イ　Webブラウザ，ワープロソフト，表計算ソフトなどが含まれており，Linuxカーネルだけで多くの業務が行える。

ウ　シェルと呼ばれるCUIが組み込まれていて，文字での操作が可能である。

エ　プロセス管理やメモリ管理などの，アプリケーションが動作するための基本機能を提供する。

問2 ☑☐☐☐ プロセスのスケジューリングに関する記述のうち，ラウンドロビン方式の説明として，適切なものはどれか。（H27S問6）

ア　各プロセスに優先度が付けられていて，後に到着してもプロセスの優先度が実行中のプロセスよりも高ければ，実行中のものを中断し，到着プロセスを実行する。

イ　各プロセスに優先度が付けられていて，イベントの発生を契機に，その時点で最高優先度のプロセスを実行する。

ウ　各プロセスの処理時間に比例して，プロセスのタイムクウォンタムを変更する。

エ　各プロセスを待ち行列の順にタイムクウォンタムずつ実行し，終了しないときは待ち行列の最後につなぐ。

問3 ☑☐☐☐ プログラム実行時の主記憶管理に関する記述として，適切なものはどれか。（H28F問6，H24F問7）

ア　主記憶の空き領域を結合して一つの連続した領域にすることを，可変区画方式という。

イ　プログラムが使用しなくなったヒープ領域を回収して再度使用可能にすることを，ガーベジコレクショシという。

ウ　プログラムの実行中に主記憶内でモジュールの格納位置を移動させることを，動的リンキングという。

エ　プログラムの実行中に必要になった時点でモジュールをロードすることを，動的再配置という。

答1　UNIXとLinux ▶ P.108 ………… **エ**

カーネル（kernel）とは，OSの機能のうち，資源管理などの中核的な部分を担当する制御プログラムを指す言葉である。GUIやCUI（シェル）などのユーザインタフェースは，設定や操作を行うためのユーティリティプログラムの一種であり，カーネルには含まれない。また，Webブラウザやワープロソフトなどはアプリケーションプログラムとして提供されることが一般的であり，一部のアプリケーションプログラムを標準的に実装するOSもあるが，これらもカーネルには該当しない。

答2　タイムクウォンタム ▶ P.110　ラウンドロビン方式 ▶ P.111 ………… **エ**

ラウンドロビン方式は，一定の微小な時間（タイムクウォンタム）を設定し，タイムクウォンタムを使い切ったプロセス（タスク）は待ち行列の最後尾に回すことで，巡回的にプロセスを実行していくスケジューリング方式であり，通常はプロセスの優先度は考慮しない。

ア　優先度順方式に関する記述である。
イ　イベントドリブンの制御をとり入れた優先度順方式に関する記述である。
ウ　タイムクウォンタムは一定時間とするのが一般的であり，このような制御は通常は行わない。なお，優先度方式を活用して「処理時間が短いプロセスほど優先度を高くする」ように制御すると，SJF（Shortest Job First）と呼ばれるスケジューリングを実現することが期待できる。

答3　………… **イ**

プログラムが使用しなくなった断片化されたヒープ領域を回収し，いくつかのより大きなヒープ領域に構成し直して，再度使用可能にすることを，ガーベジコレクションという。

ア　コンパクション（断片化解消）に関する記述である。
ウ　動的再配置に関する記述である。
エ　動的リンキングに関する記述である。

問4 ☑☐ ☐☐ 仮想記憶方式で，デマンドページングと比較したときのプリページングの特徴として，適切なものはどれか。ここで，主記憶には十分な余裕があるものとする。 (R2F問6)

ア　将来必要と想定されるページを主記憶にロードしておくので，実際に必要となったときの補助記憶へのアクセスによる遅れを減少できる。

イ　将来必要と想定されるページを主記憶にロードしておくので，ページフォールトが多く発生し，OSのオーバヘッドが増加する。

ウ　プログラムがアクセスするページだけをその都度主記憶にロードするので，主記憶への不必要なページのロードを避けることができる。

エ　プログラムがアクセスするページだけをその都度主記憶にロードするので，将来必要となるページの予想が不要である。

問5 ☑☐ ☐☐ ページング方式の仮想記憶における主記憶の割当てに関する記述のうち，適切なものはどれか。 (H30S問6)

ア　プログラム実行時のページフォールトを契機に，ページをロードするのに必要な主記憶が割り当てられる。

イ　プログラムで必要なページをロードするための主記憶の空きが存在しない場合には，実行中のプログラムのどれかが終了するまで待たされる。

ウ　プログラムに割り当てられる主記憶容量は一定であり，プログラムの進行によって変動することはない。

エ　プログラムの実行開始時には，プログラムのデータ領域とコード領域のうち，少なくとも全てのコード領域に主記憶が割り当てられる。

問6 ☑☐ ☐☐ リアルタイムOSにおいて，実行中のタスクがプリエンプションによって遷移する状態はどれか。 (H29F問6)

ア　休止状態　　イ　実行可能状態　　ウ　終了状態　　エ　待ち状態

答4　仮想記憶方式 ▶ P.114　ページング方式 ▶ P.114
デマンドページング ▶ P.114 ……………………………………………… **ア**

デマンドページングは，実際のページ要求の発生に応じて（ページフォールトが発生するたびに）ページインを行う方式である。これに対して，要求されそうなページをあらかじめ予測して主記憶に配置しておく方式をプリページングという。

プリページングにおいて予測が当たれば，アクセスによる遅れを大幅に減少できる。ただし，予測が外れたときは無駄なページをロードすることになる。デマンドページングでは実際にページが必要になってからロードするので，無駄なロードは発生しない。

イ　プリページングを用いると，100%ではないにせよ，ある程度は先読みによってページフォールトを避ける効果が期待できる。少なくとも，ページ要求が発生するまで何もしないデマンドページングよりもページフォールトが多く発生するということはない。
ウ，エ　デマンドページングの特徴に関する記述である。

答5　仮想記憶方式 ▶ P.114　ページング方式 ▶ P.114 ……………………………… **ア**

ページング方式の仮想記憶システムでは，ページ単位で主記憶へのロード（ページイン）を行う。各プログラムの実行時に必要となるページが主記憶上にない（ページフォールト）場合は，主記憶上の1ページ分の空き領域を割り当て，そこにロードする。

イ　空き領域がない場合は，FIFOやLRUなどのアルゴリズムによって主記憶から追い出す（ページアウトする）ページを決定し，ページ置換えを行う。
ウ　プログラムの進行状況によって，プログラムに割り当てられる主記憶容量は変動する。
エ　そのようなことはない。データ領域もコード領域も，そのときに必要な部分がロードされる。

答6　プロセス ▶ P.108　プリエンプティブ方式 ▶ P.110 ……………………………… **イ**

プリエンプションとは，OSのタスク管理機能が実行中にあるプロセスのCPU使用権を強制的に剥奪し，他のタスクへの実行切替えを行うことである。プリエンプションによってCPUを取り上げられたタスクは，実行状態から実行可能状態に遷移する。処理中で入出力などが発生し，自らCPUを手放したわけではないので，待ち状態には遷移しない。

ハードウェア

知識編

6.1 論理素子と回路

❏論理素子 問1 問2 問3

入力信号を受け取り，それを用いた論理演算の結果を出力する素子である。**論理ゲート**とも呼ばれる。一般に，論理素子を図で表すときは**MIL記号**と呼ばれる表記が用いられる。情報処理技術者試験においても，MIL記号が用いられている。

▶主な論理素子

名称	AND（論理積）	OR（論理和）	XOR（排他的論理和）
MIL記号	A B X 入力 出力	A B X	A B X
式	X ＝ A・B	X ＝ A+B	X ＝ A ⊕ B
真理値表	A B X 0 0 0 1 0 0 0 1 0 1 1 1	A B X 0 0 0 1 0 1 0 1 1 1 1 1	A B X 0 0 0 1 0 1 0 1 1 1 1 0

名称	NOT（否定）	NAND（否定論理積）	NOR（否定論理和）
MIL記号	X → $\overline{X}$ 入力　出力	A, B → X	A, B → X
式	$\overline{X}$	$X = \overline{A \cdot B}$	$X = \overline{A+B}$
真理値表	X | $\overline{X}$ 0 | 1 1 | 0	A | B | X 0 | 0 | 1 1 | 0 | 1 0 | 1 | 1 1 | 1 | 0	A | B | X 0 | 0 | 1 1 | 0 | 0 0 | 1 | 0 1 | 1 | 0

NAND（Not AND：否定論理積）はAND演算の結果の否定，NOR（Not OR：否定論理和）はOR演算の結果の否定である。

❏ 論理回路　問1 問2 問3

AND，OR，NOT，NAND，NOR，XORなど，論理演算を実現する電子回路である。マイクロプロセッサを構成するさまざまな回路は，これらの論理回路を用いて構成する。複数の論理素子を組み合わせることで，さまざまな出力を行う論理回路を構築できる。例えば，NOT，AND，ORゲートを組み合わせれば，XORゲートと同じ出力を得ることができる。

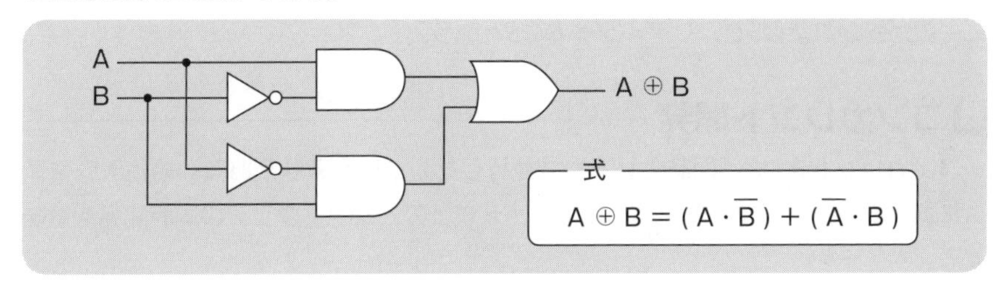

▶XORゲートを実装

6.2 構成部品と制御

❏集積回路（IC）

トランジスタやダイオード，抵抗といった各種素子を基板（ウェハ）上で接続し，演算などの機能を持たせたものである。非常に小さいことから，**チップ**（chip）とも呼ばれる。一つの基板上にどのくらいの素子が集められているかを集積度といい，集積度に応じて**LSI**（大規模集積回路）や**VLSI**（超大規模集積回路）という名称を用いることもある。

集積回路には，**バイポーラ型**と**CMOS型**の２種類がある。バイポーラ型の集積回路は，CMOS型と比較して高速な動作，および大電流出力が可能である。一方，CMOS型よりも消費電力が大きく，集積度が低いという欠点もある。

6.3 組込みシステム

❏リアルタイムOS（RTOS）

汎用系のシステムと比較すると，組込みシステムでは，正確なタイミングで制御しなければならないハードウェアを扱うことが多い。例えば，ミリ秒単位で変化するセンサからの入力情報を処理し，即座にハードウェアに指示を出したり，タスク間で遅延なく同期をとったりすることが求められる。そのため，組込みシステムでは，厳しい時間制約を守れるOSが必要となる。このような「リアルタイム性を確保すること」に主眼が置かれたOSを，リアルタイムOSという。

❏コンカレント開発

コンカレントとは，「同時の」とか「並行した」という意味がある。組込みシステムにおけるコンカレント開発は，主にハードウェアとソフトウェアの同時開発を意味する。

本来であれば，ソフトウェアの開発はハードウェアの完成を待って行われるが，開発期間を短縮するためにはハードウェアの開発と同時にソフトウェアの開発に着手しなければならない。

このような同時開発を行うためには，完成前のハードウェアをシミュレーションするための開発ツールが不可欠である。これによって，ハードウェア完成前にソフトウェアの検証を行うことができる。

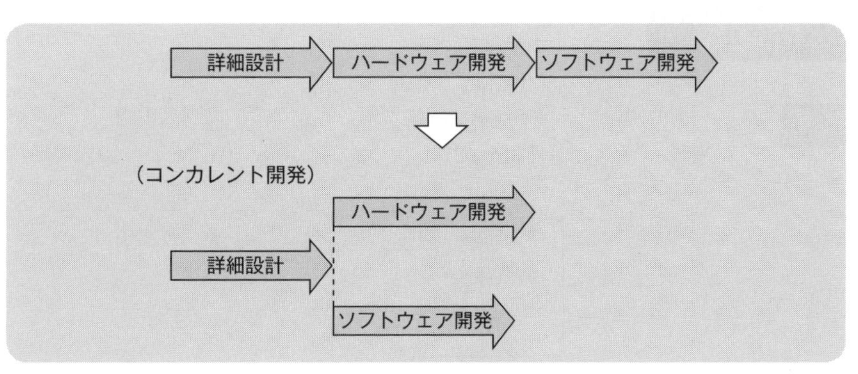

▶コンカレント開発

❑コデザイン

設計の初期段階でハードウェアとソフトウェアの機能分担をシミュレーションで検証する方法である。**協調設計**ともいう。コンカレント開発では，ハードウェアとソフトウェアの機能分担に問題があった場合などに，開発に大きな手戻りが発生するおそれがある。コデザインによって，コンカレント開発を円滑に進めることができる。

問題編

問1 ☑☐ ☐☐ 図の回路が実現する論理式はどれか。ここで，論理式中の“・”は論理積，“＋”は論理和を表す。

（H29S問７）

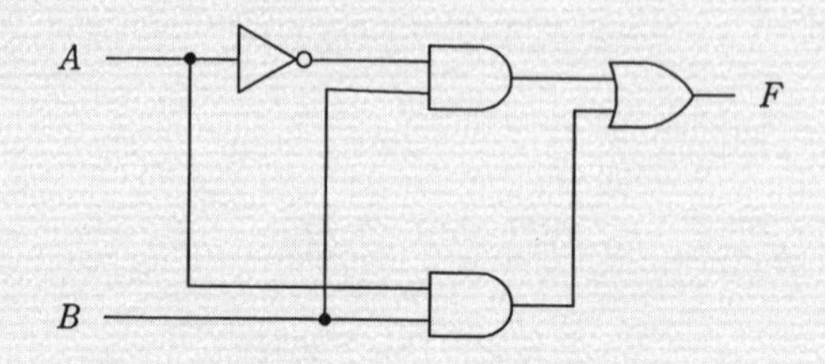

ア　$F=A$　　イ　$F=B$　　ウ　$F=A \cdot B$　　エ　$F=A+B$

問2 ☑☐ ☐☐ 図の論理回路において，$S=1$，$R=1$，$X=0$，$Y=1$のとき，Sを一旦０にした後，再び１に戻した。この操作を行った後のX，Yの値はどれか。

（H26F問７，H23F問８，H21F問８）

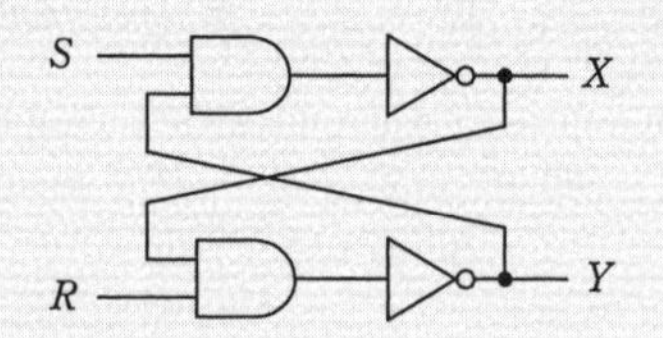

ア　$X=0$，$Y=0$　　イ　$X=0$，$Y=1$
ウ　$X=1$，$Y=0$　　エ　$X=1$，$Y=1$

答1　論理素子 ▶ P.120　論理回路 ▶ P.121 ……… **イ**

図において，上に位置する論理積（AND）回路には，$\overline{A}$（Aの否定）とBが入力されるので，

$\overline{A} \cdot B$

が出力される。また，下に位置する論理積回路は，AとBが入力されるので，その出力は，

$A \cdot B$

である。これらが論理和（OR）回路に入力されるので，その結果として得られる出力は，

$(\overline{A} \cdot B)+(A \cdot B)$

$=(\overline{A}+A) \cdot B$　　（分配則）

$=B$　　（$\overline{X}+X$は常に真，真・$X=X$）

という論理式を実現することになる。

答2　論理素子 ▶ P.120　論理回路 ▶ P.121 ……………………………………… **ウ**

S＝1，R＝1，X＝0，Y＝1のとき，論理回路における，各論理素子の入出力の様子は次図のとおりである。ここでは説明のため，図中の各論理素子に①～④の番号を振った。

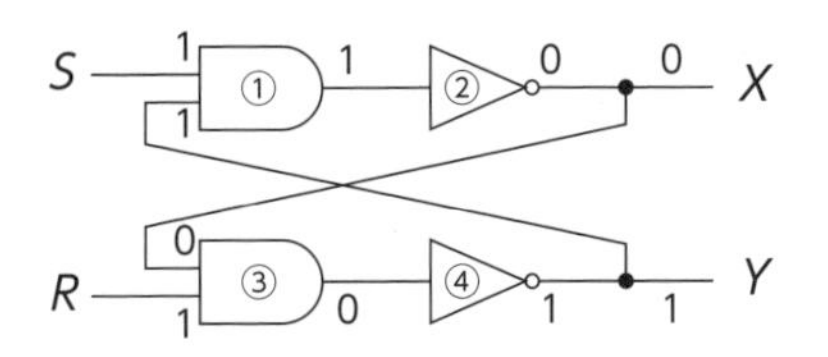

入力Sを0にすると，①の出力は0になり，②の出力Xは1となる。②の出力は③の入力となっており，もう一方の入力Rは1のままなので，③の出力は1となる。そして，④によって出力Yは0となる。結果，①における④からの入力は0となる。

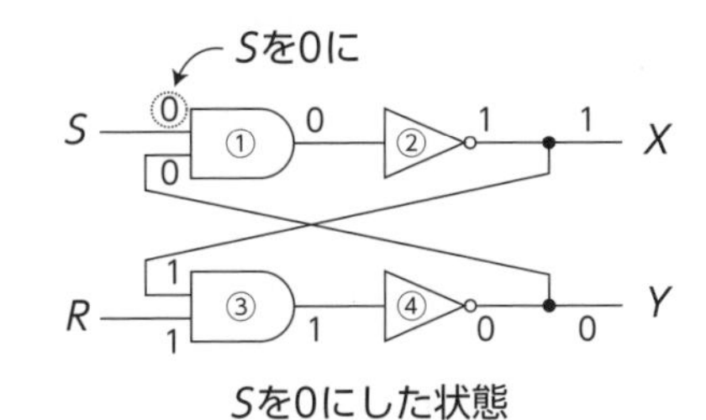

Sを0にした状態

次に，再びSを1に戻す。④からの入力は0なので，①の出力は0となり，②の出力Xは1となる。③の入力は二つとも1となり，出力も1となる。結果，Yは0となる。

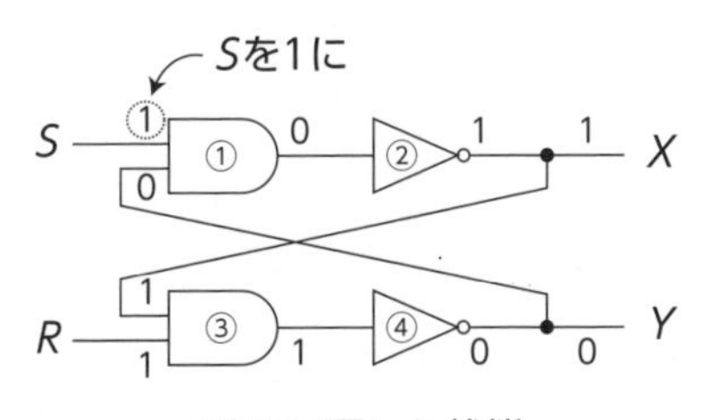

Sを1に戻した状態

問3 ☑☐☐☐ 次の二つの回路の入力に値を与えたとき，表の入力A，B，C，Dと出力E，Fの組合せのうち，全ての素子が論理積素子で構成された左側の回路でだけ成立するものはどれか。 (H31S問7)

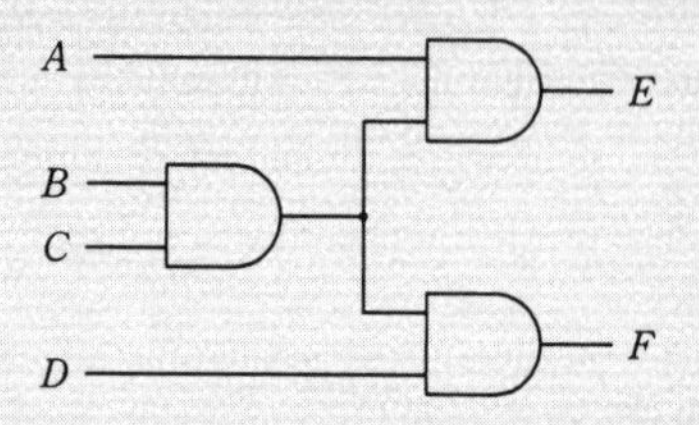

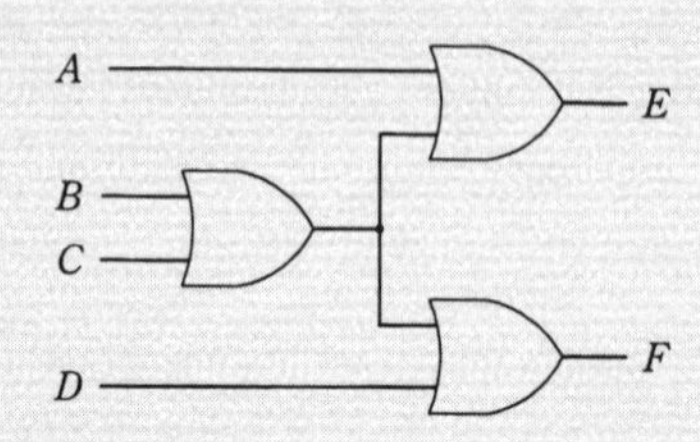

ア

入力				出力	
A	*B*	*C*	*D*	*E*	*F*
0	0	0	0	0	0

イ

入力				出力	
A	*B*	*C*	*D*	*E*	*F*
0	0	1	1	1	1

ウ

入力				出力	
A	*B*	*C*	*D*	*E*	*F*
1	1	0	1	0	0

エ

入力				出力	
A	*B*	*C*	*D*	*E*	*F*
1	1	1	1	1	1

答3 論理素子 ▶ P.120　論理回路 ▶ P.121 ………………………… **ウ**

左の回路は,

E=A・B・C

F=B・C・D

という論理式と等価であり，右の回路は,

E=A+B+C

F=B+C+D

という論理式と等価である。ここで,“ウ”のように(A，B，C，D)=(1，1，0，1)という組合せを考えると,

左の回路において，E=1・1・0=0，F=1・0・1=0

右の回路において，E=1+1+0=1，F=1+0+1=1

となり，左の回路でだけ(E，F)=(0，0)が成立する。

ア，エ　左右どちらの回路でも成立する組合せである。

イ　右の回路でだけ成立する組合せである。

7 ヒューマンインタフェースとマルチメディア

知識編

7.1 ヒューマンインタフェース技術

❏ヒューマンインタフェース

人間と機械（コンピュータなど）との境界面のことである。人間（ユーザ）にとっての使いやすさなどに重きを置いたシステムや製品のヒューマンインタフェースの設計を人間中心設計という。

❏ユーザビリティ（usability）

システムの「使い勝手」や「使いやすさ」を表すものであり，処理の効率性やユーザの満足度なども含まれる。国際規格のISO 9241-11では，「特定の利用状況において，特定のユーザによって，ある製品が指定された目標を達成するために用いられる際の，有効さ，効率，ユーザの満足度の度合い」と定義されている。

❏アクセシビリティ（accessibility） 問1

製品，建物，サービス，ソフトウェア，情報サービス，Webサイトなどを，高齢者や障害者を含む誰もが利用できること，または利用しやすいことをいう。また，利用のしやすさの度合いを表す意味でも使用される。例えば，マウスが使用できないユーザのためにキーボードのみの操作にしたり，視覚障害のあるユーザのために音声読上げソフトを導入したりすることなどが該当する。

7.2 インタフェース設計

❏画面・帳票設計

画面や帳票のデザインは，分かりやすく，使いやすいものでなければならない。設計時には，次のようなことに留意する。

- 入力は左上から右下へと順序設定する。
- 関連項目は隣接させる。

●導出できる項目は，自動設定する。

一連の処理の画面遷移を表したものを，画面遷移図という。

フールプルーフ設計

人間の入力において，入力データに対して数々のチェック（入力チェック）を行い，入力エラー（入力ミス）を抑制する。年齢の入力欄には正の整数しか入力できないように設定したり，存在しないコード番号が入力されたら，エラーメッセージを表示することなどが該当する。

コード設計

データの識別や分類を行う際には，目的に応じたコードを用いる。コードの機能には，識別機能，分類機能，配列機能，チェック機能などがある。また，一度設定したコードは長期間使用するため，扱いやすく，共通性・拡張性があり，明瞭でなければならない。

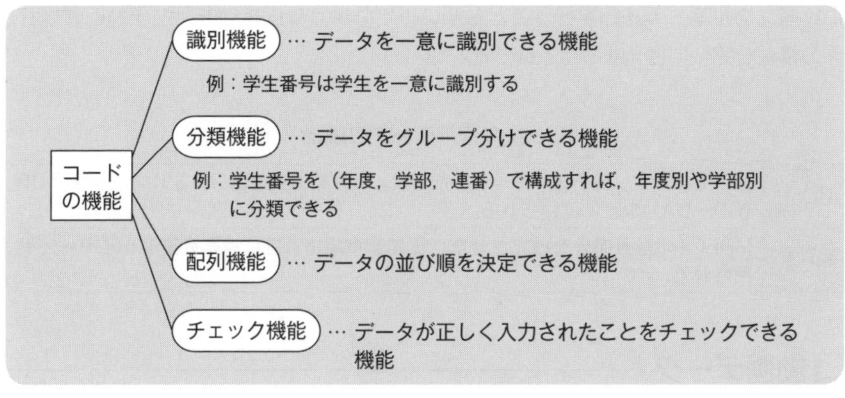

▶コードが持つ機能

Webサイトの構造設計

情報を分類・組織化して整理し，Webサイトの全体構造を設計する。R・ワーマンが提唱したLATCH法では，場所（Location），文字（Alphabet），時間（Time），種類（Category），階層・順序（Hierarchy）の５種類で情報を分類し，組織化する。また，Webデザインにおける情報の構造化は**ハイパリンク**を用いて行われ，次のような形態がある。

▶構造化された情報の形態

直線型	ある一定の流れで情報を構造化し，後戻りしない形態。入会や購入の手続きなど
階層型	情報を階層（木構造）で構造化する形態。商品分類ページと商品詳細ページなど
Webリンク型	情報同士が相互に参照（リンク）しあう形態
フォークソノミー型	利用者が「タグ」を付け加えることにより，分類する形態。ソーシャルブックマークなど

7.3 マルチメディア

❏音声データ

音声データは，一定の間隔ごとに音声信号に数値（符号）を割り当てる。音声データはサイズが非常に大きくなることが多いため，可聴域を超える（人間には聞こえない）音を切り捨てる圧縮を行うことも多い。このような圧縮は非可逆圧縮と呼ばれ，元の情報を完全に復元することはできない。

▶主な音声データの規格

PCM	音声を標本化・量子化・符号化した形式。非圧縮方式であり，主にオーディオCD（CD−DA）などに用いられる。
MP3	MPEG1の音声部分を独立させた，圧縮音声規格。主に携帯音楽プレイヤーで利用される。

❏動画データ

動画は，画像（フレーム）を連続して表示することで実現する。単位時間に表示するフレームの枚数（フレームレート）が多いほど，滑らかな動画を表示できる。動画データはサイズが大きくなるため，圧縮されることが多い。

▶主な動画データの規格

MPEG-1	ビデオCDなどに用いられる動画の圧縮規格
MPEG-2	DVDビデオやTVの地上ディジタル放送などに用いられる動画の圧縮規格

❏マルチメディアシステム

動画や音声などを組み合わせたシステムである。マルチメディアシステムは，さまざまな表現技術に応用されている。

▶マルチメディアシステムの応用技術

CG (Computer Graphics)	コンピュータを用いて，2次元または3次元の画像を作成すること，またはその画像。映画やアニメーション，広告等に，幅広く利用されている。
VR (Virtual Reality)	バーチャルリアリティ。CGを用いて，現実世界のイメージに近い仮想現実の世界を，コンピュータ上で再現する技術。
AR (Augmented Reality)	現実世界と仮想空間の複合技術で，建築物が建った後の景観を写真とCGを合成して表すような技術。拡張現実ともいう。

❏CG（Computer Graphics）

コンピュータを用いて画像を作成する処理のことである。**2次元CG**（2DCG）と**3次元CG**（3DCG）に大別される。2次元CGは，画像を画素の集合として表現する，主に絵や写真などのラスタ方式と，画像の構成要素であるオブジェクトを数値（方向や長さ）で表現する，主に図面などのベクタ方式がある。また，3次元CGでは，画像の表現に次のような処理や手法が用いられる。

▶3次元CGの技術

アンチエイリアシング	斜線や曲線の色などを調整し，ギザギザ（ジャギー）を目立たなくする手法
モーフィング	二つの画像から，その中間となる画像を自動的に生成する処理を繰り返すことにより，ある形状から別の形状に滑らかに変化する様子を表現する手法
シェーディング	画素の色を調整し，陰影を表現する手法
テクスチャマッピング	オブジェクトに画像を貼り付け，質感を高める手法
ポリゴン	多角形（三角形や四角形など）を組み合わせて物体を表現するさいの構成要素。物体の表面に関するデータを扱うサーフェスモデルの一つ
メタボール	物体を球形とみなして濃度分布を設定し，物体を滑らかに表現する手法

問題編

問1 ☑☐ ☐☐ アクセシビリティ設計に関する規格であるJIS X 8341-1:2010（高齢者・障害者等配慮設計指針－情報通信における機器，ソフトウェア及びサービス－第１部:共通指針）を適用する目的のうち，適切なものはどれか。

（H29F問８）

ア　全ての個人に対して，等しい水準のアクセシビリティを達成できるようにする。

イ　多様な人々に対して，利用の状況を理解しながら，多くの個人のアクセシビリティ水準を改善できるようにする。

ウ　人間工学に関する規格が要求する水準よりも高いアクセシビリティを，多くの人々に提供できるようにする。

エ　平均的能力をもった人々に対して，標準的なアクセシビリティが達成できるようにする。

問2 ☑☐ ☐☐ 拡張現実（AR：Augmented Reality）の例として，最も適切なものはどれか。

（H27S問８）

ア　SF映画で都市空間を乗り物が走り回るアニメーションを，３次元空間上に設定した経路に沿って視点を動かして得られる視覚情報を基に作成する。

イ　アバタの操作によって，インターネット上で現実世界を模した空間を動きまわったり，会話したりする。

ウ　実際には存在しない衣料品を仮想的に試着したり，過去の建築物を３次元CGで実際の画像上に再現したりする。

エ　臨場感を高めるために大画面を用いて，振動装置が備わった乗り物に見立てた機器に人間が搭乗し，インタラクティブ性が高いアトラクションを体感できる。

答1 アクセシビリティ ▶ P.128 ………………………………………………… イ

アクセシビリティ（accessibility）は，製品やサービスを，高齢者や障害者を含むだれもが利用できることを指す言葉である。例えば，視覚障害のある人のために音声読上げ機能を導入することなどがアクセシビリティの向上措置に該当する。

JIS X 8341“高齢者・障害者等配慮設計指針－情報通信における機器，ソフトウェア及びサービス”は，アクセシビリティに関するガイドラインであり，公的機関や民間企業は積極的にこれに準拠することが求められている。規格中では，アクセシビリティについて

“幅広く定義された利用者グループを扱う”
“様々な能力をもつ最も幅広い層の人々が利用できるようにする”
“この規格の指針が支援できることは，（一般的な）アクセシビリティを多様な人々に対して達成し，利用の状況を理解しながら，多くの個人のアクセシビリティ水準を改善することである。”

などの記述がある。これに合致しているのは“イ”である。

ア　規格中で“アクセシビリティとは，等しい水準のユーザビリティをすべての個人について達成することではなく，少なくともある程度のユーザビリティをすべての個人について達成することである”と述べられている。

ウ　規格中で他の人間工学規格（JIS Z 8531など）については，併用・連携することでより良い指針を提供できることなどが述べられている。それらが要求する水準よりも高いアクセシビリティの提供を目的としているわけではない。

エ　規格中で“アクセシビリティを支援する設計による解決策は，平均的能力の人々に対する設計ではなく，様々な障害をもつ人々を含む最も幅広い層の人々のための設計である”と述べられている。

答2 ………………………………………………………………………… ウ

AR（Augmented Reality：拡張現実）とは，現実の情報に仮想現実の情報を加えて（重ねて）合成する技術である。すべてをコンピュータグラフィックスで模倣する仮想現実（バーチャルリアリティ）とは異なり，実写と重ね合わせて補足的に情報を表示する。ARを活用した例としては，「スマートフォンに内蔵されたディジタルカメラで建物を撮影すると，GPS情報などを用いてその建物の情報を取得し，写真内の建物に重ねて表示する」などが挙げられる。

ア　ウォークスルーなどと呼ばれる，CGにおける視点移動技術の活用例である。
イ　仮想現実（バーチャルリアリティ）や仮想空間と呼ばれる技術の活用例である。
エ　アミューズメント機器に用いられる大画面や振動などの機能要素の活用例である。

8 データベース

知識編

8.1 データベースのモデル

❏データモデル

データベースは，実際に行われている業務（現実世界）を抽象化し，表現した情報に基づいてDBMS上に実装される。この現実世界を抽象化し，表現したもの（あるいはその表現方法）をデータモデルといい，現実世界をデータモデルとして表現することを**データモデリング**という。次図のように，段階的に詳細化する。

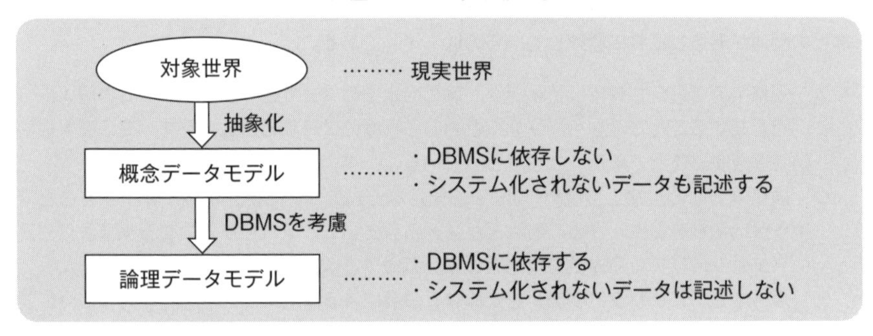

▶データモデルの作成手順

❏概念データモデル

対象世界のデータやその関連を表現したデータモデルである。**E-Rモデル**が用いられ，**E-R図**（ERD：Entity-Relationship Diagram）などによって表現する。主に全体的なデータの整理や理解を目的に作成するため，システム化領域に限定しない，DBMSに依存しない，主キーを洗い出す必要がある，すべてのデータ項目（属性）までは洗い出す必要はないといった特徴を持つ。

8.2 関係データモデル

❏ 関係データモデル

データを2次元の表（関係表）によって表現する。複数の**属性**によって構成され，各属性の実現値（実際のデータ）を組み合わせたものを組あるいは**タプル**という。列が属性に，行がタプルに該当する。関係名とそれを構成する属性名の組合せによって定義したものを**関係スキーマ**（リレーションスキーマ）という。関係表はタプルの集合であり，時間とともに変化するが，関係スキーマは時間に対して不変である。また，関係スキーマを構成する各属性のとり得る範囲を**定義域**（**ドメイン**）という。

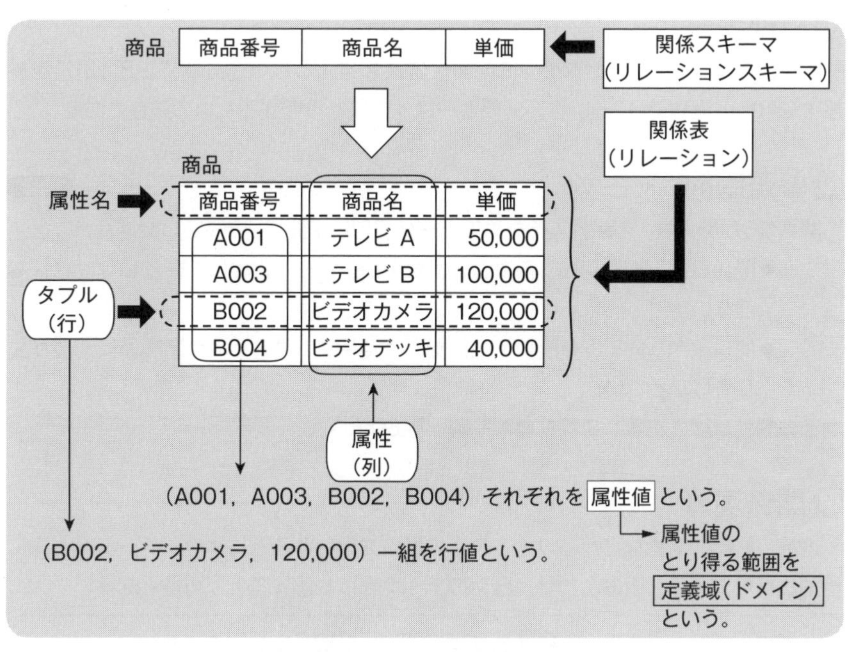

▶関係データモデルと表構造

❏ 候補キー　問2

関係表のタプル（行）を一意に識別できる属性集合のうち，必要最小限の属性で構成される属性集合のことである。一つの関係表の中に複数の候補キーが存在することもある。

❑主キー

候補キーが関係表に複数ある場合，候補キーのうちの一つを主キー（primary key）とする。二つ以上の属性によって主キーが構成されている場合，複合キーともいう。主キーは一つの関係表に一つだけ存在し，一意性制約，非ナル制約などの制約を持つ。

- **一意性制約**…主キーは，必ず一意（ユニーク）となり，主キーの値が同じであるタプルが複数存在することはない。
- **非ナル制約**…主キーの値が空値（ナル値，NULL）のタプルは存在しない。

❑外部キー

関係表Aの主キーの値が関係表Bの属性値となるような場合，関係表Bの属性を外部キー（foreign key）という。外部キーは他の表を参照するための属性である。

❑参照制約 問3

関係表Bが関係表Aを参照するために，関係表Bに外部キーを設定した場合，

- ●関係表Bの外部キーの値は，必ず表Aの主キーの値として存在しなければならない。
- ●関係表Aのタプルを削除または更新する際に，表Bとの参照関係に矛盾が生じてはならない。

などの制約が課される。これを参照制約と呼ぶ。

❑関係演算

選択，射影，結合などがあり，これらの操作を用いることにより，データベースに格納されたデータを組み合わせ，任意のデータを取り出すことが可能となる。

- **選択**…表から，条件に合致するタプル（行）を取り出す演算である。
- **射影**…表から指定された属性（列）を取り出す演算である。
- **結合**…複数の表を組み合わせて一つの表を導出する演算である。

8.3 データベース設計

❏データベースの設計工程

一般的に，データベース設計はプログラム設計と並行して行われる。しかし，「業務プロセスは変わりやすいが扱うデータは変わりにくい」というデータの安定性に着目し，プログラム設計よりも先にデータベース設計を行うことも多い。このような手法を**DOA**（Data Oriented Approach：**データ中心アプローチ**）という。一般的なデータベース設計は，次のような流れで行う。

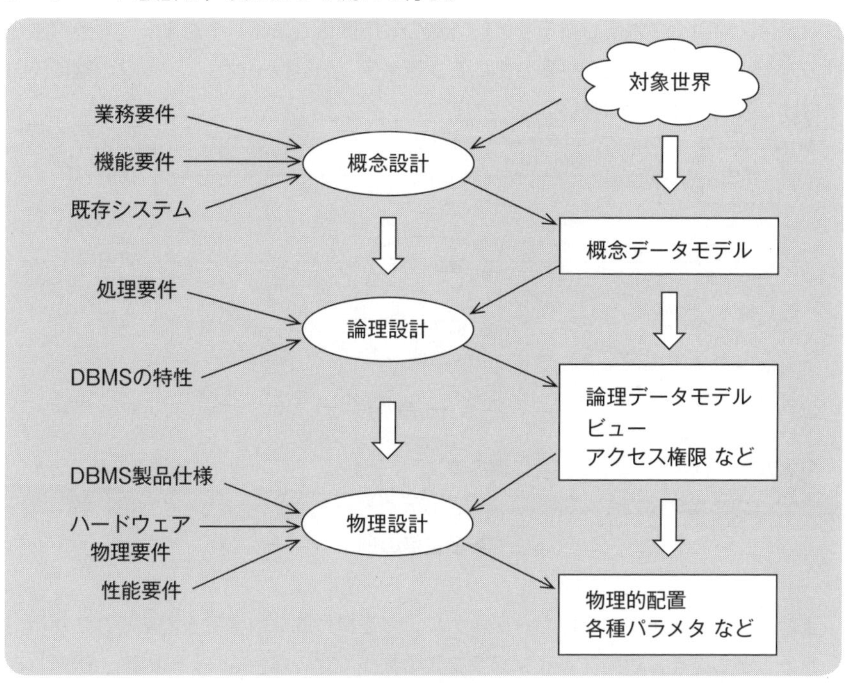

▶設計工程の流れ

8.4 E-Rモデル

❏E-Rモデル

対象世界におけるデータをエンティティ（実体）とリレーションシップ（関連）に分けて表したものである。概念データモデルや論理データモデルの表現に用いられる。

- **エンティティ**…現実世界に存在する物体（リソース）や物事（イベント）など。矩形（長方形）で表す。
- **リレーションシップ**…エンティティ間の関連。エンティティ間に線を引いて表す。

❏カーディナリティ（多重度） 問1

エンティティのある**インスタンス**（実現値）に対し，関連するエンティティのインスタンスがいくつ対応し得るかという数の対応関係である。1対1，1対多（または多対1），多対多がある。「多」側のエンティティのリレーションシップの端に矢印を付けて表現することが多い。

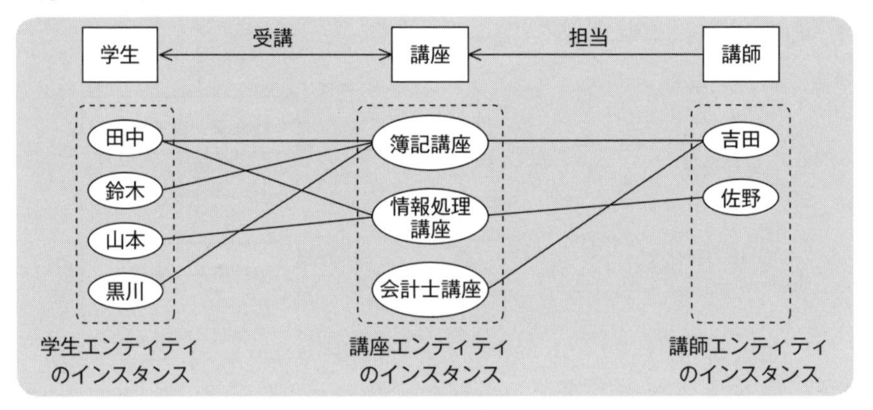

▶多重度の例

また，エンティティの横にカーディナリティを具体的な数値で表現する方法が用いられることもある。対応するインスタンスの数が不定の場合は，「下限値..上限値」という形で範囲を表現したり，「＊」を用いて上限がないことを表現したりする。

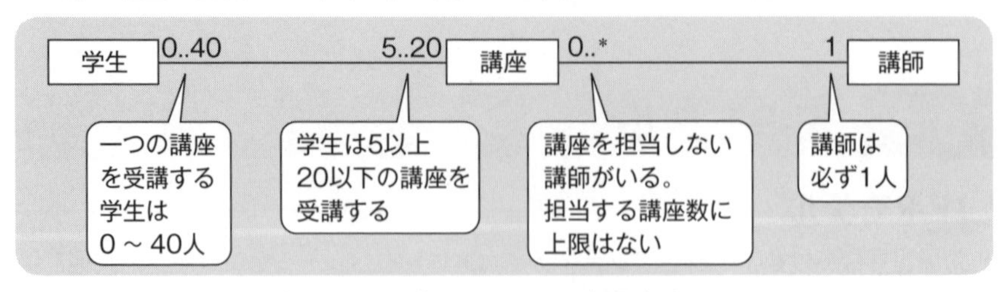

▶カーディナリティの表現方法

❏汎化と特化 問4

E-Rモデルでは，複数のエンティティが共通の性質を持つとき，

- 共通する性質（属性）のみを持つエンティティ
- 個別の性質（属性）のみを持つエンティティ

に分割し，エンティティ間の関係を整理する。このような関係を汎化－特化（is－a）関係といい，共通する性質を持つエンティティを**スーパタイプ**，個別の性質のみを持つエンティティを**サブタイプ**という。スーパタイプとサブタイプの主キーは同じである。

8.5 正規化理論

❏第1正規形

関係表に含まれるどの属性も一つの値のみを持ち，それ以上の分割が不可能な関係表である。非正規形から繰返し項目や複数の値を持つ属性を排除した関係表といえる。非正規形を第1正規形に正規化するときは，

- 複数の値を持つ属性を複数の属性に分割する。
- 繰返し項目を一つずつの行として分割する。
- 繰返しでない項目は，各繰返し項目ごと（各行）に重複して持たせる。

という手順で行う。なお，繰返し項目を分割した場合は，行を一意に識別するために主キーを設定する。

❏関数従属性 問2

ある属性集合Aと別の属性集合Bの間に，「Aの値が定まれば，Bの値が一意に定まる」という関係がある場合，「BはAに関数従属している」といい，「A→B」と表す。

❏部分関数従属性

関係表Rにおいて，属性Cが属性集合（A＋B）および属性Aに関数従属しているとき，Cは（A＋B）の真部分集合であるA，B，空集合のうち，Aにも関数従属しているので，Cは（A＋B）に部分関数従属しているという。

❏推移的関数従属性

関係表Rを構成する属性集合A，B，Cにおいて，

A→Bが成立
B→Cが成立
B→Aが不成立
C→Aが不成立

という関数従属性が成立するとき，CはAに推移的関数従属するという。

❏第2正規形

第1正規形の条件を満たし，主キー以外のすべての属性（非キー属性）が主キーに完全関数従属する関係表である。

❏第3正規形

第2正規形の条件を満たし，いかなる非キー属性も主キーに対して推移的関数従属しない関係表である。

8.6 SQL

❏SELECT文（問合せ文） 問6

データベースから，参照，削除，更新の対象となるデータを抽出するデータ操作演算である。

<例> SELECT 氏名，住所，電話 FROM 名簿

"名簿"表の各行から，氏名と住所と電話の列のみを抽出する。

SELECT文を用いてデータを取り出すことを問合せ（クエリ）という。SELECT文の基本的な構文は次のとおりである。

```
SELECT [DISTINCT] {* | <列名>[,<列名>…]}
       FROM  <表名リスト>
       [WHERE  <条件式>]
       [GROUP BY <列名>[,<列名>…]]
       [HAVING  <条件式>]
       [ORDER BY <列名> [ASC|DESC] [,<列名> [ASC|DESC]…]]
```

▶SELECT文の構文

❏INSERT文

データベースにおいて，行を追加するデータ操作演算である。挿入する値をカンマで区切って列挙したもの（値リスト）を指定して1行単位で挿入する方法と，問合せ文で得られた結果を1行以上挿入する方法がある。

・社員番号が“108”の“田中”というデータを挿入する場合（部門IDはNULLとする）

```
INSERT INTO 社員（社員番号,氏名,部門ID）VALUES（'108','田中',NULL）
```

表名に続く列名リストを省略した場合は，値リストの列数が表の列数と一致する必要がある。

・社員表から性別が“M”の社員を抽出して，男性社員表に挿入する場合

```
INSERT INTO 男性社員 SELECT ＊ FROM 社員 WHERE 性別＝'M'
```

男性社員表とSELECT文の結果（社員表）の列数やデータ型は一致している必要がある。

❏UPDATE文

条件式（WHERE句）に合致するすべての行の列値を指定された値（あるいは式の結果）に更新するデータ操作演算である。WHERE句がない場合はすべての行が更新される。また，複数の列値を更新する場合は，列名 = 値式 をカンマで区切って複数指定する。

・社員番号が46の社員の給与を現状の1.1倍にする場合

```
UPDATE 社員 SET 給与 ＝ 給与 ＊ 1.1 WHERE 社員番号 ＝ 46
```

❏DELETE文

条件式（WHERE句）に合致するすべての行を削除するデータ操作演算である。WHEREがない場合はすべての行が削除される。

・社員番号が46の社員の行を削除する場合

```
DELETE FROM 社員 WHERE 社員番号 ＝ 46
```

❏CREATE TABLE文

表を定義するデータ定義演算である。表名と表に含まれる列の名前，データ型，列制約を定義する（列定義）。また，表自体に制約を設ける場合は，表制約を定義する（表制約定義）ことも可能である。

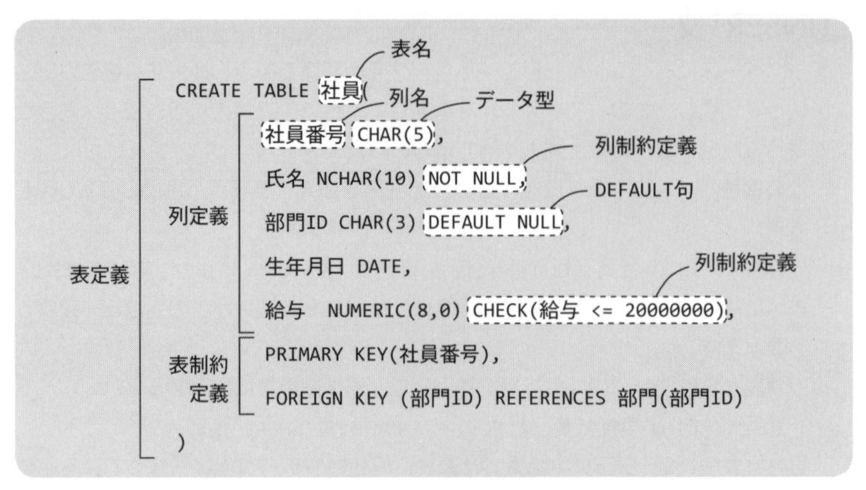

▶CREATE TABLE文

❑ 埋込みSQL

親（ホスト）言語となるプログラム中にSQL文を埋め込み，実行する方式である。埋込みSQLでは，SQL文中で，プログラム側で宣言された変数（**埋込み変数**，**ホスト変数**という）を利用することも可能である。

埋込みSQLには，静的SQLと動的SQLがある。**静的SQL**とは，プログラム作成時にSQL文を埋め込む方法であり，**動的SQL**とは，実行時にSQL文を与え，その時点で動的に解釈して実行する方法である。動的SQLを利用することによって，プログラム中でSQL文を生成し，実行するといった制御が可能となる。

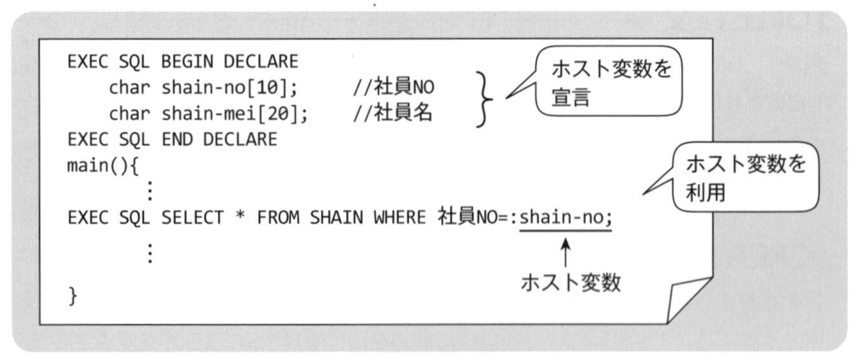

▶埋込みSQL

親言語は，一つの命令で行集合全体を扱うことができないため，SQL文の結果をそのまま処理することはできない。

そこで，行集合を1行ずつ処理するために**カーソル**（CURSOR）が用いられる。カーソルは，SQL文によって得られた導出表（作業表）を1行ずつ親言語に引き渡す機能をもつ。

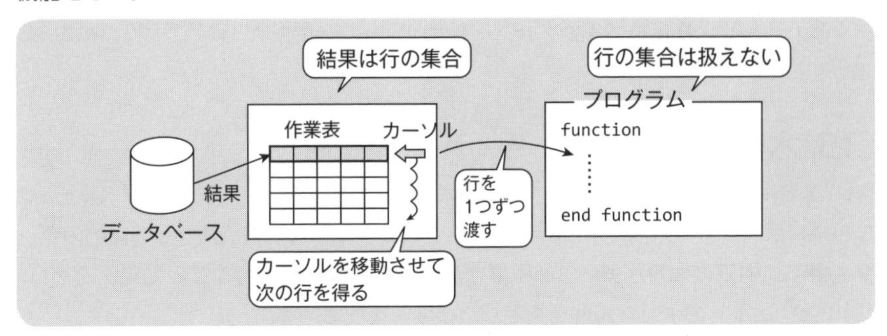

▶カーソル

8.7 データベース管理システム（DBMS）

❏DBMSの機能

データベースを構築・管理し，データに対するアクセス手段を提供するミドルウェアである。DBMSは次のような機能を持ち，開発や保守などに利用する。

▶DBMSの機能

データベース定義機能	データ定義言語（DDL）を用いてスキーマを定義し，データベースを生成する機能
データベース操作機能	データ操作言語（DML）を用いてデータにアクセスし，データをデータベースに格納したり，データベースからデータを取り出す機能
同時実行制御機能	複数の利用者が同時に同じ情報にアクセスする場合の制御手順（排他制御など）を提供し，矛盾の発生を防ぐ
障害回復機能	障害発生時に，障害の種類に応じた回復方法を選択し，データベースを障害発生前の状態に回復させる機能
データ機密保護	データの不当な漏洩や改ざんを未然に防ぐためのアクセス制御機能

8.8 データ操作

❏索引検索

キー値とデータの格納位置を対応付けたものを索引（**インデックス**）という。索引を用いた検索では，索引から目的のデータが格納された位置を得るため，データをすべて読み込んで条件に合致するデータを抽出する全件検索よりも物理アクセス回数を減らすことができる。

❏B^+木索引

B^+木を用いた索引検索で，多くのDBMSで採用されている。B^+木の根（ルート）から順に節（ノード）をたどり，葉に格納されたキー値と格納位置から，目的のデータを得る。列値の種類が多い（多重度が高い）列に索引を付与すると効果的であり，「○以上○以下」のような範囲を指定した検索も可能である。

8.9 トランザクション処理

❏ACID特性

トランザクション（transaction）とは，不可分な一連の処理単位であり，通常は複数の処理から構成される。トランザクションが備えるべき四つの特性を，ACID特性という。

▶ACID特性

特性	意　味
Atomicity（原子性）	トランザクションは「すべて実行される」か「まったく実行されない」かのいずれかの状態である。
Consistency（一貫性）	トランザクションは，データベースの内容を矛盾させない。
Isolation（独立性，隔離性）	トランザクションは他のトランザクションの影響を受けない。
Durability（耐久性，永続性）	正常終了したトランザクションの実行結果が失われることはない。

8.10 同時実行制御

❏ 同時実行制御

複数のトランザクションを同時に処理する場合に，トランザクションの処理内容が相互に影響を及ぼさないように制御することである。各トランザクションを一つずつ直列に実行した場合と同じ結果を得られる（**直列可能**）ように制御する。

❏ ロック

データベースや表，行といった資源に対して，同時に実行している他のトランザクションが更新や参照をできないよう制御することである。目的の資源がロックされている場合は，ロックが解除（アンロック）されるまで待機する。

ロックする資源の単位（表や行など）を**ロックの粒度**という。ロックの粒度を大きくするほどロックの解除を待つトランザクションが多くなり，スループットは低下する。一方，ロックの粒度を小さくすると，同時に実行できるトランザクション数は増えるが，ロックを管理するオーバヘッドが大きくなる。

❏ ロックの種類

共有ロックと**専有ロック**がある。共有ロックは参照処理に用いられ，専有ロックは更新処理に用いられる。それぞれの特徴は次のとおりである。

▶ロックの種類と性質

ロックの種類	性質	他のトランザクションに対する制御	
		共有ロック	専有ロック
共有ロック	データ資源の参照を複数のトランザクションが共有する。	○	×
専有ロック	データ資源を専有し他のトランザクションが使用することを禁止する。	×	×

（○ 許可　× 不許可）

❏ デッドロック 問8 問9

複数のトランザクションが必要な資源をロックした結果，相互にロックが解除されるのを待つ膠着状態である。デッドロックが発生する原因としては，資源の獲得順序が異なることが挙げられる。例えば，トランザクションT 1が資源X→Y，トランザクションT 2が資源Y→Xの順序で次のようにロックすると，デッドロックが生じる。

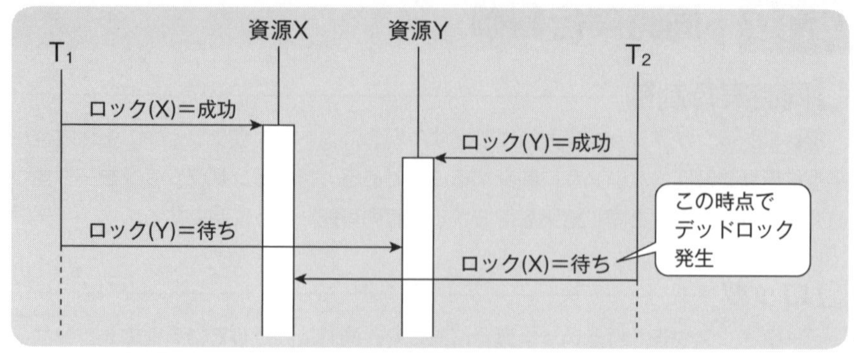

▶デッドロック

一般的に，DBMSは，デッドロックを検出すると，原因となっているトランザクションをロールバック（またはアボート）する。デッドロックを「発生させない」ためには資源の獲得順序を同じにすることが重要になる。

8.11 障害回復制御

❏ 障害回復制御 問10

障害が発生した場合に，矛盾を発生させずに，データを障害発生前の状態に戻すDBMSの持つ機能である。障害回復制御においては，**バックアップデータ**や**ログファイル**（ジャーナルファイル）などの情報が必要となる。

❏ トランザクション障害 問10

トランザクションの異常終了や0除算，デッドロックなどによって発生する障害（論理障害）である。トランザクション障害が発生した場合，ログファイルの更新前情報を利用して**ロールバック**（後退回復，**UNDO**ともいう）処理を行い，トランザクション開始前の状態に戻す。

❏ 媒体障害 問10

ディスククラッシュなどの媒体に発生する障害（物理障害）である。媒体障害が発生した場合，媒体を交換してバックアップデータをロード（リストア）した後，ログファイルの更新後情報を利用して**ロールフォワード**（前進復帰，**REDO**ともいう）処理を行い，障害発生前の状態に戻す。

❑システム障害 問10 問12

システムダウンや電源断といったシステムに発生する障害である。システム障害が発生した場合，再起動したシステムは「バッファの情報は失われているがデータベースには一部の処理結果が反映（コミット）された状態」となる。そこで，データベースを最新のチェックポイントまで戻してから，次のような処理を行う。

●ロールフォワード

チェックポイントから障害発生までの間にコミットされたトランザクションについては，チェックポイントからロールフォワード（REDO）を行い，処理を完了させる。

●ロールバック

チェックポイント以前に開始され，障害発生までの間にコミットされていないトランザクションについては，チェックポイントからさらにロールバック（UNDO）し，処理開始前の状態に戻す。

❑整合性制約

データベースに格納される情報の論理的な矛盾を排除するために，DBMSが設ける制約である。インテグリティ制約ともいう。

▶整合性制約

検査制約	属性値が定義された範囲内であるかを検証する。
形式制約	属性値が明示されたデータ型に合致するかを検証する。
参照制約	他のデータを参照するデータがあるときに，被参照データが存在するかを検証する。
一意性制約	同一の属性値をもつデータが存在しないかを検証する。
非ナル制約	属性値がナル値（空値）となっていないかを検証する。
主キー制約	一意性制約と非ナル制約をともに満たすかを検証する。

8.12 分散データベース

❏ 分散データベース

物理的に異なる場所に配置された複数のデータベースを，論理的に一つのデータベースとして扱う仕組みである。障害の局所化や通信費用の削減などが期待できる。分散データベースの実現方式は，**水平分散**と**垂直分散**に大別できる。分散データベースのデータやシステムが分散していることを利用者に意識させない性質を**透過性**といい，特にデータベースがどこにあるかを意識しない性質を**位置透過性**という。

❏ 2相コミットメント制御

分散データベースの更新処理を実現する方式の一つである。コミットなどの指示を出す**主サイト**（調停者）と，指示に従ってコミットなどを行う**従サイト**（参加者）から構成される。主サイトは，各従サイトをコミットもロールバックも可能な中間状態（セキュア）に設定し，すべての従サイトがコミット可能であればコミットを指示して更新内容を確定する。一つでもコミット不可能な従サイトがあれば，ロールバックを指示する。

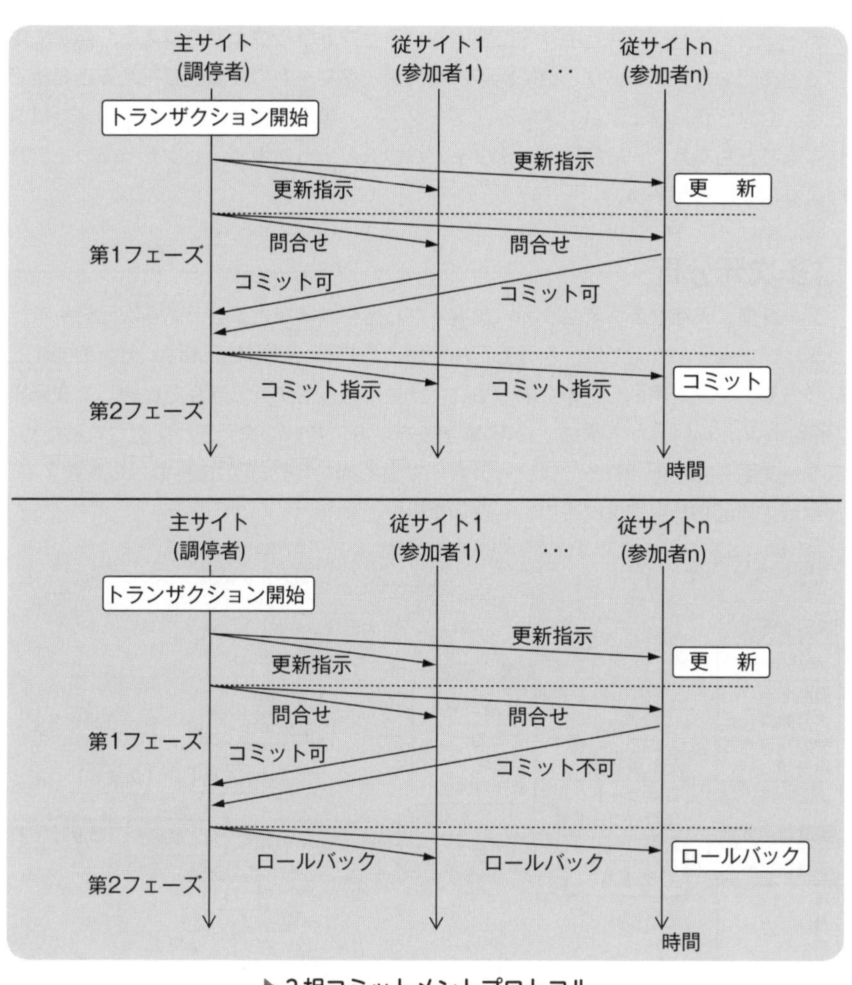

▶2相コミットメントプロトコル

8.13 データウェアハウス

❑データウェアハウス　問11 問13

意思決定支援を目的に，情報を蓄積したデータベースで，次のような特徴を持つ。

- すべての基幹系システムのデータを統合し，集積する。
- データを時系列に蓄積し，一度蓄積されたデータは，通常更新しない。

データウェアハウスは，全社的に利用される**セントラルウェアハウス**と，必要に応じて各部門やエンドユーザごとに構築された**データマート**の２階層で考えることができる。セントラルウェアハウスのみ，データマートのみ，両者の組合せといった構成にすることもある。一般的にデータウェアハウスといった場合，セントラルウェアハウスを指すことが多い。

❏多次元分析

データウェアをさまざまな次元（角度）から分析することである。多次元分析を行うデータウェアハウスでは，次元モデルが用いられる。次元モデルは，分析の中核となる数値データを格納した**事実表**（fact table）と，各次元の属性を格納した**次元表**(dimension table)から構成される。事実表を中心に複数の次元表が配置されるため，**スタースキーマ**と呼ばれる。スタースキーマの先端を(各次元の集計レベルを変えて)放射状に伸ばした形をスノーフレークスキーマという。

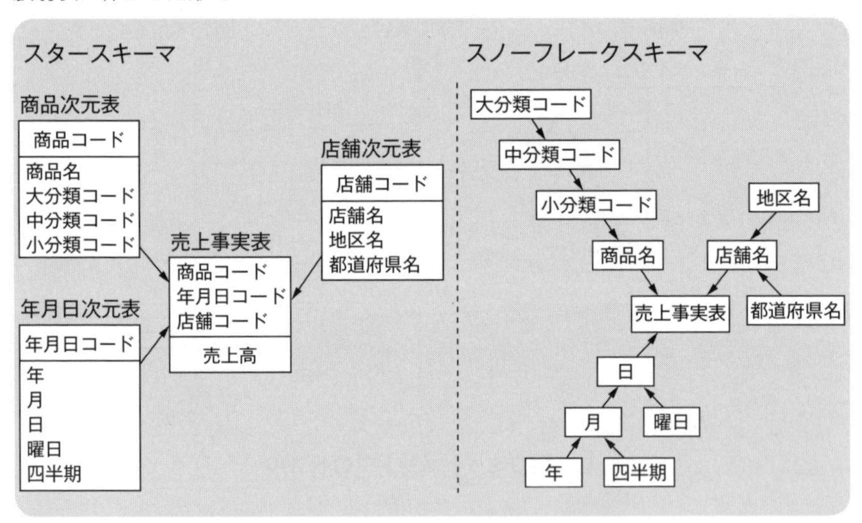

▶**データウェアハウスのスキーマ構成**

❏スライシング，ダイシング，ドリリング ―― 問11 問13

次元モデルの次元は，キューブ（立方体）で表現することができ，次元軸や集計レベルを変えることによってデータベースの多彩な分析ができる。次元軸を変える操作にスライシングやダイシングがあり，集計レベルを変える操作にドリリングがある。ドリリングにおいて，詳細なデータを得ることをドリルダウン，集約したデータを得ることを**ドリルアップ**（ロールアップ）といい，集計のもととなるデータを参照することを**ドリルスルー**という。

❑データマイニング 問13

データウェアハウスに蓄積された膨大なデータの中から，未知の規則性や事実関係を得る技法である。データマイニングの手法には，アソシエーションルール（データの中から相関関係を見つける手法），クラス分類（蓄積されたデータをクラスに分類する手法），クラスタリング（異なる性質を持つデータから，類似した性質を持つクラスタを見つける技法）などがある。

❑NoSQL

関係データベース（RDB）以外の形で実装したデータベース。大量のデータ処理が考えられるシステムでは，関係データベースを用いると性能（処理速度など）が低下する可能性があるため，NoSQLをデータベースシステムとして組み込む場合が少なくない。NoSQLは，クラウドサービスなどで用いられている。

問題編

問1 ☑☐ ☐☐ UMLを用いて表した図のデータモデルから，“部品”表，“納入”表及び“メーカ”表を関係データベース上に定義するときの解釈のうち，適切なものはどれか。 （R2F問９）

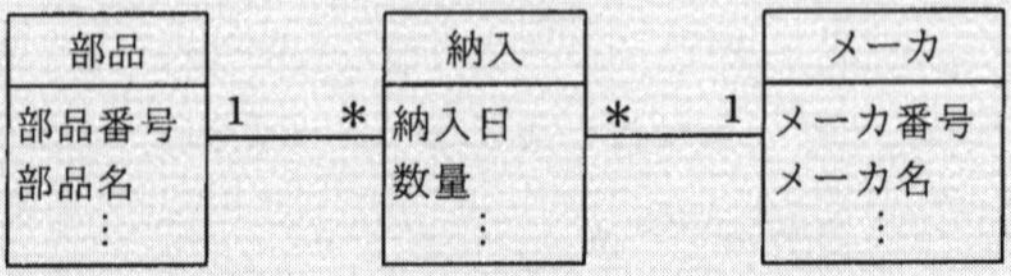

部品			納入			メーカ
部品番号 部品名 ⋮	1	*	納入日 数量 ⋮	*	1	メーカ番号 メーカ名 ⋮

ア　同一の部品を同一のメーカから複数回納入することは許されない。

イ　“納入”表に外部キーは必要ない。

ウ　部品番号とメーカ番号の組みを“納入”表の候補キーの一部にできる。

エ　“メーカ”表は，外部キーとして部品番号をもつことになる。

答1 カーディナリティ ▶ P.138　クラス図 ▶ P.242 ……………………………… **ウ**

データモデルより，部品：納入は１：多，納入：メーカは多：１の関係にあることが分かる。この場合，“納入”の各データは，「どの部品がどのメーカから，いつ何個納入されたか」という情報を表すことになる。

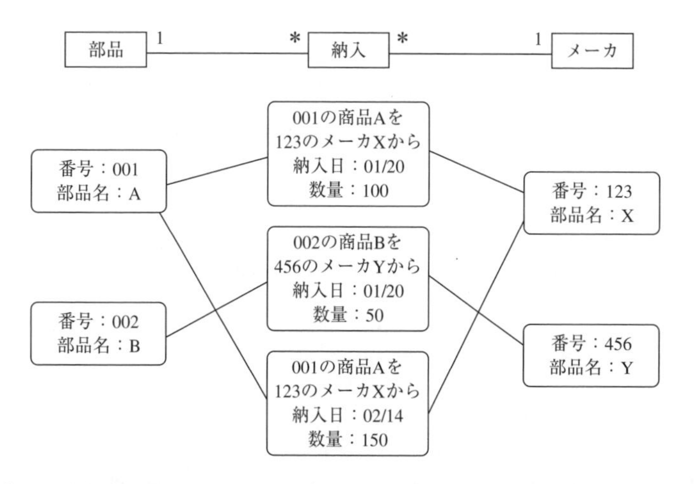

したがって，“納入”表においては，「どの部品」かを表す部品番号（部品表の主キー）と，「どのメーカ」かを表すメーカ番号（メーカ表の主キー）を組合せ，候補キーとして設定することができる。この二つは“納入”表の候補キーを構成すると同時に，“部品”表や“メーカ”表を参照するための外部キーとしても機能する。

問2 ☑☐ ☐☐ 関係R（A，B，C，D，E，F）において，関数従属A→B，C→D，C→E，{A，C}→Fが成立するとき，関係Rの候補キーはどれか。

（H26F問９）

ア A　　イ C　　ウ {A，C}　　エ {A，C，E}

問3 ☑☐ ☐☐ 次の表において，“在庫”表の製品番号に定義された参照制約によって拒否される可能性がある操作はどれか。ここで，実線の下線は主キーを，破線の下線は外部キーを表す。

（H28S問９，H22F問11）

在庫（在庫管理番号，製品番号，在庫量）

製品（製品番号，製品名，型，単価）

ア “在庫”表の行削除　　イ “在庫”表の表削除

ウ “在庫”表への行追加　　エ “製品”表への行追加

問4 ☑☐ ☐☐ 汎化の適切な例はどれか。

（H29S問16）

ア

哺乳類

人　犬　猫

イ

自動車

アクセル　ブレーキ　ハンドル

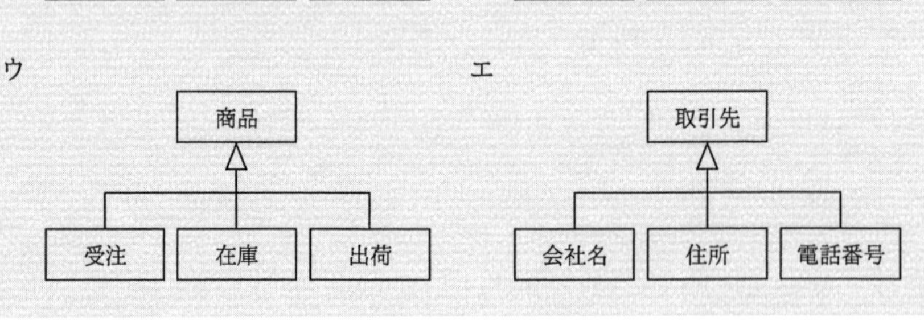

答2 候補キー ▶ P.135 関数従属性 ▶ P.139 ………………………………………… **ウ**

候補キーは「関係における組（行，全属性値の組合せ）を一意に特定することができる属性，および属性の組合せ」である。まず，関係Rには {A，C} → Fという関数従属がある。これは「属性Aと属性Cの値の組合せが決まれば，属性Fの値を一意に特定できる」ことを意味するので，属性Aや属性Cが単独で候補キーになることはできない。また，属性AとCの組合せが決定すれば，そこから，

Aを用いて　A → B

Cを用いて　C → D，C → E

というように，関数従属から属性B，D，Eの値を一意に特定できる。以上より，

{A，C}

が関係Rの候補キーとなる。

答3 参照制約 ▶ P.136 ………………………………………………………… **ウ**

本問のような参照制約が定義された場合，「参照する側である“在庫”表の製品番号は，必ず“製品”表に存在していること」という条件が課される。そのため，次のような操作は，実行すると条件を満たさなくなるため，DBMSによって制限を受ける。

① “製品”表から，“在庫”表に存在している製品番号と同じ製品番号の行を削除する

② “製品”表に存在しない製品番号をもつ行を，“在庫”表に追加する

③ “在庫”表中の行の製品番号を，“製品”表に存在しない値に変更する

選択肢の中では，“ウ”が②に該当する。

答4 汎化と特化 ▶ P.139 ………………………………………………………… **ア**

汎化（is-a関係）は，下位クラスで共通する概念を抜き出して上位クラス（スーパクラス）を導出することである。人，犬，猫に共通していることは「哺乳類」ということである。したがって，「哺乳類」は，人，犬，猫の上位クラスであると考えられる。

なお，“イ”では，アクセル，ブレーキ，ハンドルは，「自動車」の部品と考えることができる。このような「全体と部品」に該当する関係のことを，集約（part-of関係）という。

問5 ☑☐ ☐☐　関係データベースのテーブルにレコードを１件追加したところ，インデックスとして使う，図のB^+木のリーフノードCがノードC1とC2に分割された。ノード分割後のB^+木構造はどれか。ここで，矢印はノードへのポインタとする。また，中間ノードAには十分な空きがあるものとする。

(H30S問８)

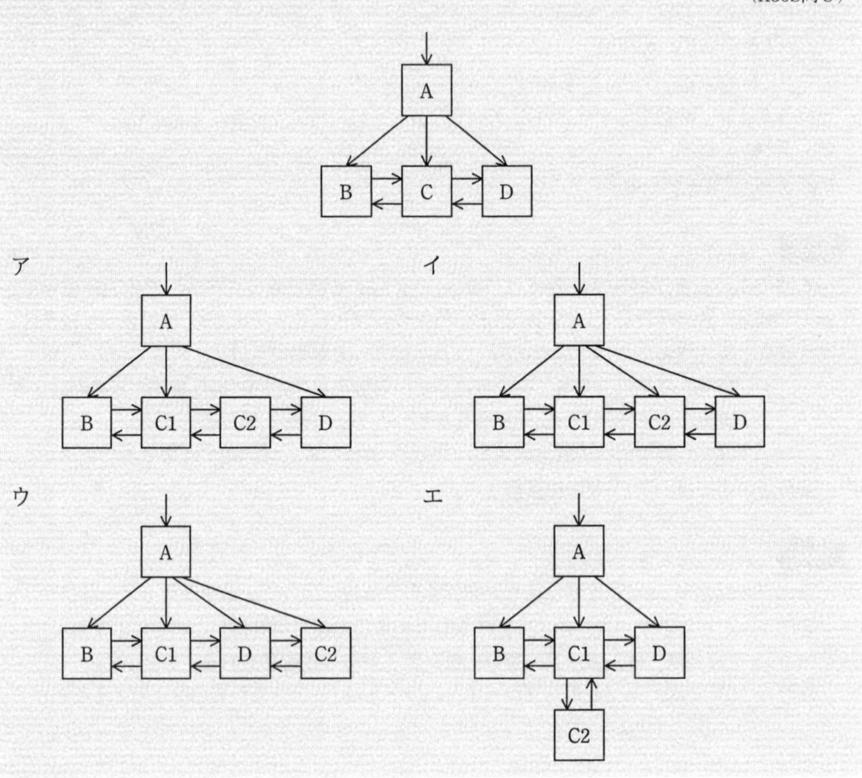

答5 ……………………………………………………………………………… **イ**

B^+木を構成するノード（図中の矩形“□”に該当）には，

- 最下層の葉となるリーフノード
- 最上位の根となるルートノード
- 中間の枝に位置するブランチノード

がある。リーフノード部分は複数のデータが整列して格納されるとともに，お互いがポインタによってリスト状につながる構造をとる。一方，ルートノードとブランチノードは，リーフノードに至るまでの探索経路を構成するものであり，複数の子ノードへのポインタと，大小判断のためのキー値情報で構成される。

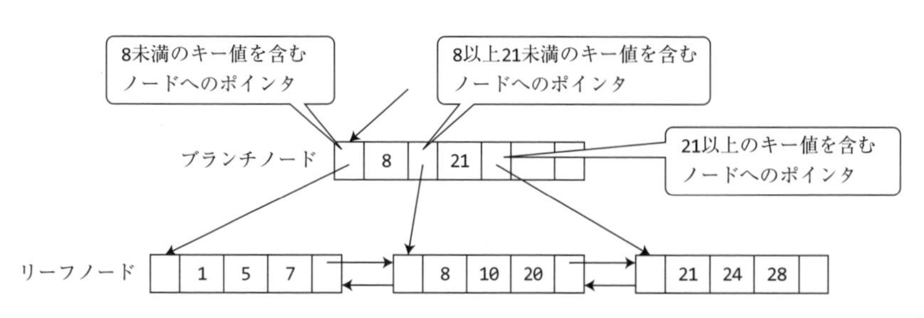

データ追加は序列を保つようにノードを選んで行われるが，該当ノード内に格納できる場所がない場合は，ノードが分割される。その際，分割された二つのノードは分割前のノードと同じ階層に位置し，それぞれ親となるノードから個別にポインタで参照される。

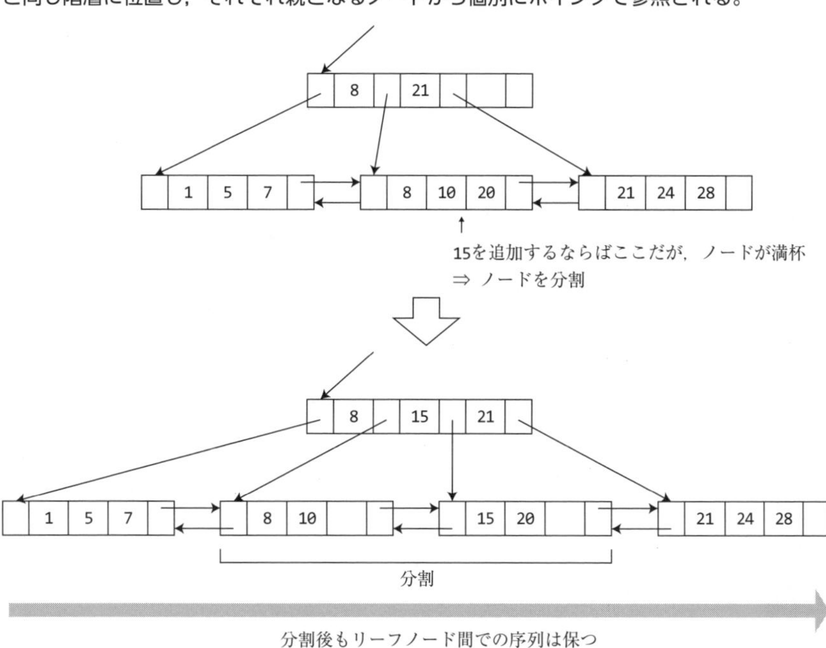

ア　AからC2へのポインタ参照が表現されていない。

ウ　リーフノード間の並びは序列を保つように行われるので，もともとCの一部であったC2がDよりも後ろになることはない。

エ　C1もC2も分割前のCと同じ階層となる。片方が1階層下に下がるようなことはない。

問6 ☑☐ ☐☐ 関係R（ID，A，B，C）のA，Cへの射影の結果とSQL文で求めた結果が同じになるように，aに入れるべき字句はどれか。ここで，関係Rを表Tで実現し，表Tに各行を格納したものを次に示す。（H29F問9）

T

ID	A	B	C
001	a1	b1	c1
002	a1	b1	c2
003	a1	b2	c1
004	a2	b1	c2
005	a2	b2	c2

〔SQL文〕

```
SELECT [ a ] A, C FROM T
```

ア　ALL　　　　イ　DISTINCT
ウ　ORDER BY　　エ　REFERENCES

問7 ☑☐ ☐☐ DBMSに実装すべき原子性（atomicity）を説明したものはどれか。（H27S問9）

ア　同一データベースに対する同一処理は，何度実行しても結果は同じである。
イ　トランザクション完了後にハードウェア障害が発生しても，更新されたデータベースの内容は保証される。
ウ　トランザクション内の処理は，全てが実行されるか，全てが取り消されるかのいずれかである。
エ　一つのトランザクションの処理結果は，他のトランザクション処理の影響を受けない。

答6　SELECT文 ▶ P.140 ……………… **イ**

“関係R（ID，A，B，C）のA，Cへの射影”とは，
「属性Aの値と属性Cの値の組合せのうち，
その組合せが関係R内のタプル（行）のいずれかに含まれているようなもの」
の集合である。関係Rが表Tで表されるような内容であった場合，
(a1，c1）…　1行目，3行目に含まれている
(a1，c2）…　2行目に含まれている
(a2，c2）…　4行目，5行目に含まれている
という三つの要素からなる集合が，射影の結果となる。

これをSQL文（SELECT文）の内容と照らし合わせて考えると，

①表Tの各行から列Aと列Cの部分を抽出し，

②内容が重複しているものがあれば一つにまとめる

という処理を行えばよい。②において「重複した結果を一つにまとめる」効果があるのは，「DISTINCT」である。

なお，“ア”のように「ALL」を指定するか，または省略すると，重複した結果をまとめないため，

(a1，c1)
(a1，c2)
(a1，c1)
(a2，c2)
(a2，c2)

という5行が得られる。

答7 ……………………………………………………………… **ウ**

DBMSが守るべき性質として重要なものに，次の四つからなる“ACID特性”がある。

Atomicity (原子性)	各トランザクションは，完全に実行(コミット)されるか，またはまったく実行されていないかのいずれかの状態で終了しなければならない。
Consistency (一貫性)	トランザクションを実行した後も，データベースの内容の整合性がとれていなければならない(矛盾が発生してはならない)。
Isolation (独立性)	複数のトランザクションを同時実行した場合でも，各トランザクションは他のトランザクションに影響を与えない。
Durability (耐久性)	トランザクションが正常に完了(コミット)した場合，その結果はデータベースから損なわれてはならない。

“ウ”は「全てが実行されるか，全てが取り消されるかのいずれか」と述べているので，原子性の説明に該当する。

ア　一貫性によって導かれる処理の性質の一つである。
イ　耐久性の説明である。
エ　独立性の説明である。

問8 ☑☐ ☐☐ 二つのタスクが共用する二つの資源を排他的に使用するとき，デッドロックが発生するおそれがある。このデッドロックの発生を防ぐ方法はどれか。 (H31S問6)

ア 一方のタスクの優先度を高くする。

イ 資源獲得の順序を両方のタスクで同じにする。

ウ 資源獲得の順序を両方のタスクで逆にする。

エ 両方のタスクの優先度を同じにする。

問9 ☑☐ ☐☐ トランザクションAとBが，共通の資源であるテーブルaとbを表に示すように更新するとき，デッドロックとなるのはどの時点か。ここで，表中の①～⑧は処理の実行順序を示す。また，ロックはテーブルの更新直前にテーブル単位で行い，アンロックはトランザクション終了時に行うものとする。 (H29S問8)

時間	トランザクションA	トランザクションB
↓	① トランザクション開始	
		② トランザクション開始
	③ テーブルa更新	
		④ テーブルb更新
	⑤ テーブルb更新	
		⑥ テーブルa更新
	⑦ トランザクション終了	
		⑧ トランザクション終了

ア ③　イ ④　ウ ⑤　エ ⑥

問10 ☑☐ ☐☐ データベースに媒体障害が発生したときのデータベースの回復法はどれか。 (R元F問9，H24S問11)

ア 障害発生時，異常終了したトランザクションをロールバックする。

イ 障害発生時点でコミットしていたがデータベースの実更新がされていないトランザクションをロールフォワードする。

ウ 障害発生時点でまだコミットもアボートもしていなかった全てのトランザクションをロールバックする。

エ バックアップコピーでデータベースを復元し，バックアップ取得以降にコミットした全てのトランザクションをロールフォワードする。

答8 デッドロック ▶ P.145 …… **イ**

デッドロックは，複数のプロセスが資源のロック解除を同時に待ちあう状況であり，プロセスの資源獲得順序が同一でない場合に発生する。例えば，資源Aと資源Bがあり，これらの資源をロックするタスクTaとTbが実行されたとする。

タスクTaが資源A，タスクTbが資源Bをロックした状態で，タスクTaが資源B，タスクTbが資源Aを要求すると，タスクTaはタスクTbが資源Bを解放するのを待ち，タスクTbはタスクTaが資源Aを解放するのを待つ。すなわち，デッドロックが発生する。

これに対して，TaとTbが，必ず資源A，資源Bの順で資源を獲得するようにすれば，タスク同士で互いの解放を待つ状態は生じない。

ア，エ　タスクの優先順序とデッドロックには直接的な関係はなく，資源をロックする順序が異なるタスクがあれば，デッドロックが生じる可能性がある。
ウ　資源の獲得順序が逆の場合，デッドロックが発生する可能性がある。

答9 デッドロック ▶ P.145 …… **エ**

デッドロックとは，複数のトランザクションが資源のロックをした結果，相互に他方のロック解除を待ち合い，どのトランザクションも処理を進められない状態になることである。

「ロックはテーブルの更新直前にテーブル単位で行い」という条件を考慮しながら処理をトレースしてみると，

③トランザクションAがテーブルaをロック
④トランザクションBがテーブルbをロック
⑤トランザクションAがテーブルbのロック解除待ち
⑥トランザクションBがテーブルaのロック解除待ち

となり，⑥の段階で，互いのロック解除を待ち合うデッドロックが発生する。

答10 障害回復制御 ▶ P.146　トランザクション障害 ▶ P.146　媒体障害 ▶ P.146　システム障害 ▶ P.147 …… **エ**

媒体（磁気ディスク装置など）に障害が発生した場合は，その媒体に記録されているデータベースが使用できなくなる。よって，別にバックアップを取得しておき，それを用いた回復措置を行う必要がある。具体的には，“エ”のように

①バックアップを用いてデータベースを復元（リストア）する
②ログ（ジャーナル）の情報を用いて，バックアップ以降にコミットしているトランザクションをロールフォワードする

という手順を実施する。これにより，コミット済みのトランザクションの結果を失うことなく，媒体障害直前の状態にデータベースを戻すことができる。

ア　トランザクション障害時の回復法である。
イ，ウ　システム障害時の回復法である。

問11 ☑□ □□　BI（Business Intelligence）の活用事例として，適切なものはどれか。

（H28F問24）

ア　競合する他社が発行するアニュアルレポートなどの刊行物を入手し，経営戦略や財務状況を把握する。

イ　業績の評価や経営戦略の策定を行うために，業務システムなどに蓄積された膨大なデータを分析する。

ウ　電子化された学習教材を社員がネットワーク経由で利用することを可能にし，学習・成績管理を行う。

エ　りん議や決裁など，日常の定型的業務を電子化することによって，手続を確実に行い，処理を迅速化する。

問12 ☑□ □□　チェックポイントを取得するDBMSにおいて，図のような時間経過でシステム障害が発生した。前進復帰（ロールフォワード）によって障害回復できるトランザクションだけを全て挙げたものはどれか。

（H27F問10）

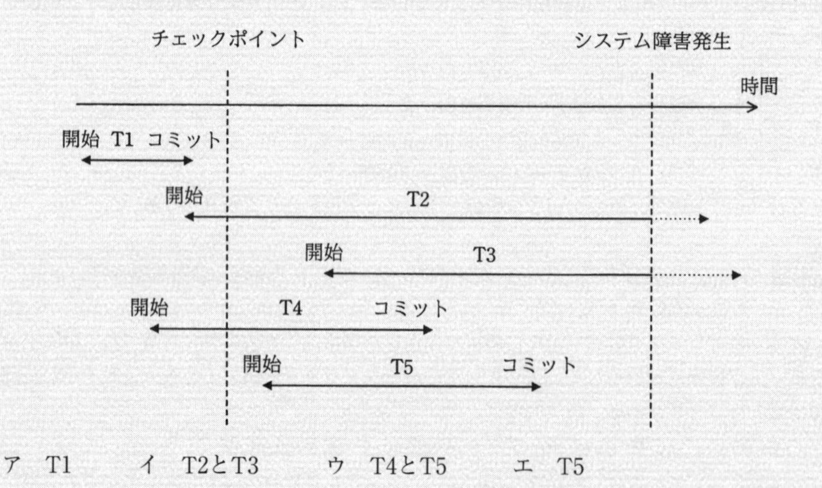

ア　T1　　イ　T2とT3　　ウ　T4とT5　　エ　T5

答11 データウェアハウス ▶ P.149
スライシング，ダイシング，ドリリング ▶ P.150 ……………………………… **イ**

BI（Business Intelligence）とは，情報システムの利用者自らが，データウェアハウスなどに蓄積された大量のデータを分類・加工・分析し，業務上の意思決定を迅速に行うという手法である。BIツールはそのために利用されるソフトウェアであり，スライシング，ダイシング，ドリリングといった詳細なデータ分析のための操作ができる。

ア　ベンチマーキングなどで実施する競合分析に関する記述である。
ウ　eラーニングやLMS（(Learning Management System）の活用事例に関する記述である。
エ　ワークフローシステムの活用事例に関する記述である。

答12 システム障害 ▶ P.147 ……………………………………………………… **ウ**

ロールフォワードは，コミット済みのトランザクションの結果を確実に反映する作業である。そのため，最後のチェックポイント以降でコミットしたトランザクションが，ロールフォワードの対象となる。

- T1…チェックポイント以前に処理が完了しており，結果がデータベースに反映されているので，障害回復は不要である。
- T2とT3…システム障害発生時に処理が完了していないため，ロールバックによって，処理開始前の状態に戻す必要がある。
- T4とT5…システム障害発生時に処理が完了しているので，ロールフォワードが必要である。

問13 ☑☐ ☐☐ データマイニングの説明として，最も適切なものはどれか。

(H29F問10)

ア　基幹業務のデータベースとは別に作成され，更新処理をしない集計データの分析を主目的とする。

イ　個人別データ，部門別データ，サマリデータなど，分析の目的別に切り出され，カスタマイズされたデータを分析する。

ウ　スライシング，ダイシング，ドリルダウンなどのインタラクティブな操作によって多次元分析を行い，意思決定を支援する。

エ　ニューラルネットワークや統計解析などの手法を使って，大量に蓄積されているデータから，特徴あるパターンを探し出す。

答13 データウェアハウス ▶ P.149　スライシング，ダイシング，ドリリング ▶ P.150
データマイニング ▶ P.151 ……………………………………………………… **エ**

データウェアハウスに蓄積された膨大な時系列データを分析するツールとして，OLAP（OnLine Analytical Processing）やデータマイニングがある。データマイニングは，データ解析技法を用いて，データから意味のある規則を発見する行為である。アメリカでは，「スーパーマーケットで紙オムツを購入する客がビールも購入することが多い」という法則は有名である。

ア　データウェアハウスに関する説明である。
イ　データマートを利用したデータ分析に関する説明である。データマートとは，大規模なデータウェアハウスから，部署別や地域別のように，使用目的に応じて抽出したデータである。
ウ　スライシング，ダイシング，ドリリング（ドリルアップやドリルダウン）は，データウェアハウスに格納された多次元データを目的別に切り出す手法で，OLAPに含まれる機能である。OLAPは，エンドユーザがデータウェアハウスに蓄積されたデータを直接操作することによって，オンラインでデータ分析を行う。

ネットワーク

知識編

9.1 ネットワークアーキテクチャとプロトコル

❏コネクション型とコネクションレス型

通信プロトコルには，通信に先立って論理的な通信路を確立してからデータを送信するコネクション型と，論理的な通信路を確立せずにデータを送信するコネクションレス型の概念がある。

これらはプロトコルの特性や用途などに応じて，プロトコルごとに決められている。

❏物理層

ネットワークの物理的な接続・伝送方式を定めた層である。伝送路には，電気的あるいは機械的に仕様が異なるさまざまなインタフェースがあり，これらを規定するのが物理層の役割といえる。具体的には，電圧波形やその大きさ，コネクタの形状やピンの数，通信ケーブルの規格などを規定する。主な伝送媒体（通信ケーブル）には，次のようなものがある。

▶通信ケーブルの種類

光ファイバケーブル	光信号を伝送するためのケーブルで，高速・長距離の伝送が可能。電磁誘導（ノイズ）の影響を受けないため，広域網などを中心に利用されている。反面，他のケーブルと比べて高価であり，最小曲げ半径が大きく施工性が低い。
同軸ケーブル	芯線をメッシュ上の外部導体で覆ったケーブルで，比較的ノイズに強い半面，折り曲げに弱く，配線の自由度は高くない。
ツイストペアケーブル	撚り合わせた2本の芯線を，さらに数対より合わせたケーブルである。ノイズには強くないが取り回しが容易なため，主に構内のネットワークなどで広く利用されている。

これらのほかにも，無線通信として，電波（電磁波）や赤外線などが用いられる。

❏データリンク層

伝送路上において，隣接するノード間でフレームを誤りなく伝送する機能を実現する層である。WANやLANにおける媒体アクセス制御方式など，論理的な通信路であるデータリンクの確立方法，データフォーマット，通信手順，同期制御，誤り制御，通信方式などを定める。通信方式にはデータを送る方向が固定されている単方向通信，同時に双方向の通信が可能な全二重通信，切り替えて双方向通信が可能だが同時には片方向の通信のみ可能な半二重通信がある。

❏ネットワーク層

一つまたは複数の伝送媒体を介して，エンドノード（通信を行うコンピュータ）間のデータ伝送を実現する層である。下位の層の違い（伝送制御などの違いなど）を吸収し，上位の層に対して"エンドツーエンド"の通信路を提供することを目的としている。ネットワーク層の主要な機能に通信データの中継や経路の選択があり，具体的なプロトコルとしてIP（Internet Protocol）がある。

9.2 LAN

❏MACアドレス

LANにおいて用いられる，ノードを識別するための48ビットのアドレスである。ハードウェア固有の「物理アドレス」であり，通常**NIC**（Network Interface Card）と呼ばれるLANカードやLANボードのROMに記録されている。前の24ビットはベンダの番号，後の24ビットはベンダごとの一意な番号が割り当てられる。そのため，重複することはなく，LAN中のノードを一意に識別することができる。「00：10：38：0F：73：CA」のように，8ビットごとにコロン（：）で区切り，各フィールドを2桁の16進数で表記する。

❏CSMA/CD方式 問1 問2

送信要求の生じたノードが伝送路の状態を調べ，伝送路が空いていればフレームを送出する方法である。ほぼ同時に複数のノードが「伝送路が空いている」と判断した場合は，伝送路上でフレームの衝突（**コリジョン**）が発生する。コリジョンを検知したノードは，フレームの送出を停止するとともに，他のノードにコリジョンの発生を通知する信号（**ジャム信号**）を送出する。ジャム信号を受信したノードはランダムな時間待機した後にフレームを再送する。

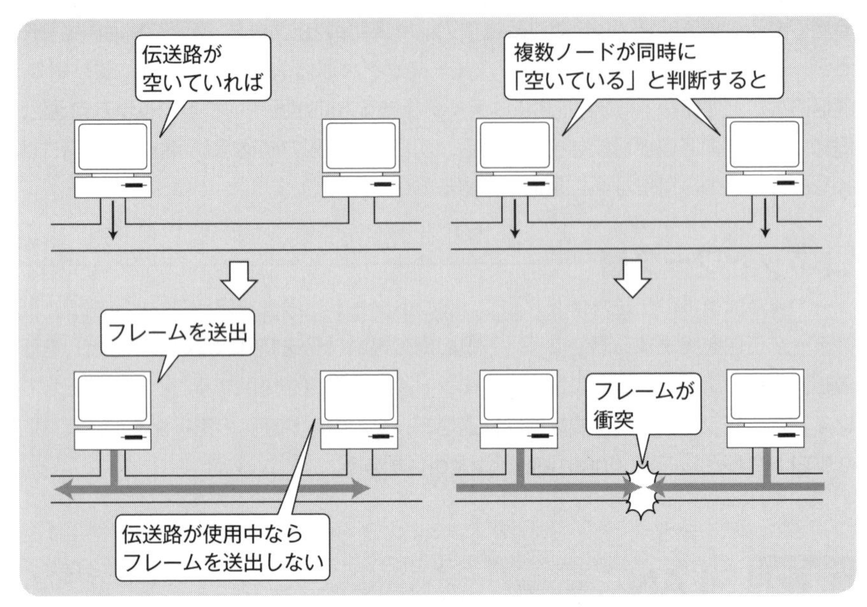

▶CSMA/CD方式の概念図

❏ブリッジ　問2

LANをデータリンク層で接続する装置で，伝送速度や媒体アクセス制御の異なるLANを相互に接続することができる。ブリッジが受信したフレームは，通常「バッファ」と呼ばれる記憶領域に格納されてから，伝送路に送出される。このため，複数フレームを同時に受信しても，伝送路が空くのを待って中継でき，コリジョンの波及範囲（**コリジョンドメイン**）を分割することが可能である。無線LANのアクセスポイントも，ブリッジの一種である。

❏スイッチングハブ（レイヤ２スイッチ）　問2

ブリッジの機能を持った集線装置であり，ブリッジと同様にコリジョンドメインを分割し，フレームを遮断する機能を持つ。空いているポート間であれば，複数の１対１の通信を同時に行うことができる。

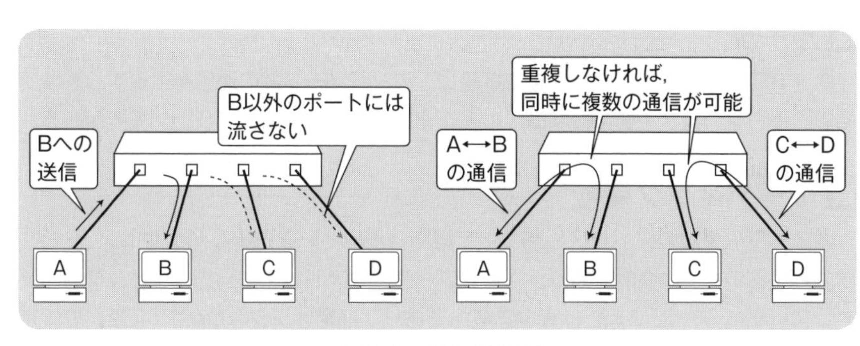

▶スイッチングハブ

❏VLAN（Virtual LAN）

スイッチングハブのポートや接続される端末などをグループ化することによって，物理的な接続形態に依存しない論理的なネットワーク（仮想的なLAN）を構築する技術である。VLANを用いると**ブロードキャストドメイン**も分割できるため，通信量の削減が期待できる。ポートベースVLANは，スイッチングハブのポートをグループ化し，各グループをそれぞれ異なるLANとして扱う技術である。例えば，次図のようなネットワークにおいて，ポート１とポート２をVLAN-A，ポート３とポート４をVLAN-Bとした場合，VLAN-AとVLAN-Bは同じスイッチングハブ上でも異なるLANとみなされる。

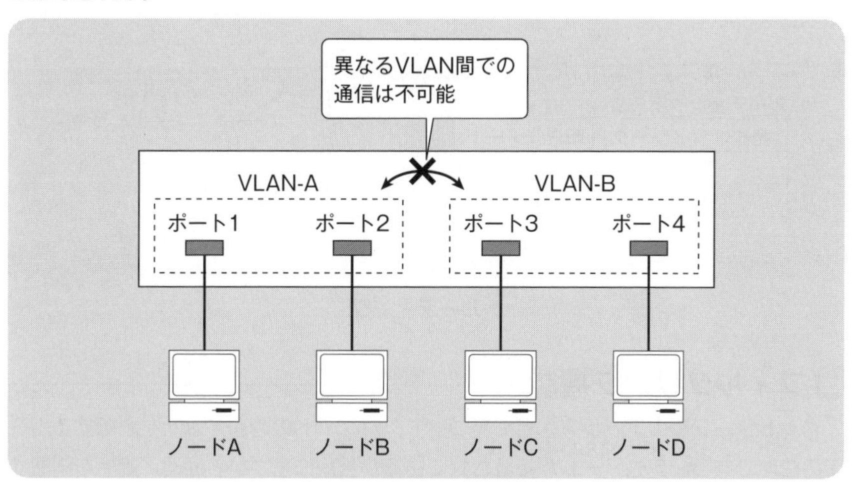

▶ポートベースVLAN

❏ルータ

ネットワークをネットワーク層で接続し，エンドノード間の通信を実現する装置である。ルータの持つ主要な機能に，ルーティング機能とフィルタリング機能がある。

❏ルーティング機能

ネットワーク層のアドレスに基づいて経路（ルート）を選択しパケット（データ）を中継するルータの機能である。ネットワーク層のアドレスは，データリンク層のアドレス（MACアドレス）とは異なる概念であり，通常はソフトウェア（OS）で設定し，「ネットワークを特定するアドレス（ネットワークアドレス）」と「ノードを特定するアドレス（ホストアドレス）」から構成される。TCP/IPであれば，IPアドレスがネットワーク層のアドレスに該当する。

ルータは，パケットに含まれる宛先情報（ネットワーク層のアドレス）をもとに，ルータに設定された**ルーティングテーブル**から次に中継すべきルータ（または宛先ノード）を特定し，データを転送する。

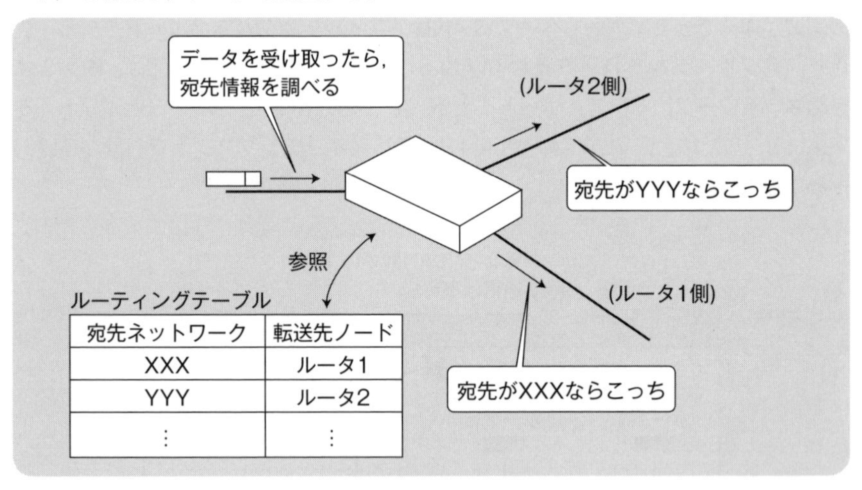

宛先ネットワーク	転送先ノード
XXX	ルータ1
YYY	ルータ2
⋮	⋮

▶ルーティング

❏フィルタリング機能

ネットワーク層のアドレスなどに基づいて，パケットの通過／遮断を制御するルータの機能である。宛先ノードが接続されているか否かに基づいて通過／遮断を判断するブリッジに対し，ルータはどのようなパケットを中継／遮断（廃棄）するかを明示的に指定できる。

9.3 ネットワークの性能

❏伝送時間 問3

データを宛先ノードに伝送するのにかかる時間で，ネットワークの性能指標である。

伝送時間＝伝送データ量÷伝送速度

伝送効率を考慮した実効的な伝送速度を使用することも多く，実効的な伝送速度には，プロトコルなどによるオーバヘッドなどが含まれる場合もある。

❏伝送遅延

中継機器が受信したパケットは，バッファに格納され，順次転送されるのを待つため伝送遅延が生じる。待ち行列モデルなどを適用した処理待ち時間を算出し，伝送時間と併せて中継機器の伝送遅延を考慮する必要がある。

❏誤り率 問4

通信回線における平均ビット誤り率と電文長（ビット数）が与えられている場合，1電文に誤りが含まれる期待値は平均ビット誤り率と電文長の積によって求められる。

1電文に発生する誤りの平均ビット数＝電文長×平均ビット誤り率

平均ビット誤り率が1×10^{-5}の通信回線を用いて，400,000バイトのデータを200バイトの電文に分けて送信する際に，誤りの発生する電文数を求める。

まず，1電文に発生する誤りの平均ビット数は，

$$200\times8\times1\times10^{-5}=16\times10^{-3}$$

となる。送信する電文数は2,000（400,000÷200）である。

1電文に発生する誤りの平均ビット数が0.5ビットの場合，2電文ごとに1電文の誤りが発生することになり，0.1ビットの場合，10電文ごとに1電文の誤りが発生することになる。つまり，1電文に発生する誤りの平均ビット数と電文数を用いると，送信する電文の中に誤りが発生する電文数は，

誤りが発生する電文数＝送信する電文数×電文に発生する誤りの平均ビット数

で求めることができる。送信する電文数は2,000なので，

$$2{,}000\times16\times10^{-3}=32$$

となる。

平均ビット誤り率が1×10^{-5}の通信回線で400,000バイトのデータを200バイトの電文に分けて送信する際には，平均で32の電文に誤りが発生することになる。

9.4 IP

❏ IP

ネットワーク層の機能（エンドノード間のデータ伝送）を実現する**コネクションレス型**のプロトコル。送信元ノードがルータにデータの中継を依頼すると，データはルータからルータへと中継され宛先ノードに届く。つまり，各ノードは隣接する（同じデータリンクに存在する）ルータにデータを渡すだけで，それ以降の経路を知る必要がない。

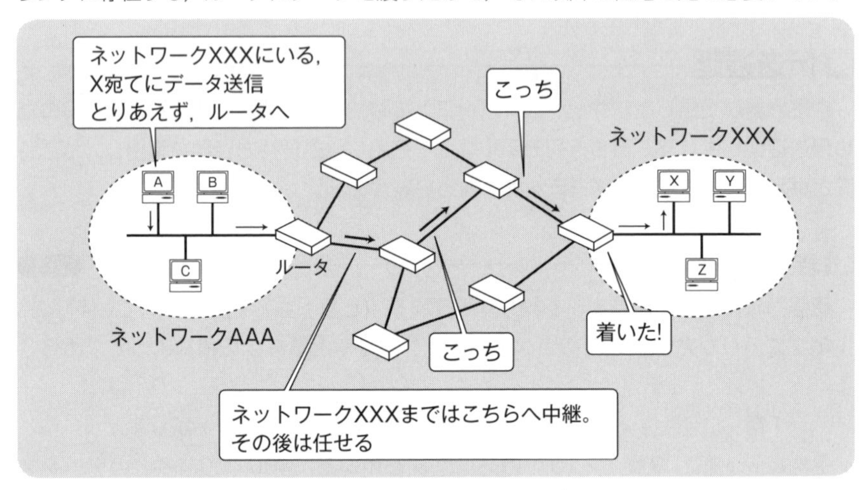

▶IPにおけるルーティング

IPにおける伝送単位を**データグラム**や**IPパケット**という。

❏ IPアドレス 問5

ノードを一意に識別する32ビットのアドレスで，各ノードのインタフェースに付与される。8ビットごとにピリオド(.)で区切り，各フィールドを10進数で表記する。

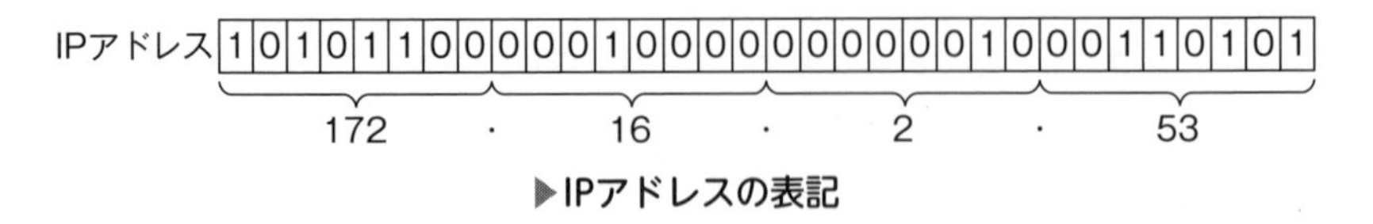

▶IPアドレスの表記

「**ネットワーク部**」と「**ホスト部**」に分けられており，「どのネットワークのどのノードか」を識別できる。同じネットワークに接続されるノードのIPアドレスのネットワーク部はすべて同じである。

従来，ネットワーク部とホスト部は「クラス」という概念で区切られていた。クラスはIPアドレスの用途を表す概念であり，クラスA～Cがネットワークの規模を表す。IPアドレスがどのクラスに属するか（何ビットがネットワーク部か）は，上位の数ビットによって判断できる。ただし，最近では**サブネットマスク**が用いられることが多く，クラスA～Cは大きな意味を持たなくなっている。なお，クラスDはマルチキャスト通信に用いられる。

- マルチキャスト通信…任意の複数ホストと通信する。無関係のホストにまでデータを送信することがない。
- ブロードキャスト通信…すべてのホストと通信する。

❏ネットワークの分割 問5

ネットワークを複数のサブネットワーク（サブネット）に分割することで，IPアドレス空間の有効利用や運用負荷の分散を図る。**サブネットマスク**を用いて，ホスト部の一部をネットワーク部の一部（サブネットの識別子）として扱うことで実現する。サブネットマスクは32ビットで，ネットワーク部に該当する部分には“1”を，ホスト部に該当する部分には“0”を設定する。IPアドレスと同様に，8ビットごとにピリオド（.）で区切り，各フィールドを10進数で表記する。

❏IPv6 問6

従来のIPアドレス（IPv4）の枯渇問題を解決する規格として策定されたIPアドレスである。IPv6は，次のようなIPv4の弱点を補う特徴を持っている。

- IPアドレスの長さが128ビット（表現できるアドレス数がIPv4の2^{96}倍）
- ルータから通知される情報と自身が生成する情報からアドレスを自動生成する，プラグアンドプレイの実現
- IPsecを標準機能とすることによるセキュリティ機能の充実

16ビットごとにコロン（:）で区切り，各フィールドを4桁の16進数で表記する。

2001:0200:0012:0000:0225:64FF:FEB5:0E64

4桁の16進数の先頭から連続する0は省略することができるので，

2001:200:12:0:225:64FF:FEB5:E64

と表現してもよい。また，

2001:0000:0000:0000:0225:0000:0000:0E64

(2001:0:0:0:225:0:0:E64)

のように，4桁の16進数がすべて0のフィールドが連続する場合，0の並びを省略して“::”と表すことができる。ただし，0のフィールドが連続する箇所が複数ある場合，省略できるのは1か所だけである。

2001::225:0:0:E64　　(一つ目を省略)　または，

2001:0:0:0:225::E64　(二つ目を省略)

❏ルーティング（経路制御）

IPパケットを適切な経路を選択して宛先まで届けることである。コンピュータやルータは，**ルーティングテーブル**と呼ばれる経路情報に基づいて経路を選択する。ルーティングテーブルは，宛先ネットワーク，データを送出するインタフェース，中継先となるルータ（ゲートウェイともいう）などのアドレスから構成され，「目的のネットワークまでデータを届けるためには，どのインタフェースから，どのルータに対して中継を依頼すればよいか」を判断できるようになっている。

他のネットワークへの出口であるルータが一つしかない場合（主にパソコンなどの中継を行わないエンドノード）では，**デフォルトゲートウェイ**を設定することが多い。デフォルトゲートウェイは，既定の中継先（ルータ）を意味し，ルーティングテーブルに合致するエントリがない場合はデフォルトゲートウェイに中継を依頼する。この経路をデフォルトルートという。

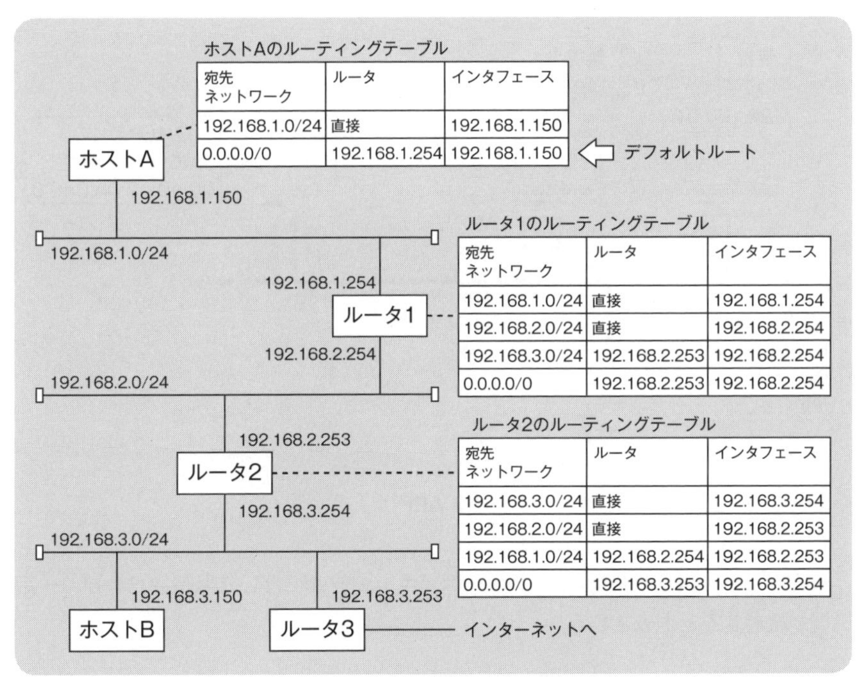

▶ルーティングテーブルの例

❏ARP（Address Resolution Protocol） 問7

データリンク層では，宛先（または中継先）までデータを届けるために，宛先MACアドレスが必要となる。IPアドレスからMACアドレスを得るプロトコルがARPである。

ブロードキャスト（宛先MACアドレスはFF:FF:FF:FF:FF:FF）を利用して問合せ（**ARPリクエスト**）をネットワーク中の全ノードに対して行うと，目的のIPアドレスを持つノードのみがMACアドレスを回答（**ARPレスポンス**）する。

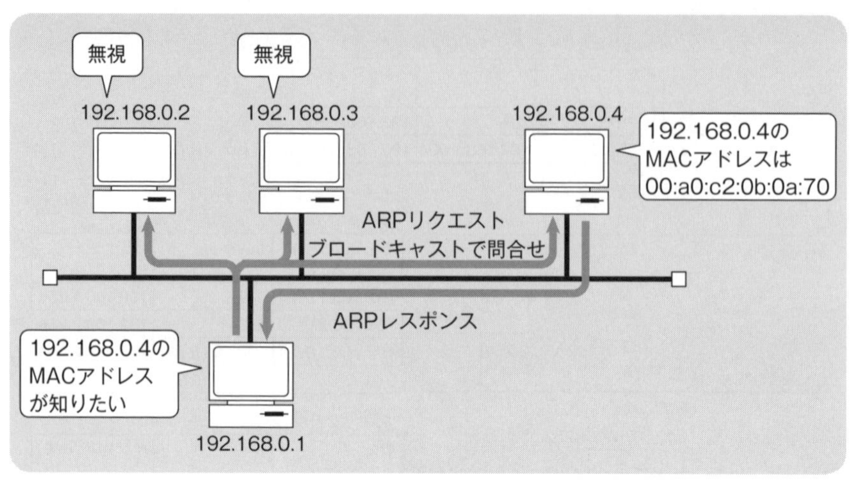

▶ARP

ARPによって得られたMACアドレスは“キャッシュ”として保持されるが，一定時間が経過すると消去される。

9.5 TCPとUDP

❏TCP（Transmission Control Protocol） 問8

コネクションを確立して確認応答やフロー制御などの機能を提供する，**コネクション型**のトランスポート層のプロトコルである。信頼性が要求される通信に多く用いられる。通信に先立ってTCPコネクションと呼ばれる論理的な通信路を確立し，通信終了時に解放する。コネクション確立のためにTCPヘッダの**SYNフラグ**と**ACKフラグ**が用いられ，コネクション解放のために**FINフラグ**とACKフラグが用いられる。

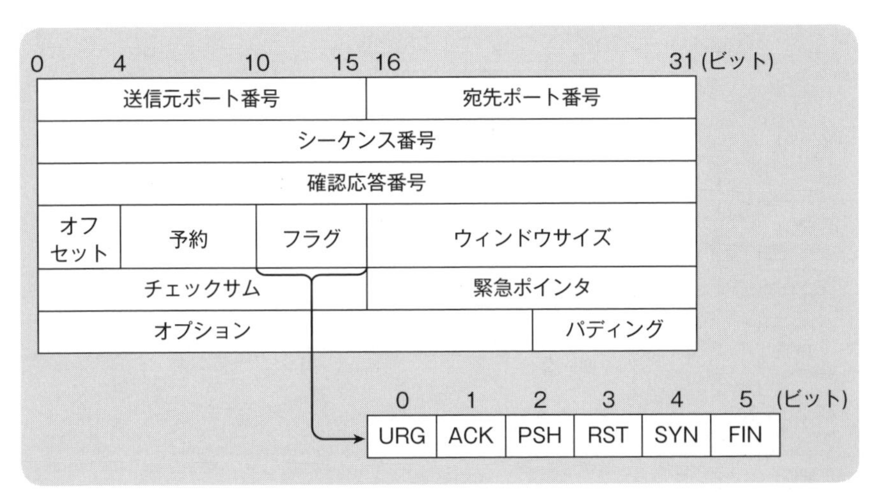

▶TCPのヘッダフォーマット

TCPにおけるデータの伝送単位を**セグメント**という。

❏UDP（User Datagram Protocol） 問8

エンドシステムのアプリケーション間で**コネクションレス型**の通信サービスを提供するデータ転送プロトコルである。通信に先立ってコネクションを確立しないため，信頼性を確保する機能を持たず，パケット（データグラム）の欠落などが生じてもそれを回復しない。しかし，プロトコルによるオーバヘッドが軽減され，TCPと比較して高速な通信を実現することができる。

❏NAT（Network Address Translation） 問9

グローバルIPアドレスとプライベートIPアドレスを１対１に対応付けるIPアドレスの変換技術である。同時に通信できるホスト数はグローバルIPアドレス数が上限となる。

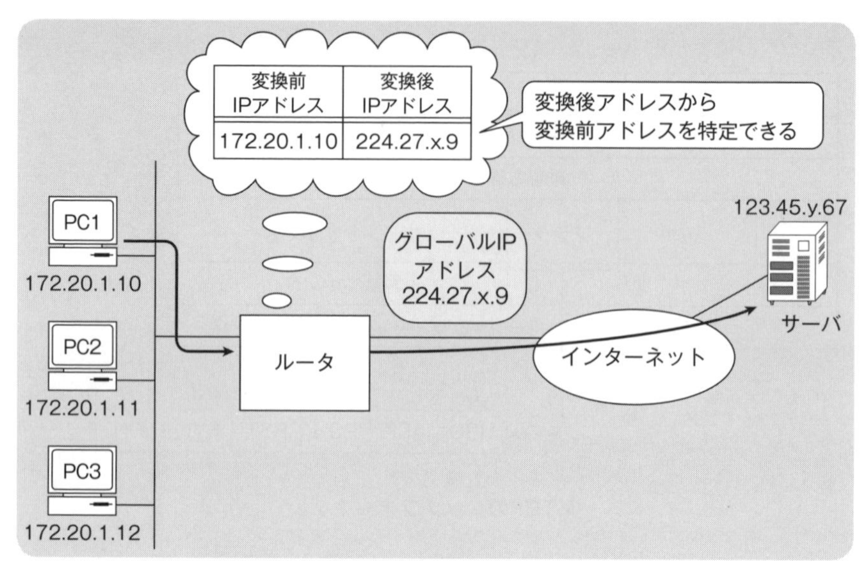

▶NAT

9.6 DNS

❏DNS（Domain Name System）

ホストにつけられたドメイン名と呼ばれる名前（文字列）とIPアドレスを相互に変換（名前解決）するアプリケーションプロトコルである。DNSによって，利用者はIPアドレスを意識することなく，ドメイン名でインターネット上のコンピュータを利用することができる。

❏DNSサーバとクライアント

DNSは，DNSサーバ（**ネームサーバ**）とDNSクライアント（**リゾルバ**）が連携して処理を行う。リゾルバの名前解決要求（問合せ）に応じてDNSサーバが検索し応答する。DNSサーバは，ドメインごとに少なくとも１台存在し，

- サブドメインを管理するDNSサーバのIPアドレス
- 自ドメインに属するホストのIPアドレス
- 最上位のDNSサーバのIPアドレス

といった情報（**ゾーン情報**）を管理する。最上位のDNSサーバを**ルートサーバ**といい，現在，世界には13台のルートサーバが存在する。

9.7 WWW

❏HTTP（Hypertext Transfer Protocol）

クライアントの資源（リソース）要求に基づいてWebサーバがリソースを送信するプロトコルである。リソースには，HTMLファイルだけでなく，画像ファイルや実行ファイル，音楽ファイルなども含まれる。また，受信したハイパテキストの解析や表示（レンダリング）といった処理はアプリケーションプログラムであるブラウザが担当し，リンクされたオブジェクト（画像など）があれば，新たにHTTPによる要求を発行することになる。

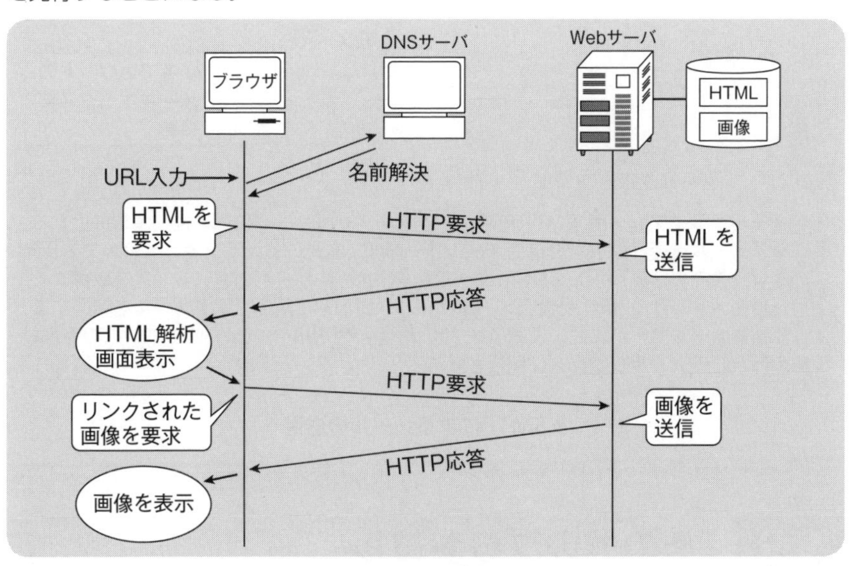

▶HTTPの通信

9.8 電子メール

❏SMTP（Simple Mail Transfer Protocol）

電子メールの転送を実現するクライアントサーバ型のプロトコルである。メールサーバ間における電子メールの転送や，利用者（メールソフト）からの電子メール送信要求を処理する際に用いられる。利用者が送信した電子メールは，次のような手順で届けられる。

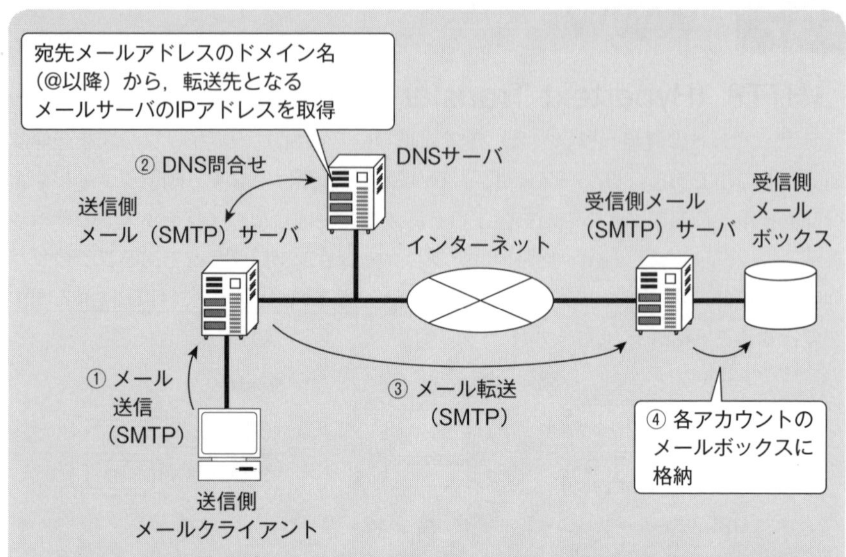

① メールクライアントが，SMTPを用いて送信側メールサーバに電子メールを送信する。
② 電子メールを受け取った送信側メールサーバは，宛先のドメイン名（メールアドレスの@より後ろの部分）から，DNSによって受信側メールサーバのIPアドレスを取得する。
③ 送信側メールサーバは，受信側メールサーバへSMTPを用いて電子メールを転送する。
④ 受信側メールサーバに届いた電子メールは，各アカウント（メールアドレスの@より前の部分）のメールボックスに配信される。

▶SMTPによるメールの送信

9.9 その他のプロトコル

❏ DHCP（Dynamic Host Configuration Protocol）—— 問7

IPアドレス，サブネットマスク，デフォルトゲートウェイ，DNSサーバといったネットワーク接続に必要な設定を自動化するプロトコルである。DHCPを利用することによって，管理者の設定負荷の軽減や設定情報の一元管理などが可能となる。DHCPでは，コンピュータが起動すると，ブロードキャストを用いて設定情報を要求する。要求を受け取ったDHCPサーバはコンピュータに設定情報を返す。

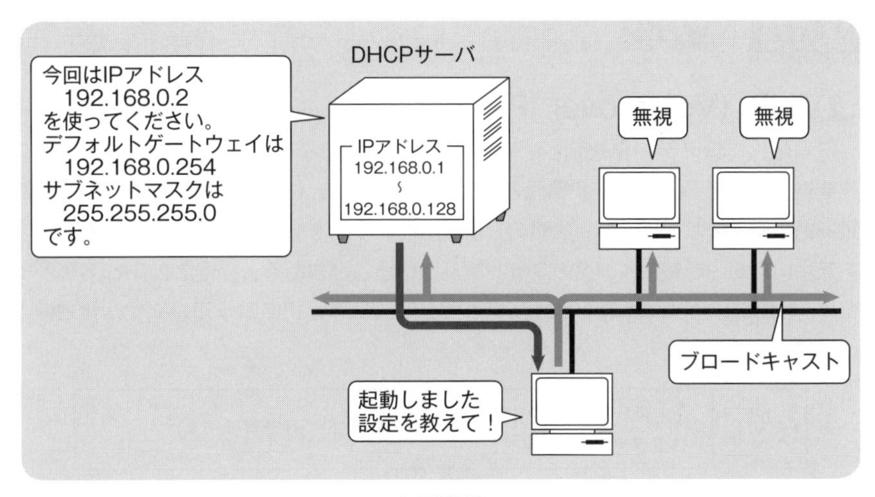

▶DHCP

❏ SNMP（Simple Network Management Protocol）

TCP/IPにおける通信機器（ルータやコンピュータなど）を管理するためのプロトコルである。管理する側を「**マネージャ**」，管理される側を「**エージェント**」といい，クライアントやサーバとはいわない。

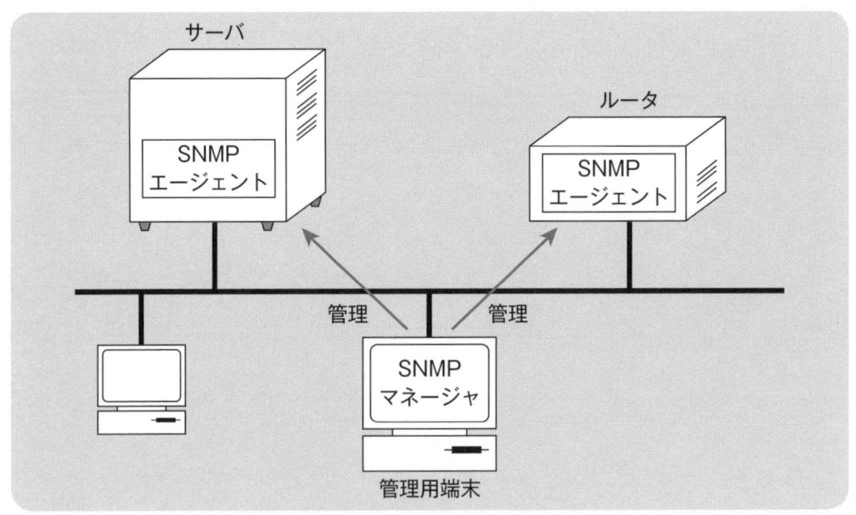

▶マネージャとエージェント

9.10 VoIP

❏VoIP（Voice over IP）

符号化した音声データをIPネットワークで伝送する技術である。VoIPを用いて音声を送受信するシステムを**IP電話**といい，加入者回線（外線）にVoIPを利用した電気通信事業者のサービスも（狭義の）IP電話という。また，通信経路にインターネットを用いたものを特にインターネット電話ということもある。符号化された音声データは，RTP（Real-time Transport Protocol），UDP，IPによってカプセル化され，送受信される。

IP ヘッダ	UDP ヘッダ	RTP ヘッダ	ペイロード(音声データ)

▶VoIPのパケット

MEMO

問題編

問1 ☑☐ ☐☐ CSMA/CD方式に関する記述のうち，適切なものはどれか。

(H29F問11，H27S問10)

ア　衝突発生時の再送動作によって，衝突の頻度が増すとスループットが下がる。

イ　送信要求が発生したステーションは，共通伝送路の搬送波を検出してからデータを送信するので，データ送出後の衝突は発生しない。

ウ　ハブによって複数のステーションが分岐接続されている構成では，衝突の検出ができないので，この方式は使用できない。

エ　フレームとしては任意長のビットが直列に送出されるので，フレーム長がオクテットの整数倍である必要はない。

問2 ☑☐ ☐☐ CSMA/CD方式のLANで使用されるスイッチングハブ（レイヤ2スイッチ）は，フレームの蓄積機能，速度変換機能や交換機能をもっている。このようなスイッチングハブと同等の機能をもち，同じプロトコル階層で動作する装置はどれか。

(H30F問11，H28S問11，H24S問12)

ア　ゲートウェイ　　イ　ブリッジ　　ウ　リピータ　　エ　ルータ

答1 CSMA/CD方式 ▶ P.167 …… **ア**

CSMA/CD（Carrier Sense Multiple Access with Collision Detection）方式では，データ伝送中を示すキャリア信号（搬送波）を検出して，キャリア信号がないときにデータを送出する。また，衝突を検出した場合には，ランダムな時間待ってからデータを再送する仕組みを持つ。ただし，ネットワークの利用率が増加すると，衝突が再送を招き，その再送するデータがさらに別のデータと衝突するといったように，いつまで経っても送信が完了しなくなってしまう。このため，ネットワークの利用率の増加によって衝突の頻度が増し，スループットが極端に低下するといった結果になる。

イ　ほぼ同時に複数のステーションがデータを送出できると判断し，データを送信すると，送出後にデータが衝突することもある。

ウ　ハブ（リピータハブ）も衝突を検知する機能を持っているため，ハブを使って複数のステーションが接続されていても，衝突の検出は可能である。

エ　フレーム長は可変だが，オクテット（１オクテット＝１バイト）単位で送信する。

答2 CSMA/CD方式 ▶ P.167　ブリッジ ▶ P.168　スイッチングハブ ▶ P.168 …… **イ**

スイッチングハブ（レイヤ２スイッチ）は，複数のLANをデータリンク層で接続する装置であり，ブリッジと同様の機能を実現する。スイッチングハブやブリッジにはバッファと呼ばれる記憶領域があり，受信したフレームをいったんバッファに格納し，適切な伝送路にデータを伝送する（フォワーディング）。この機能によって，伝送速度の異なるLANを相互に接続することが可能となる。

- ゲートウェイ…アプリケーション層までを含むすべての層で，ネットワークを相互に接続する装置。プロトコル変換や異機種間接続などが実現できる
- リピータ…複数のLANを物理層で接続する装置。電気信号の整形や増幅を行い，主に伝送路長の延長などに用いられる
- ルータ…ネットワーク層で，ネットワークを相互に接続する装置。ルーティング機能やフィルタリング機能を有し，エンドシステム間の通信を実現するために用いられる

問3 ☑☐☐☐ 図のようなネットワーク構成のシステムにおいて，同じメッセージ長のデータをホストコンピュータとの間で送受信した場合のターンアラウンドタイムは，端末Aでは100ミリ秒，端末Bでは820ミリ秒であった。上り，下りのメッセージ長は同じ長さで，ホストコンピュータでの処理時間は端末A，端末Bのどちらから利用しても同じとするとき，端末Aからホストコンピュータへの片道の伝送時間は何ミリ秒か。ここで，ターンアラウンドタイムは，端末がデータを回線に送信し始めてから応答データを受信し終わるまでの時間とし，伝送時間は回線速度だけに依存するものとする。

（R2F問10，H27F問11）

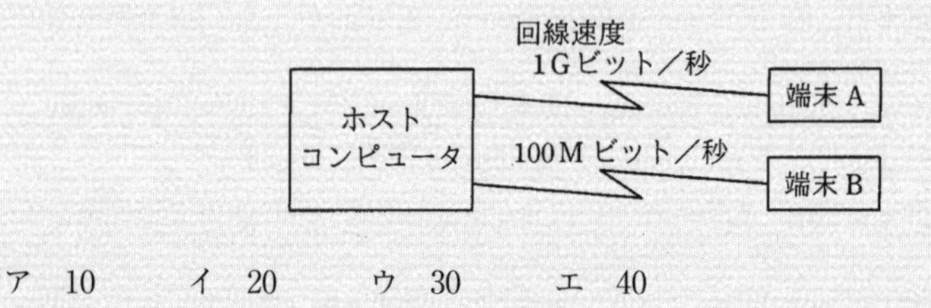

ア　10　　イ　20　　ウ　30　　エ　40

問4 ☑☐☐☐ 伝送速度30Mビット／秒の回線を使ってデータを連続送信したとき，平均して100秒に1回の1ビット誤りが発生した。この回線のビット誤り率は幾らか。

（H30S問11，㊫H27S問11）

ア　4.17×10^{-11}　　イ　3.33×10^{-10}　　ウ　4.17×10^{-5}　　エ　3.33×10^{-4}

答3 性能評価指標 ▶ P.84 伝送時間 ▶ P.171 …… **エ**

ターンアラウンドタイムは，ホストコンピュータによる処理時間と，往復の伝送時間（＝片道の伝送時間×２）の和として求められる。

両端末が扱うメッセージ長は同じなので，ホストコンピュータの処理時間は等しくなる。一方，回線速度は端末A側（１Gビット／秒）が端末B側（100Mビット／秒）の10倍なので，端末Bは端末Aに比べて10倍の伝送時間が必要である。ホストコンピュータによる処理時間をTH，端末Aとホストコンピュータの間での片道の伝送時間をTCとした場合，端末A，端末Bのターンアラウンドタイムについて次のような式が成り立つ。

端末A：TH＋２×TC＝100［ミリ秒］

端末B：TH＋20×TC＝820［ミリ秒］

ここで下の式から上の式を引くと，

18×TC＝720［ミリ秒］

となり，これを解いて

TC＝40［ミリ秒］

が得られる。

答4 誤り率 ▶ P.171 …… **イ**

ビット誤り率は，単位時間内に送信したビット数のうち，誤りが発生したビットの割合であり，

ビット誤り率＝誤りビット数÷送信ビット数

として求められる。

単位時間を100秒として考えると，30Mビット／秒の回線を使って100秒間に送信したビット数は，

$30 \times 10^6 \times 100 = 3 \times 10^9$ ビット

であり，誤っていたビット数は１なので，

$1 \div (3 \times 10^9) = 0.33\cdots \times 10^{-9} = 3.33\cdots \times 10^{-10}$

となる。

問5 ☑□□□ サブネットマスクが255.255.252.0のとき，IPアドレス172.30.123.45のホストが属するサブネットワークのアドレスはどれか。

（H26F問11）

ア　172.30.3.0　　イ　172.30.120.0　　ウ　172.30.123.0　　エ　172.30.252.0

問6 ☑□□□ IPv6において，拡張ヘッダを利用することによって実現できるセキュリティ機能はどれか。（H28F問12）

ア　URLフィルタリング機能　　イ　暗号化機能
ウ　ウイルス検疫機能　　エ　情報漏えい検知機能

問7 ☑□□□ TCP/IPネットワークにおけるARPの説明として，適切なものはどれか。（H28F問11，H24S問13）

ア　IPアドレスからMACアドレスを得るプロトコルである。
イ　IPネットワークにおける誤り制御のためのプロトコルである。
ウ　ゲートウェイ間のホップ数によって経路を制御するプロトコルである。
エ　端末に対して動的にIPアドレスを割り当てるためのプロトコルである。

問8 ☑□□□ IPの上位階層のプロトコルとして，コネクションレスのデータグラム通信を実現し，信頼性のための確認応答や順序制御などの機能をもたないプロトコルはどれか。（H26F問10）

ア　ICMP　　イ　PPP　　ウ　TCP　　エ　UDP

答5　IPアドレス ▶ P.172　ネットワークの分割 ▶ P.173 ……………………………… **イ**

サブネットマスクは，IPアドレスのうち，
　　サブネットワークを表す部分　　→ 1
　　ホストを表す部分　　　　　　　→ 0
を設定したものである。サブネットワークを求めるためには，２進数で表現したIPアドレスとサブネットマスクについて，ビットごとの論理積を求めればよい。
　　IPアドレス：　　　　10101100 00011110 01111011 00101101
　　サブネットマスク：11111111 11111111 11111100 00000000
　　結果（論理積）：　　10101100 00011110 01111000 00000000

結果として得られた32ビットを，８ビットごとに区切って10進数で表記すると，172.30.120.0が得られる。

答6 IPv6 ▶ P.173 ･････････････････････････････････ **イ**

IPv6は，IPの拡張機能として策定されたセキュリティプロトコルのIPsecが標準装備となっている。具体的には，暗号化ペイロード（ESP：Encapsulating Security Payload）や認証ヘッダ（AH：Authentication Header）を拡張ヘッダとして設定することによって，パケットを暗号化したり，送信元を認証したりすることが可能になる。

答7 ARP ▶ P.175　DHCP ▶ P.180 ･････････････････････････ **ア**

ARP（Address Resolution Protocol）は，ホストやルータがIPアドレスからMACアドレスを取得するときに使用するアドレス解決プロトコルである。ARPリクエストパケットをブロードキャストして，同一ネットワーク内の機器からのARPレスポンスパケットを受信し，あて先MACアドレスを取得する。

イ　IP自体はコネクションレス型であり，誤り制御は行わない。データの誤り制御は，TCPなどの上位レイヤプロトコルに任せることになる。
ウ　RIP（Routing Information Protocol）に関する記述である。
エ　DHCP（Dynamic Host Configuration Protocol）に関する記述である。

答8 TCP ▶ P.176　UDP ▶ P.177 ･････････････････････････ **エ**

UDP（User Datagram Protocol）は，エンドツーエンドのアプリケーション間においてコネクションレス型のデータグラム通信を実現する，IPの上位プロトコルである。確認応答などの信頼性を保証する機能を省略し，UDPデータグラムと呼ばれる単位でデータを転送する。

- ICMP（Internet Control Message Protocol）…IPネットワーク上での異常を送信元に伝えたり，IPネットワーク上の通信経路を診断したりする機能を持つプロトコル
- PPP（Point-to-Point Protocol）…電話網などの公衆回線を介するポイントツーポイント接続を行うときに使用するプロトコル。ダイヤルアップ接続において多く利用されている
- TCP（Transmission Control Protocol）…エンドツーエンドのアプリケーション間においてコネクションを確立し，信頼性の高い通信を実現するIPの上位プロトコル

問9 ☑☐ ☐☐　TCP，UDPのポート番号を識別し，プライベートIPアドレスとグローバルIPアドレスとの対応関係を管理することによって，プライベートIPアドレスを使用するLAN上の複数の端末が，一つのグローバルIPアドレスを共有してインターネットにアクセスする仕組みはどれか。　(R2F問11)

ア　IPスプーフィング　　イ　IPマルチキャスト

ウ　NAPT　　エ　NTP

答9 NAT ▶ P.177 ……………………………………………………………… **ウ**

インターネットにアクセスする端末には，グローバルIPアドレスと呼ばれるアドレスが必要である。しかし，グローバルIPアドレスの数には限りがあり，組織内の全端末にグローバルIPアドレスを割り当てることは現実的ではない。このため，プライベートIPアドレスを使用する複数の端末で，一つのグローバルIPアドレスを共用する機能が用いられる。このような機能を，NAPT（IPマスカレード）と呼ぶ。

- IPスプーフィング：送信元のIPアドレスを偽装したパケットを作成すること，およびそのような技術を用いた侵入の手法
- IPマルチキャスト：複数の相手に同じデータを送信すること。通信経路上のルータがマルチキャストに対応していれば，あて先に応じて自動的にデータを複製して送信するため，複数回にわたり同一データを送信することなく，効率の良いデータ送信を可能にする
- NTP（Network Time Protocol）：ホストの時刻を同期させるためのプロトコル

10 セキュリティ

知識編

10.1 セキュリティの基礎

❏ 情報セキュリティポリシの階層モデル

情報セキュリティポリシは，階層構造で考えることが多い。階層構造にはいくつかのモデルがあり，その一つとして２階層ポリシモデルがある。

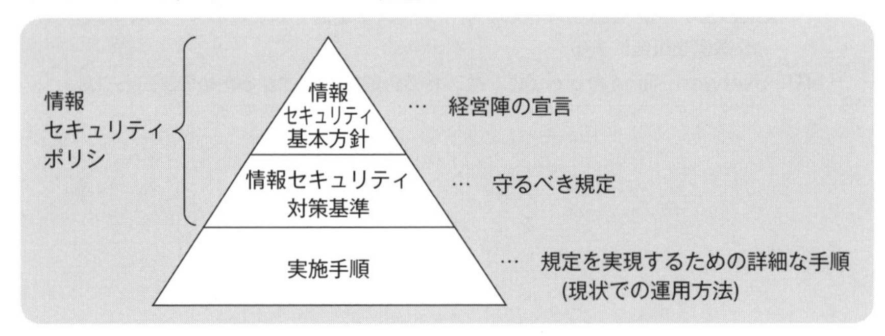

▶情報セキュリティポリシの２階層ポリシモデル

❏ リスク分析手法とリスク評価

資産目録に基づいて，事業上の損害，脅威，脆弱性を評価する。リスク分析の手法には，定性的リスク分析と定量的リスク分析がある。

●定量的リスク分析手法

識別された資産価値，脅威，脆弱性を評価したうえで，金額などの絶対的な指標を用いてリスク値を評価する。例えば，

年間予想損失額＝予想損失額（円／回）×発生確率（回数／年）

のように，年間予想損失額でリスク値を表す。

●定性的リスク分析手法

過去のデータが十分にそろっていないなど，絶対的な評価が難しい場合に有効である。資産価値，脅威，脆弱性を価値や発生確率，管理策の実施度合いなどに基づいて，点数あるいは「高」「中」「低」などの相対的な指標で評価する。そして，これらの指標を用いて，例えば，

リスク値＝資産価値×脅威×脆弱性

のように，リスク値を算出する。この場合，資産価値が1～5，脅威が1～3，脆弱性が1～3の点数で評価されるのであれば，リスク値は1～45で評価されることになる。算出されたリスク値は，経営陣によって承認されたリスク評価基準（受容可能なリスクの水準）と比較し，受容できる範囲内にないリスクについて対応を検討する。

❏リスク対応

JIS Q 27001では，リスク対応とは「リスクを変更させるための方策を選択及び実施するプロセス」と定義されている。リスクを変更させるための方策は，リスクが顕在化する確率や顕在化したときの損害を最小限に抑えるリスクコントロールと，リスクが顕在化した場合の資金的な対策を行うリスクファイナンスに大別される。具体的には，次のようなものがある。

▶リスクを変更させるための方策

方策	内容	例
リスク低減	適切な管理策(コントロール)を採用することにより，リスクが顕在化する可能性やリスクが顕在化した場合の影響度を低減する。	セキュリティ技術の導入，入口の施錠，スプリンクラの設置など
リスク回避	リスクと資産価値を比較した結果，コストに見合う利益が得られない場合などに，資産ごと回避する。	業務の廃止，資産の廃棄など
リスク移転	資産の運用やセキュリティ対策の委託，情報化保険など，リスクを他者に移転する。	ハウジングサービスの利用，情報化保険の加入など
リスク受容	識別されており，受容可能なリスクを意識的，客観的に受容する。リスクが顕在化したときは，その損害を受け入れる。	会社が損失額を負担するなど

最もよく用いられるリスク低減では，適用後のリスク値は受容できる範囲内に収まることが前提となり，残留リスクとして受容される。

❏共通鍵暗号方式 問2 問3 問4 問5 問7

暗号化と復号に同じ鍵を用いる暗号方式で，**秘密鍵暗号方式**や慣用暗号方式，**対称鍵暗号方式**などとも呼ばれる。共通鍵暗号方式では，任意のビット列を共通鍵とし，通信を行う送信者と受信者で共有する。共通鍵を用いてビットの入替えや排他的論理和の演算などを繰り返し，暗号化と復号を行う。代表的な共通鍵暗号規格として，56ビットの共通鍵を用いるブロック暗号の**DES**（Data Encryption Standard），DESの後継規格である**AES**（AdvancedEncryption Standard），ストリーム暗号の**RC**（RC4，RC5，RC6など）などがある。暗号化の対象となるデータを一定長のブロックに区切り，ブロック単位に暗号化する方式を**ブロック暗号**といい，ビット単位あるいはバイト単位に暗号化する方式を**ストリーム暗号**という。

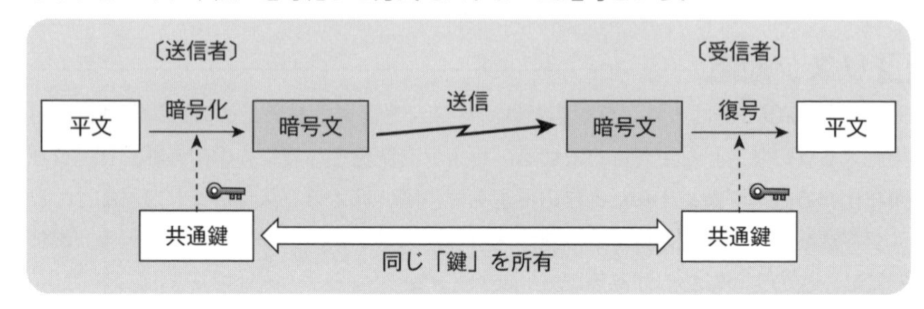

▶**共通鍵暗号方式の概念**

共通鍵暗号方式は，暗号化や復号に要する処理時間が短い。このため，大量のデータを暗号化する用途に適している。しかし，共通鍵をネットワークを用いて通信相手に配送する場合，盗聴されるリスクがある。また，通信相手ごとに共通鍵を用意する必要があるため，システム内でn人の利用者が相互に通信を行う場合，各利用者は（n−1）個の鍵を管理しなければならず，システム内に存在する鍵の種類は$\frac{n(n-1)}{2}$個となる。したがって，利用者が多くなるほど鍵の種類が増え，鍵の管理が煩雑になる。

❏ 公開鍵暗号方式 問3 問4 問6 問7

対となる二つの鍵（鍵ペア）を利用する暗号方式で，鍵ペアには，

- 一方の鍵で暗号化したデータは，対となる鍵でなければ復号できない。
- 一方の鍵から，もう一方の鍵を推測できない。

という特徴がある。このため，一方の鍵を**秘密鍵**（Private Key）として他者に知られないように厳重に管理すれば，もう一方の鍵は**公開鍵**（Public Key）として配布しても問題がない。この鍵ペアを用いて，受信者だけが暗号文を復号できるようにするには，受信者が秘密鍵を持ち，送信者は受信者の秘密鍵と対となる受信者の公開鍵で暗号化を行えばよい。公開鍵暗号規格の代表的なものには，素因数分解の複雑さを利用した**RSA**，**離散対数暗号**，**楕円曲線暗号**などがある。

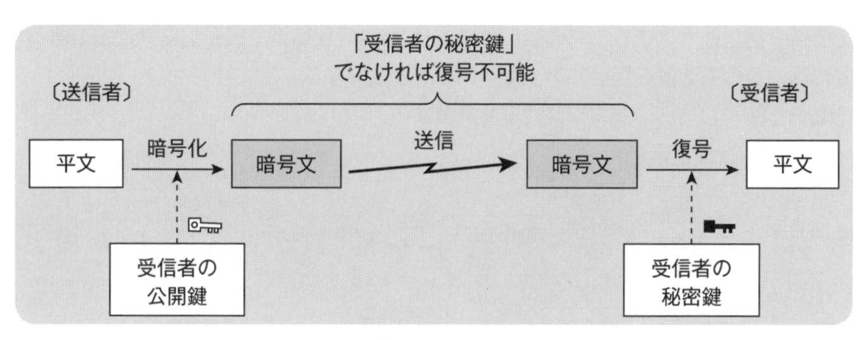

▶公開鍵暗号方式の概念

公開鍵暗号方式では，共通鍵暗号方式の課題であった鍵の盗聴リスクがない。また，一つの公開鍵で複数の通信相手との通信が可能であるため，システム内でn人の利用者が相互に通信を行う場合，各利用者は二つの鍵（秘密鍵と公開鍵）だけを管理すればよく，システム内に存在する鍵の種類は，2n個となる。

このような特徴から，公開鍵暗号方式は，不特定多数との通信に適している。しかし，暗号化や復号に要する処理時間が長いため，大量のデータを暗号化する用途には適さない。

❏セッション鍵暗号方式 問7

共通鍵暗号方式と公開鍵暗号方式は，次のような相反する特徴を持つ。

▶公開鍵暗号方式と共通鍵暗号方式の特徴

	処理時間	鍵の安全な配送
公開鍵暗号方式	長い	容易
共通鍵暗号方式	短い	困難

共通鍵暗号方式と公開鍵暗号方式を組み合わせた方式をセッション鍵暗号方式（**ハイブリッド暗号方式**）という。処理時間の短い共通鍵暗号方式をデータの暗号化に，鍵の配送が安全な公開鍵暗号方式を共通鍵の暗号化に用いる。共通鍵は，その通信（セッション）のみで有効なものとして使い捨ててしまうため**セッション鍵**とも呼ばれる。
セッション鍵暗号方式の処理は次のような流れになる。
①通信に先立ち，送信者側が「使い捨て」の共通鍵を生成する。
②送信者側は共通鍵を「受信者側の公開鍵」を用いて暗号化し，受信者側に送信する。

③受信者側が暗号化された共通鍵を受け取り，自身の秘密鍵で復号して共通鍵を得る。
④以降，その共通鍵を用いてメッセージをやりとりする。
⑤通信が終了したら，双方で共通鍵を廃棄する。

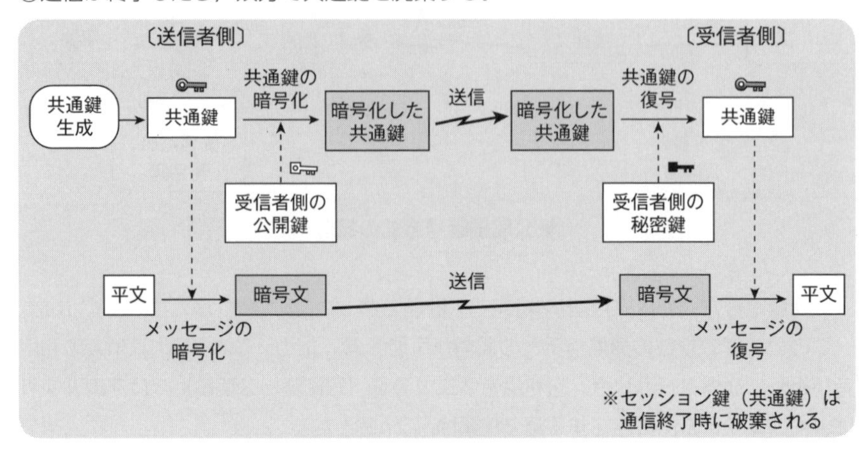

▶セッション鍵暗号方式

❏パスワード認証 ―― 問9

ユーザIDなどの識別符号と本人しか知り得ない情報（文字列）であるパスワードをシステムに登録し，ユーザが入力したパスワードと登録されたパスワードを比較して本人を認証する方法である。パスワードが一致するだけで本人と認証されることから，パスワードの管理には次のような注意が必要である。

- パスワードを他人に教えない。
- パスワードを紙に記録して保管しない。
- 極端に短いパスワードは使用しない。
- 「良質な」パスワードを使用する。
- パスワードは定期的に変更し，使い回さない。
- パスワード発行時は仮のパスワードを設定し，初回アクセス時に利用者が変更する。
- パスワードを共有しない。

なお，「良質な」パスワードとは，次のようなものである。

- 覚えやすい。
- 利用者情報（氏名，電話番号，誕生日など）とは無関係で，推測が難しい。
- アルファベットの大文字・小文字，数字などが混在している。

- 同じ文字を繰り返していない。
- 辞書に掲載されているような単語ではない。

❏バイオメトリクス認証（生体認証） 問11 問12

指紋，静脈パターン，虹彩（アイリス），声紋，顔（顔面），網膜といった身体的特徴によって本人を確認する技術である。忘却や紛失によって認証できなくなることがない反面，経年変化や外的要因（外傷，健康状態など）によって認証できなくなる可能性がある。しかし，本人であるにも関わらず拒否される確率（**本人拒否率**）を低くするために基準を緩くすると，他人が本人と誤認識される確率（**他人受入率**）が高くなる。このため，必要に応じてパスワードや所有物などによる認証と組み合わせて利用することが多い。

❏所有物を用いた認証 問12

磁気カードやICカード，USBトークン（認証を補助する装置）などの所有物を用いた認証方式である。建物への入退室管理やシステムの利用などに多く利用されている。所有物を手に入れた人間によって不正にアクセスされるおそれがあるので，紛失や盗難には十分に留意する必要がある。

❏多要素認証

複数の異なる認証方式を組み合わせて行う認証である。二つの認証方式を組み合わせたものを二要素認証という。具体的には，セキュリティトークンとパスワードを組み合わせる，ICカードと暗証番号（PIN：Personal Identification Number）を組み合わせる，などが該当する。

❏チャレンジレスポンス方式 問13

ソフトウェアによってワンタイムパスワードを実現する方式の一つである。チャレンジレスポンス方式では，次のように認証を行う。

① 認証サーバが**チャレンジ**（要求文字列）を生成してクライアントに送る。
② クライアントはハッシュ関数などを用いて，チャレンジとパスワードから**レスポンス**（応答文字列）を生成して認証サーバに送る。
③ 認証サーバも生成したチャレンジと登録されているパスワードからレスポンスを生成する。
④ 認証サーバは，生成したレスポンスとクライアントから送られてきたレスポンス

と比較し，両者が一致すれば認証に成功する。

チャレンジレスポンス方式では，パスワードそのものがネットワークを流れない（ゼロ知識証明という）ため，安全性に優れる。

なお，ポイントツーポイント接続を行うPPPでは，パスワードを平文で送る認証プロトコルのPAP（Password Authentication Protocol ）に加え，チャレンジレスポンスによる認証プロトコルであるCHAP（Challenge Handshake Authentication Protocol）を利用できる。

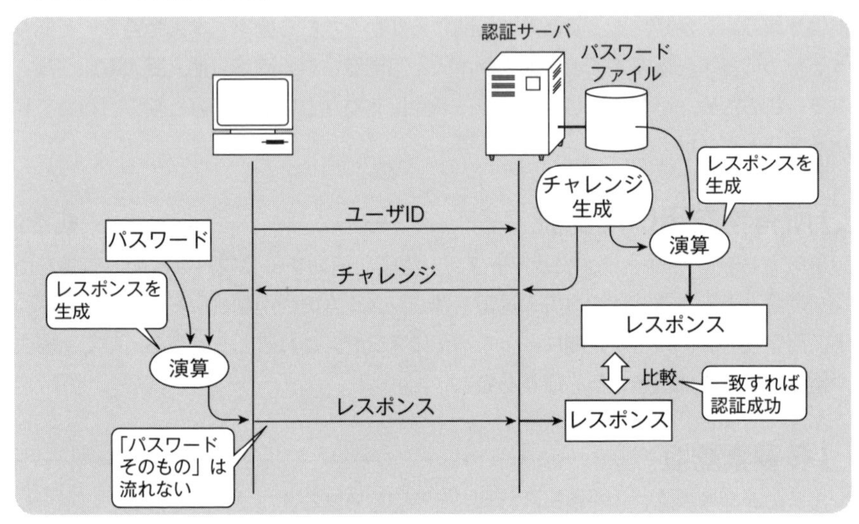

▶チャレンジレスポンス

❏メッセージ認証

ハッシュ関数を利用して改ざんを検査することによって，メッセージ（データ）の完全性を保証する技術である。ハッシュ関数は，次のような特徴を持つ。

- どのような入力値でも出力値のサイズは同じである。
- 出力値から入力値を求めることが困難である（一方向性）。
- 入力値が少しでも異なれば，出力値は大きく異なる。
- 異なる入力値から同じ出力値を得ることが困難である（シノニムが発生しにくい）。

ハッシュ関数の出力値となるビット列をハッシュ値またはを**メッセージダイジェスト**という。ハッシュ関数の特徴から，ハッシュ値が同じであれば元のデータも同じであり，ハッシュ値が異なれば元のデータとは異なると判断できる。

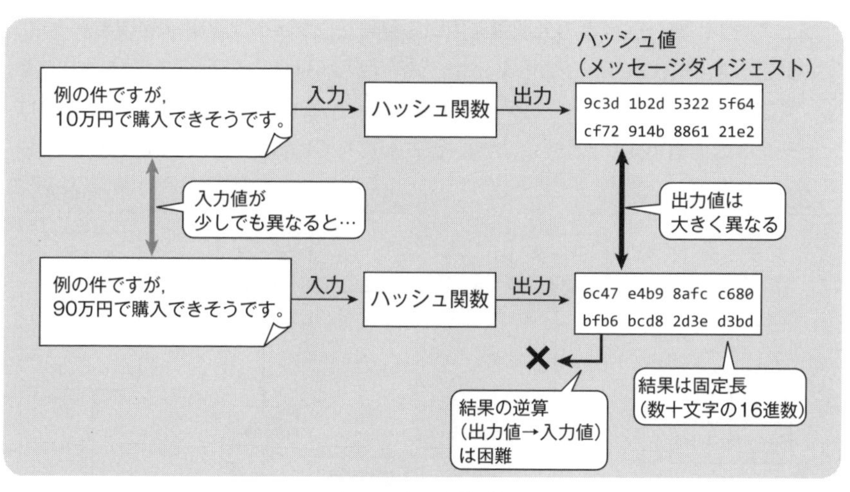

▶メッセージ認証

❏パスワードの解析手法 問10

パスワードとして，辞書に載っている単語を試行する辞書攻撃，すべての文字を組み合わせて試行する総当たり攻撃（**ブルートフォース攻撃**）などがある。したがって，意味のある単語や短いパスワードは，解析される可能性が高く危険である。対策としては，良質なパスワードを用いることであるが，一定回数パスワード認証に失敗したユーザIDは，一定期間使用できなくする機能が有効である。

❏ディジタル署名 問3 問14

データの正当性を保証するための情報（データ）であり，データの作成者を証明し，データが改ざんされていないことを保証するものである。電子署名法（電子署名及び認証業務に関する法律）において，現実世界の署名と同様の効力を持つことが定められている。

ディジタル署名は公開鍵暗号方式を用いて実現する。

① 送信者は，送信するデータのメッセージダイジェスト（ダイジェスト1）を生成する。

② 送信者は，送信者の秘密鍵を用いてダイジェスト1を暗号化する。これがディジタル署名となる。

③ ディジタル署名をデータに付加して受信者に送信する。

④ 受信者は，受信したデータに付加されているディジタル署名（暗号化されたダイ

ジェスト1）を，送信者の公開鍵を用いて復号し，ダイジェスト1を得る。

⑤　受信者は，受信したデータからメッセージダイジェスト（ダイジェスト2）を生成する。

⑥　受信者は，ダイジェスト1とダイジェスト2を比較する。両者が一致していれば，データは送信者本人が送信し，かつ，改ざんされていないことが証明できる。

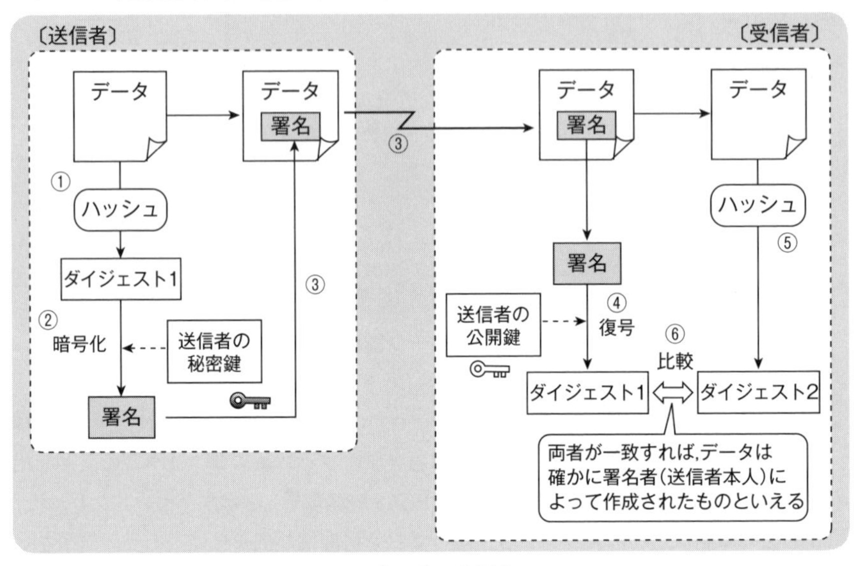

▶ディジタル署名

送信者の公開鍵で復号できるということは，送信者の秘密鍵で暗号化されたことを裏付ける。これによって，**メッセージ認証**（データの完全性）と**エンティティ認証**（送信者の真正性）が同時に実現でき，否認防止にも有効である。ただし，データの秘匿目的には使用できない。

❏PKI（Public Key Infrastructure）

公開鍵基盤のことである。**認証局**（**CA**：Certificate Authority）と呼ばれる第三者機関が**ディジタル証明書**を発行することによって，「この鍵は間違いなくXさんの公開鍵である」という公開鍵の正当性を証明する技術である。PKIは公開鍵の正当性を保証するための基盤（インフラ）を提供する手段にすぎないため，PKIを用いたシステム（アプリケーション）を利用しなければならない。PKIを用いたアプリケーションプロトコルとして，SSL（Secure Socket Layer）やS/MIME（Secure MIME），インターネット経由でクレジットカード決済を行う仕組みのSET（Secure

ElectronicTransaction）などがある。

PKIでは，受け取ったディジタル証明書が，間違いなくCAによって発行されたディジタル証明書であると判断できれば，ディジタル証明書に含まれている公開鍵を正当なものとして認める。ディジタル証明書の発行から検証までの流れは次のようになる。

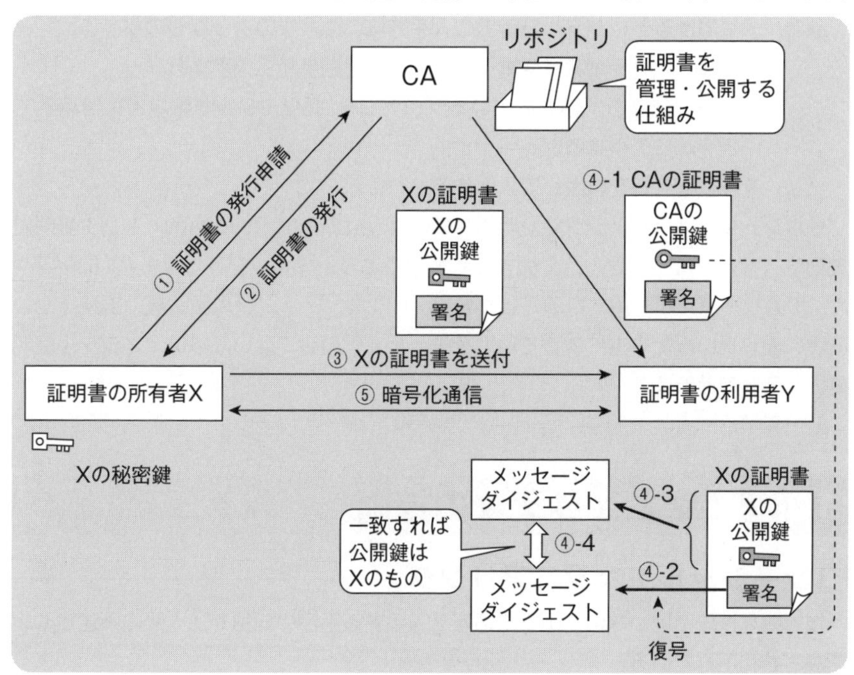

▶PKIの仕組み

① 所有者XがCAに対してディジタル証明書の発行を申請する。
② CAはXにディジタル証明書を発行する。
③ Xと信頼のおける通信を行いたい利用者Yは，Xのディジタル証明書を入手する。
④ Yは，次の手順でXのディジタル証明書を検証する。
④-1 Xのディジタル証明書に含まれているCAのディジタル署名を検証するために，CAのディジタル証明書を入手する。
④-2 CAのディジタル証明書に含まれているCAの公開鍵を用いて，CAのディジタル署名を復号し，メッセージダイジェストを得る。
④-3 Xのディジタル証明書からメッセージダイジェストを生成する。
④-4 ④-2で復号したメッセージダイジェストと④-3で得たメッセージダイジェスト

を比較する。一致すれば，Xのディジタル証明書に含まれている公開鍵がXのものであることが証明できる。

⑤ Yは，Xのディジタル証明書に含まれているXの公開鍵を用いて，暗号化通信を行う。

なお，③におけるディジタル証明書の入手方法には，次のようなものがある。

- フロッピーディスクや電子メールなどで相手から入手する。
- 通信に先立ち，通信に用いるプロトコル（SSLやS/MIMEなど）を用いて相手から入手する。
- リポジトリを検索して入手する。

リポジトリとは，ディジタル証明書や**CRL**（Certificate Revocation List：証明書失効リスト）を集中管理し，公開する仕組みであり，ディレクトリサーバ（LDAPやX.500のサーバ）が利用されることが多い。CRLは，ディジタル証明書の誤発行や秘密鍵の漏洩といった事由によって効力を失った，信頼してはいけないディジタル証明書のリストである。

10.2 セキュリティの技術

❏ソーシャルエンジニアリング

技術的な技法を用いないで不正に情報を入手する手口の総称で，人間の不注意や誤認などを利用している。

- **スキャベンジング**…ごみ箱などの廃棄物の中から情報を入手する手口。トラッシングともいう。
- **ショルダーハッキング**…ディスプレイに向かっている利用者の肩越しに情報を盗み見る手口。
- 詐欺行為…電話や電子メールなどで顧客や組織の上層部，管理者などになりすまし，情報を入手する手口。

ソーシャルエンジニアリングに対しては，重要書類はシュレッダーにかけて廃棄する，記憶媒体は破壊して廃棄する，重要書類や記憶媒体はキャビネットや引出しに保管し施錠する，クリアデスク・クリアスクリーン方針を徹底するといった，情報セキュリティポリシに基づいた適切な行動が重要である。

❏コンピュータウイルス

コンピュータウイルスは，悪意をもって作成された不正なプログラムを指す。マルウェアともいう。

▶マルウェアの種類と特徴

種類	特徴
マクロウイルス	ワープロや表計算といったアプリケーションのマクロ機能を利用し，データファイルに感染する不正プログラム。データファイル経由で感染するため，実行されるプラットフォームには依存しない。
ワーム	単体での動作が可能であり，システム上で自身を複製し，自己増殖する機能を持つ不正プログラム。現在では，OSやアプリケーションの脆弱性を利用してネットワークを介して増殖を繰り返すものが多い。
トロイの木馬	単体での動作が可能であり，有用なプログラム（ユーティリティやゲームなど）を装って実行されるのを待つ不正プログラム。
スパイウェア	ユーザの行動履歴や個人情報を収集するプログラム。有用なプログラムの一機能として含まれる場合もあり，利用許諾にて個人情報の収集を明示している場合は，不正プログラムとはみなされない場合もある。
ボット	他のコンピュータを遠隔操作することを目的とした不正プログラム。ボットに感染したコンピュータは攻撃指示用のコンピュータと通信を行い，攻撃者の指示に従って動作することによって踏み台として利用される。
ランサムウェア	システムのハードディスクドライブを暗号化するなど，システムを使用を不可能あるいは制限し，利用者に身代金を支払うよう促すメッセージを表示する不正プログラム。
ダウンローダ	別の不正プログラムなどをダウンロードすることによって自身の変化や機能拡張などを行う不正プログラム。

❏クラッキング

情報システムへの侵入，情報の不正な閲覧・改ざん・破壊，ソフトウェアの改変，システムの破壊，資源の不正利用といった不正行為の総称である。クラッキングは次のようにして行われる。

①侵入対象となるサーバの調査

最初に，侵入対象となるサーバのIPアドレスやポート番号（提供しているサービス）を調査する。この行為をポートスキャンという。この結果，侵入に利用できるサービスがあればそのサービスを提供するプログラムの種類やバージョンを調査し，既知の脆弱性を探す。

②管理者権限の奪取

サーバの調査が終了すると，管理者（rootなど）権限を取得するための攻撃を行う。

一般的には，攻撃ツール（侵入を目的としたプログラム）が用いられることが多く，これらのツールはOSやサーバプログラムなどの既知の脆弱性を利用するものが多い。

③システムの不正利用

管理者権限を奪取すると，その管理者権限を用いてシステムに侵入し，情報の不正な閲覧・改ざん・破壊，ソフトウェアの改変，システムの破壊，資源の不正利用（踏み台など）といった不正行為を行う。

④証拠の隠滅

最後に，ログの消去，改ざんといった証拠の隠滅を行う。さらに，次回の侵入に備えて，バックドア（侵入経路を提供するためのプログラム）の設置などを行うこともある。

❏ゼロデイ攻撃

脆弱性が発見されてから**セキュリティパッチ**が提供されるまでの間に攻撃する手法や，ベンダも知らない未知の脆弱性を発見して攻撃する手法である。ゼロデイ攻撃を防御することは困難であるため，ベンダが一時的な回避策を提示していれば，回避策の導入を検討する。

❏ガンブラー

Webサイトの改ざんとウイルスを組み合わせ，Webサイトを閲覧した不特定多数のコンピュータをウイルスに感染させる手法の総称である。正規のWebサイトを改ざんして攻撃用サイトに誘導し，OSやアプリケーションソフトの脆弱性を突いて攻撃するようなウイルス（攻撃コード）をダウンロードさせる。閲覧者のコンピュータに脆弱性が存在すれば，そのコンピュータはウイルスの侵入を許してしまい，ウイルスに感染する。このようなWebサイトを閲覧しただけでウイルスに感染するような手法をドライブバイダウンロードという。

❏パケットフィルタリング型ファイアウォール

パケットに含まれるIPアドレスとポート番号を**フィルタリングテーブル**と照合し，要求パケットと応答パケットの通過（フォワーディング）や遮断（フィルタリング）を判断してアクセス制御を行う。例えば，「内部のWebサーバへのHTTP通信のみを許可」する場合，内部のWebサーバへのHTTP要求と，内部のWebサーバからのHTTP応答のみを許可すればよい。WebサーバのIPアドレスが123.45.67.89とすると，次のようなイメージとなる。通常，HTTPのポート番号は80番である。

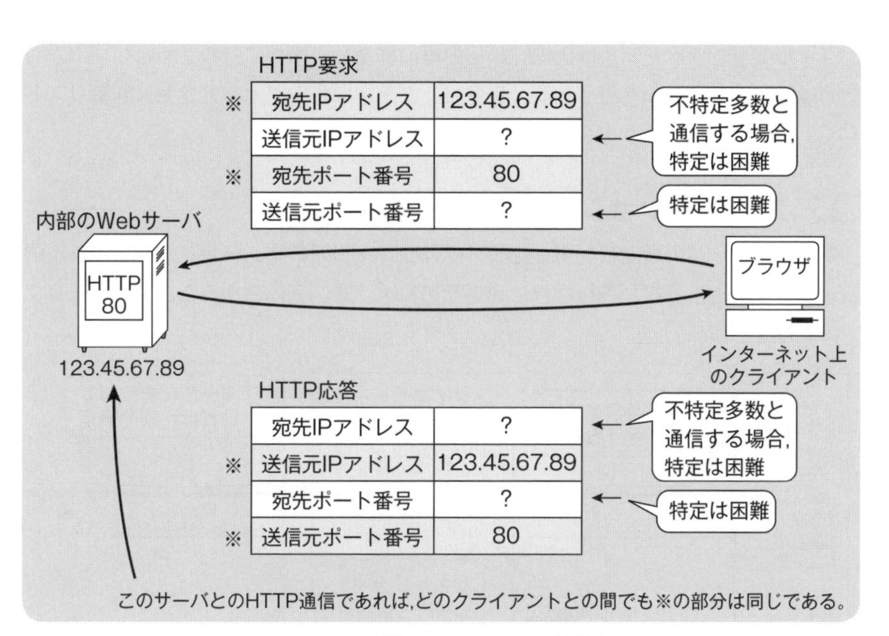

▶HTTP通信におけるヘッダ情報

これをフィルタリングテーブルにルールとして設定すると，次のようになる。

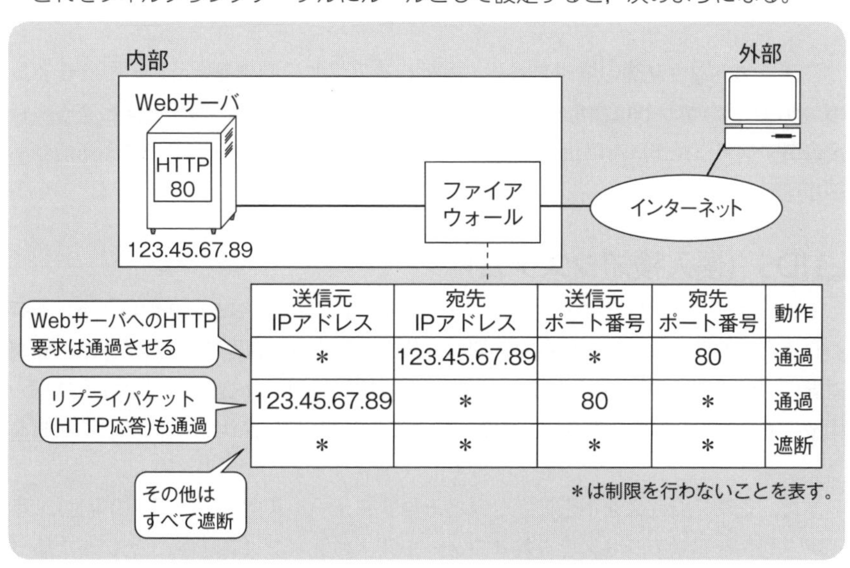

送信元IPアドレス	宛先IPアドレス	送信元ポート番号	宛先ポート番号	動作
＊	123.45.67.89	＊	80	通過
123.45.67.89	＊	80	＊	通過
＊	＊	＊	＊	遮断

▶フィルタリングテーブルの設定例

フィルタリングテーブルは上の行から順番に検査し，条件に合致する行が見つかった時点で対応する動作を行う。フィルタリングテーブルのことを**アクセス制御リスト**（ACL：Access Control List）ともいう。

❏アプリケーションゲートウェイ

プロキシサーバの機能を利用したファイアウォールである。クライアントから通信要求を受けると，それが許可された通信であれば，通信を代替することによってアクセス制御を行う。

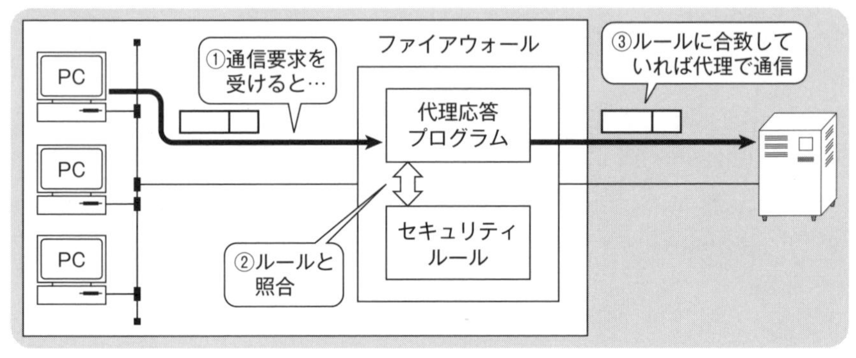

▶アプリケーションゲートウェイ

アプリケーション層の情報を参照・解析してアクセス制御を行うことができるため，HTTPのパケットに含まれるURLを検査して特定のURLへの接続を禁止する，特定のコマンド（操作）を禁止する，といったパケットフィルタリングでは不可能な制御が可能である。

❏IDS（侵入検知システム）

ネットワークを流れるパケットやサーバに対するアクセスなどを監視し，不正と疑われるアクセスを検出した場合に管理者に警告を発する仕組みである。IDSは，監視対象によって，**NIDS**（ネットワーク型IDS）と**HIDS**（ホスト型IDS）に大別される。用途に適したIDSを導入するが，必要に応じて両者を組み合わせて導入することもある。

また，正常アクセスを不正アクセスとみなすフォールスポジティブ（偽陽性），不正アクセスを正常アクセスとみなすフォールスネガティブ（偽陰性），といった誤りが発生する可能性がある。

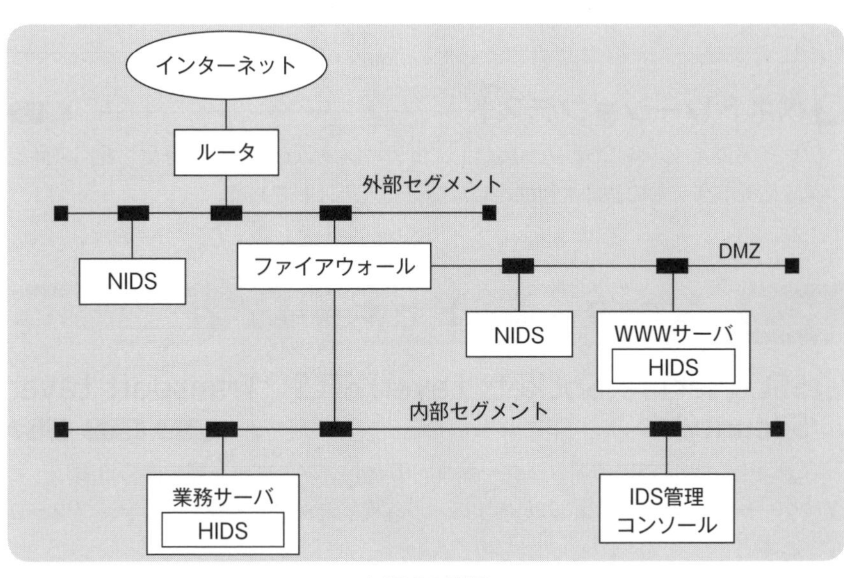

▶IDSの配置

❏ NIDS

ネットワークを流れるパケットが監視対象である。設置場所はネットワーク回線上であるが，監視する攻撃によって設置場所が異なる。

▶IDSの設置場所と監視対象の例

IDSの設置場所	監視対象
ファイアウォールの外側	ファイアウォールがブロックする攻撃を含んだすべての攻撃
ファイアウォールの内側	内部の利用者が行う攻撃
DMZ	ファイアウォールを通過した，公開サーバをターゲットとした攻撃

パケットをリアルタイムで受信・解析・記録するために高い性能が要求される。そのため，監視する攻撃の絞込みや設置場所の検討が重要になる。

❏ HIDS

ホストが受信したパケットやホストに対する操作などが監視対象である。監視対象のホストにインストールする。ログの内容，ファイルの変更，システムコールなどに基づいた制御や暗号化通信への対応も可能である。ホストの負荷が高くなる可能性もある。

❏ペネトレーションテスト ―――― 問15

ファイアウォールやIDSといったセキュリティシステムに対して行う，弱点の発見や実際に機能するかの確認を目的とした擬似侵入テストである。

10.3 インターネットセキュリティ

❏SSL（Secure Sockets Layer）/TLS（Transport Layer Security） ―――― 問16 問17 問19

TCP/IPモデルにおけるアプリケーション層とトランスポート層の間に位置し，アプリケーションプロトコルに対して次のような機能を提供するセキュリティプロトコルである。

- サーバ認証とクライアント認証…サーバまたはクライアントが提示する証明書を検証し，通信相手を認証する。SSLでは，どちらか一方の認証も可能であり，Webにおいてはサーバの認証が行われることが多い。
- 暗号化…アプリケーションプロトコルのデータを暗号化する。
- メッセージ認証…メッセージ認証符号を用いて，改ざんを検出する。

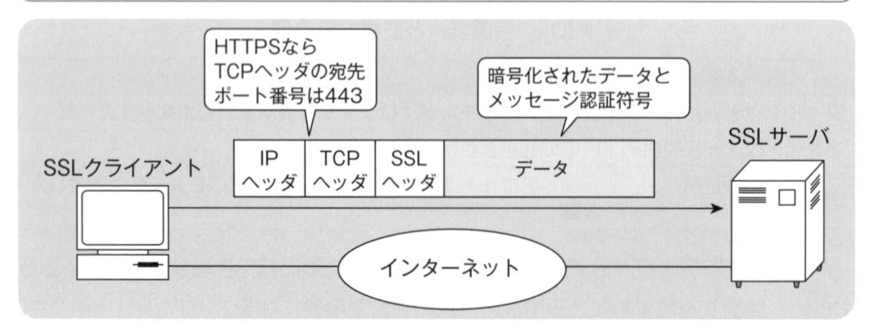

▶SSLを利用した通信

SSLはトランスポート層にTCPを用いるさまざまなアプリケーションプロトコルの下位層として利用することができる。Webにおいては，上位層にHTTPを利用するHTTPS（HTTP over SSL）が主に用いられ，ウェルノウンポート番号として443番が用いられる。TLSはSSLの後継規格である。

❏ SSL通信 問16

SSL通信は，暗号化通信に先立って証明書をやりとりし，相手を認証する。認証ができたら，**セッション鍵**（使い捨ての共通鍵）を生成し，セッション鍵を用いて暗号化通信を開始する。

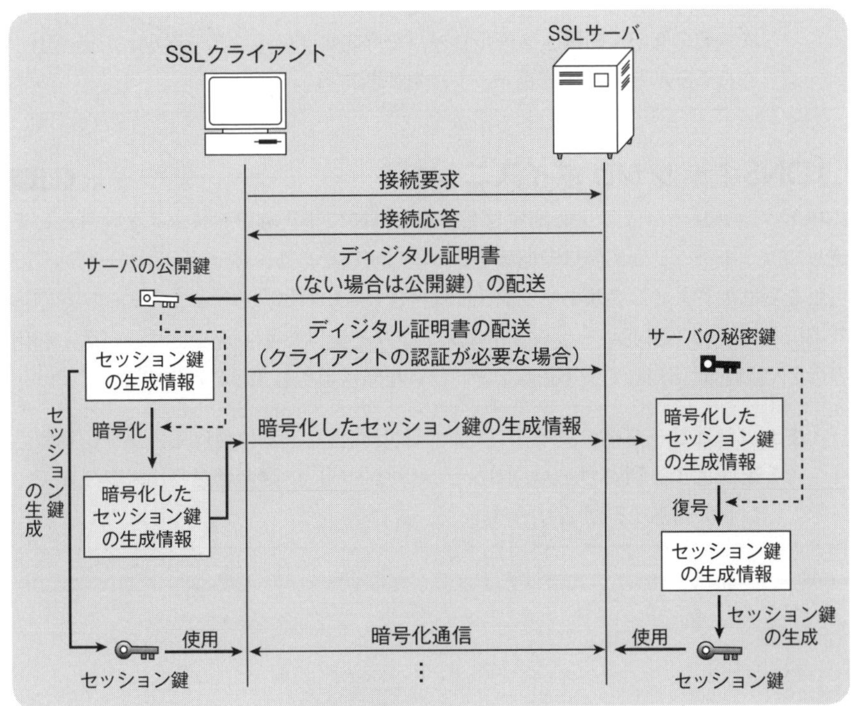

▶SSL通信のシーケンス

❏ S/MIME（Secure MIME）

PKIとMIMEの仕組みを利用して電子メールに暗号化とディジタル署名の機能を提供するプロトコルである。セッション鍵方式でメッセージの暗号化を行う。

暗号化されたメッセージや署名，暗号化された公開鍵などは，MIMEの機能を用いて添付ファイルの形で送受信される。なお，送信者と受信者の双方が電子メールを復号できるようにするために，送信者の公開鍵で暗号化された共通鍵と受信者の公開鍵で暗号化された共通鍵の両方が格納される。

❏SMTP-AUTH（SMTP AUTHentication） 問17

SMTP（Simple Mail Transfer Protocol）に認証機能を追加したSMTPの拡張仕様である。ユーザは認証できた場合のみ，電子メールを送信できる。SMTP-AUTHを併用するメール送信用ポートであるサブミッションポート（587番ポート）は，OP25Bでブロックされない。

- **OP25B**（Outbound Port25 Blocking）…自ドメインから迷惑メールが送信されるのを防ぐ対策。メールサーバを経由せずにインターネットに送り出されるSMTP通信（25番ポート）を遮断する。

❏DNSキャッシュポイズニング 問18

キャッシュサーバに，DNS問合せをすると同時に不正なIPアドレスを回答として送りつけ，キャッシュに偽りの情報を埋め込む攻撃である。キャッシュサーバは，問合せを受けたドメイン名がキャッシュに保持されていれば，キャッシュの内容を回答する。そのため，DNSキャッシュポイズニングを受けたキャッシュサーバは，利用者のDNS問合せに対して，不正なIPアドレスを回答してしまうことになる。

- **キャッシュサーバ**…クライアントからDNS問合せを受け付けて，ゾーン情報を保持するDNSサーバ（コンテンツサーバ）に問合せを行い，クライアントに回答するDNSサーバ。

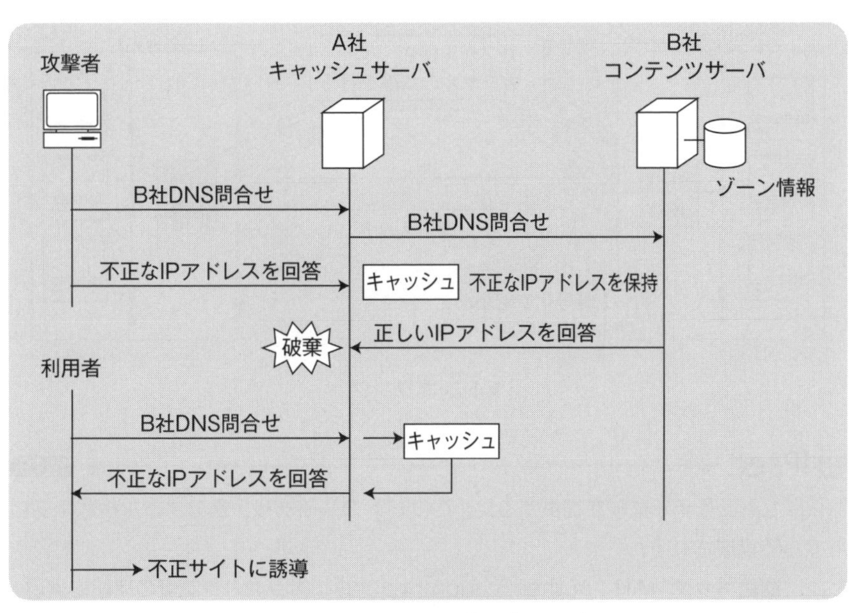

▶DNSキャッシュポイズニング

DNSキャッシュポイズニング対策としては，外部からのDNS再帰問合せには応答しないような設定や，DNSとディジタル署名の仕組みを組み合わせたDNSSEC（DNS Security Extensions）の利用などが効果的である。

❑VPN（Virtual Private Network）

暗号技術や認証技術，トンネリング技術などを用いて，複数の利用者が存在するネットワーク上に仮想的な専用ネットワーク（Private Network）を構築し，安全に通信を行う技術の総称である。インターネット上でVPNを利用することによって，コストを低減して安全な通信を実現することができる。

トンネリングとは，仮想的な通信路（トンネル）を構築する技術であり，あるプロトコルを別のプロトコルでカプセル化することで実現する。カプセル化したプロトコルの通信路の内部で，カプセル化されたプロトコルのデータが送受信される。VPNでは，セキュリティプロトコルでカプセル化するため，通信路を使って送受信されるデータは完全に隠蔽されることになる。VPNの構築に用いるセキュリティプロトコルには，IPsec，SSL，L2TPなどがある。

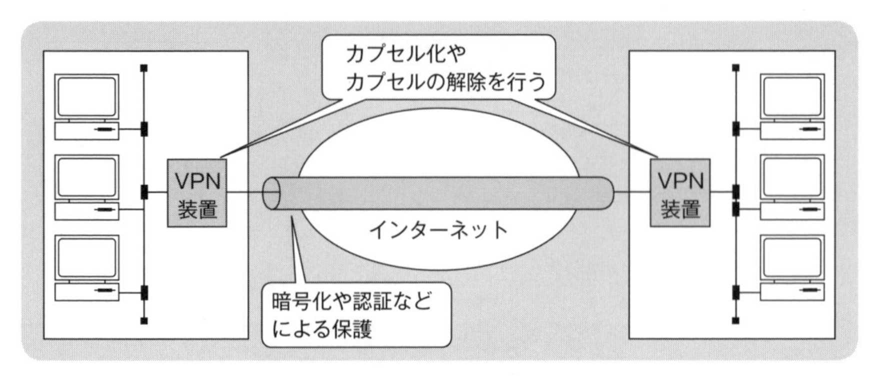

▶トンネリング

❏ IPsec　問19

IPにセキュリティ機能を提供するためのプロトコルであり，次のような複数のプロトコルで構成される。

認証ヘッダ（**AH**：Authentication Header）：メッセージ認証の機能を実現

暗号化ペイロード（**ESP**：Encapsulating Security Payload）：メッセージ認証と暗号化の機能を実現

IKE（Internet Key Exchange）：自動的な鍵交換（鍵の自動生成と共有）を実現

IPsecでは，これらの機能を組み合わせて成りすましや改ざん，盗聴などを防止する。なお，認証ヘッダと暗号化ペイロードはどちらもメッセージ認証の機能を持つが，メッセージ認証の対象となる範囲が異なるため，両者を併用することもできる。

❏ SQLインジェクション　問20 問24

入力データにSQL文の一部を埋め込んで，任意のSQL文を実行させる攻撃である。データの不正閲覧やWebサイトの改ざんなどに用いられる。

次図の例では，パスワードに「' OR ' 1 '=' 1」を入力することで，本来のSQL文の働きを変えて，パスワードチェックを無意味なものにしている。セミコロン（;）を使用すれば，任意のSQL文を実行することもできる。

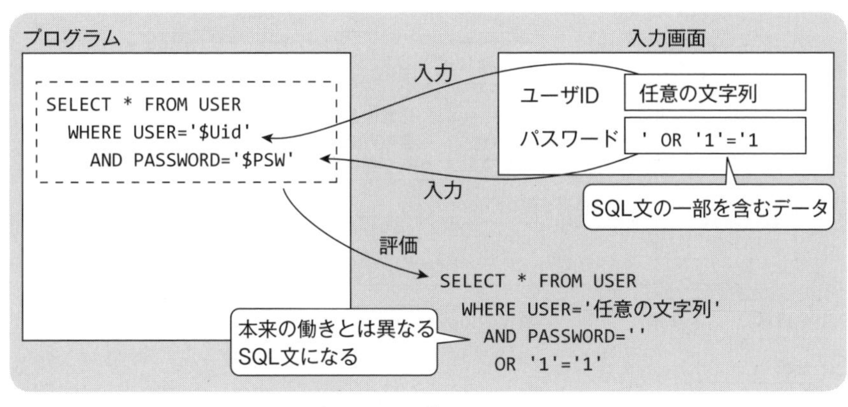

▶SQLインジェクション

SQLインジェクションを防ぐには，入力データを厳密にチェックし，所定の形式でなければSQL文として処理しないようにすればよい。さらに，チェックした入力データは，**プリペアドステートメント**（準備された文）を用いてSQL文に埋め込む。プリペアドステートメントは，プレースホルダ（値を埋め込む場所）と値を埋め込むためのAPIによって構成される解析済みのSQL文である。内部で**バインド機構**（プレースホルダに入力データを埋め込む機能）による処理が行われ，入力データは数値または文字列の定数として組み込まれるため，入力データを文字列連結で処理するよりも高い安全性を確保できる。プリペアドステートメントが使用できない場合，シングルクォーテーション（'）やバックスラッシュ（\）といった特殊記号を**エスケープ処理**する。

❏ クロスサイトスクリプティング（XSS）—— 問20 問21

入力データをそのまま出力してしまう脆弱サイトを利用し，標的となる利用者のWebブラウザ上で悪意のスクリプトを実行させる攻撃である。クロスサイトスクリプティングは次のような手順で行われる。

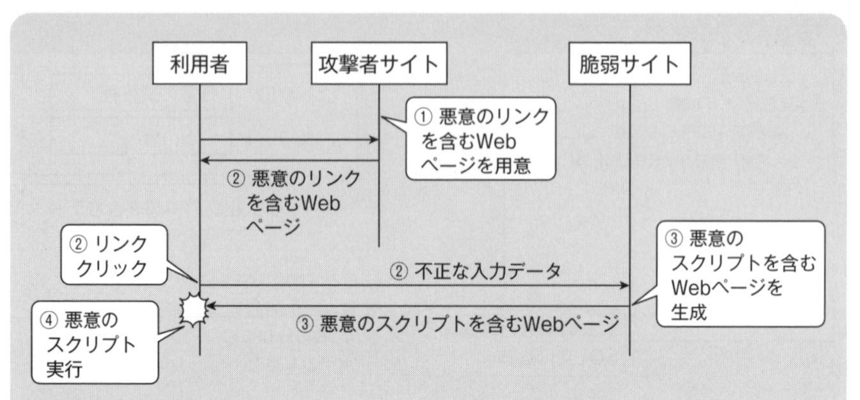

① 攻撃者は，「脆弱サイトにスクリプトを含む不正な入力データを送信する」といった悪意のハイパリンクを含むWebページ（またはメール）を用意する。
② 利用者がそのWebページを閲覧し，ハイパリンクをクリックすると，スクリプトを含む不正な入力データが脆弱サイトに送信される。
③ 脆弱サイトによって悪意のスクリプトを含んだWebページが生成され，利用者に返される。
④ Webブラウザは，受信したWebページに含まれる悪意のスクリプトを実行する。クロスサイトスクリプティングの結果，クッキーを盗まれることによるセッションの乗っ取り（なりすまし）や偽のWebページの表示（フィッシング）といった被害が発生する。

▶クロスサイトスクリプティング

入力データに含まれるHTMLのタグを，そのままHTMLに埋め込んでしまうことでクロスサイトスクリプティングを許してしまう。具体的には，入力データに<script>タグなどを含めることによって，任意のスクリプトを含んだWebページを生成させてしまう。そのため，「<」や「>」といった制御文字をエスケープ処理するサニタイジング（無害化）が有効である。例えば，「<script>」という文字列を「<script>」にすれば，<script>タグとはみなされず，HTML上で「<script>」という文字が表示されるだけである。

❑ セッションハイジャック　問20 問22

Webアプリケーションがセッションを識別するために用いるセッションIDを攻撃者が入手し，攻撃者が利用者になりすます攻撃である。

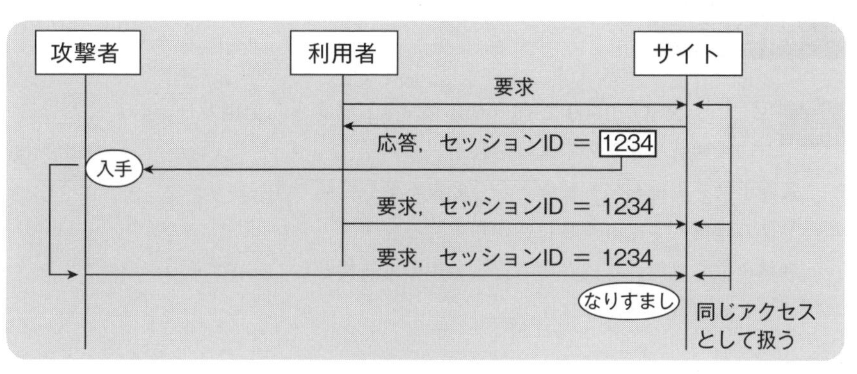

▶セッションハイジャック

❏ディレクトリトラバーサル 問24

ファイル名をパラメタで受け取るプログラムに，「../../etc/passwd」のような**相対パス**を指定して任意のファイルにアクセスする攻撃である。ディレクトリトラバーサルの対処方法としては，パラメタを用いてファイルを指定する必要性や他の手段を設計段階から検討することが重要である。ファイルをパラメタで指定せざるを得ない場合は，ディレクトリ名を固定し，パラメタに相対パスが含まれていないことをチェックする。

❏WAF（Web Application Firewall） 問23

Webアプリケーションの脆弱性を悪用した攻撃を検出し，それらの攻撃からWebアプリケーションを保護する仕組みであり，攻撃による影響を低減する。WAFには次のような機能がある。

- 検査機能：HTTP要求およびHTTP応答を検査し，攻撃を検出する機能である。HTTP要求にSQL文の一部が含まれていることやHTTP応答に個人情報が含まれていることなどを検査する。
- 処理機能：検査機能によって検出された攻撃を処理する機能である。通信の遮断，エラーページの送信，不正部分の書換えなどの処理をする。
- ログ機能：WAFの動作や検査結果を記録する機能である。

WAFでは定義されたパターンを用いて機械的に通信内容を検査する。このため，正常な通信を防御する（偽陽性：false positive），攻撃を正常な通信とみなす（偽陰性：false negative），といった誤りがある点に注意が必要である。

問題編

問1 ☑☐☐☐ JIS Q 31000:2010（リスクマネジメント－原則及び指針）における，残留リスクの定義はどれか。（H27S問13）

ア　監査手続を実施しても監査人が重要な不備を発見できないリスク
イ　業務の性質や本来有する特性から生じるリスク
ウ　利益を生む可能性に内在する損失発生の可能性として存在するリスク
エ　リスク対応後に残るリスク

問2 ☑☐☐☐ 無線LANを利用するとき，セキュリティ方式としてWPA2を選択することで利用される暗号化アルゴリズムはどれか。（H26F問15）

ア　AES　　イ　ECC　　ウ　RC4　　エ　RSA

問3 ☑☐☐☐ 暗号方式に関する記述のうち，適切なものはどれか。
（R2F問14，H29F問13，H24F問14）

ア　AESは公開鍵暗号方式，RSAは共通鍵暗号方式の一種である。
イ　共通鍵暗号方式では，暗号化及び復号に同一の鍵を使用する。
ウ　公開鍵暗号方式を通信内容の秘匿に使用する場合は，暗号化に使用する鍵を秘密にして，復号に使用する鍵を公開する。
エ　ディジタル署名に公開鍵暗号方式が使用されることはなく，共通鍵暗号方式が使用される。

答1 …………………………………………………………………………………… エ

JIS Q 31000:2010においては，残留リスク（residual risk）を，「リスク対応後に残るリスク」と定義されており，注記にて「残留リスクには，特定されていないリスクが含まれることがある」，「残留リスクは，“保有リスク”としても知られている」とされている。

答2 共通鍵暗号方式 ▶ P.193 …………………………………………………… ア

AES（Advanced Encryption Standard）は，NIST（米国国立標準技術研究所）が公募で採用した共通鍵暗号方式の暗号化アルゴリズムである。従来のDESよりも強固であり，無線LANにおけるセキュリティ技術であるWPA2（Wi-Fi Protected Access 2）などでも採用されている。

- ECC（Error Correcting/Checking Code）…メモリ内容の誤りを検出および訂正するために用いられる符号。一般にはハミング符号が用いられる
- RC4…無線LANのセキュリティ技術であるWEPなどで用いられる共通鍵暗号方式の暗号化アルゴリズム
- RSA…代表的な公開鍵暗号方式の暗号化アルゴリズム。大きな数の素因数分解の困難性を利用している

答3 共通鍵暗号方式 ▶ P.193　公開鍵暗号方式 ▶ P.194　ディジタル署名 ▶ P.199 …………………………………………………… イ

共通鍵暗号方式は，暗号化と復号に同じ鍵を用いるのが特徴である。鍵の管理が煩わしいのが欠点であるが，公開鍵暗号方式と比較して暗号化や復号の処理が高速であるという利点がある。

ア　AESはDESの後継として位置付けられる共通鍵暗号方式の標準暗号規格であり，RSAは公開鍵暗号方式の暗号規格の代表例である。

ウ　公開鍵暗号方式を通信内容の秘匿に使用する場合，暗号化鍵を公開して復号鍵を秘密にする。

エ　ディジタル署名は，公開鍵暗号方式を利用して実現されていることが多い。

問4 ☑□ □□　暗号方式に関する説明のうち，適切なものはどれか。

(H29S問13)

ア　共通鍵暗号方式で相手ごとに秘密の通信をする場合，通信相手が多くなるに従って，鍵管理の手間が増える。

イ　共通鍵暗号方式を用いて通信を暗号化するときには，送信者と受信者で異なる鍵を用いるが，通信相手にそれぞれの鍵を知らせる必要はない。

ウ　公開鍵暗号方式で通信文を暗号化して内容を秘密にした通信をするときには，復号鍵を公開することによって，鍵管理の手間を減らす。

エ　公開鍵暗号方式では，署名に用いる鍵を公開しておく必要がある。

問5 ☑□ □□　暗号方式のうち，共通鍵暗号方式はどれか。

(H28S問12)

ア　AES　　イ　ElGamal暗号　　ウ　RSA　　エ　楕円曲線暗号

問6 ☑□ □□　公開鍵暗号方式の暗号アルゴリズムはどれか。

(H27F問12)

ア　AES　　イ　KCipher-2　　ウ　RSA　　エ　SHA-256

答4　共通鍵暗号方式 ▶ P.193　公開鍵暗号方式 ▶ P.194……………………………… **ア**

共通鍵暗号方式は，暗号化と復号に同じ鍵を用いる暗号方式である。暗号化／復号時の処理速度に優れている反面，通信相手ごとに異なる鍵を用意しなければならないため，鍵の管理が煩雑となる。また，通信相手に鍵を送付する過程で鍵が盗まれる可能性がある。そのため，安全性の高い方法で送付する必要がある。

公開鍵暗号方式は，暗号化と復号に異なる鍵（公開鍵と秘密鍵）を用いる暗号方式である。暗号化通信を行うとき，送信側は受信側の公開鍵を用いて暗号化し，受信側は受信側（自分）の秘密鍵で復号する。通信相手ごとに異なる鍵を用意する必要がなく，一対の公開鍵と秘密鍵で複数の相手と暗号化通信を実現することができるため，鍵の管理は容易である。

イ　共通鍵暗号方式では，送信側と受信側で同じ鍵を用いる。

ウ　公開鍵暗号方式で暗号化通信をするには，暗号化鍵を公開し，復号鍵は秘匿する。

エ　ディジタル署名は公開鍵暗号方式を用いている。送信者の秘密鍵でメッセージダイジェスト（ハッシュ値）を暗号化して署名を作成し，受信者は送信者の公開鍵で署名を復号することで送信者を認証する。したがって，署名に用いる鍵を公開してはならない。

答5 共通鍵暗号方式 ▶ P.193 …… **ア**

暗号化と復号に共通の鍵を用いる共通鍵暗号方式の代表的な暗号規格として，DES（Data Encryption Standard），トリプルDES，AES（Advanced Encryption Standard）などがある。AESは，DESに続く米国政府の標準暗号規格である。AESでは，Rijndaelと呼ばれる共通鍵暗号化アルゴリズムを採用している。

一方，暗号化と復号に異なる鍵を用いる公開鍵暗号方式の代表的な暗号規格として，離散対数暗号，RSA，楕円曲線暗号などがある。

- ElGamal（エルガマル）暗号…離散対数暗号（素数nの離散対数問題を応用した暗号化アルゴリズム）を用いた公開鍵暗号方式
- RSA…非常に大きな二つの素数の積の素因数分解が難解であることを暗号化アルゴリズムに用いた公開鍵暗号方式。RSAは，開発者Ronald Rivest，Adi Shamir，Leonard Adlemanの３氏の頭文字である
- 楕円曲線暗号…楕円曲線上の特殊な演算を用いて暗号化する公開鍵暗号方式

答6 公開鍵暗号方式 ▶ P.194 …… **ウ**

公開鍵暗号方式は，一対の鍵ペアを用意して暗号化と復号にペアとなる鍵を使用する方式である。代表的な暗号アルゴリズムには，素因数分解の複雑さを利用したRSAや楕円曲線暗号などがある。

- AES（Advanced Encryption Standard）…セキュリティ強度が低下したDESに代わって米国商務省標準技術局（NIST）によって制定された共通鍵暗号方式の暗号アルゴリズム
- KCipher-2…KDDI社によって開発された共通鍵暗号方式の暗号アルゴリズム
- SHA-256…256ビットのハッシュ値を生成するハッシュ関数（メッセージダイジェスト関数）

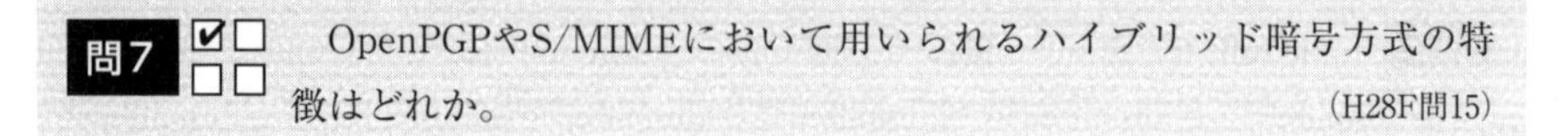

問7 OpenPGPやS/MIMEにおいて用いられるハイブリッド暗号方式の特徴はどれか。 (H28F問15)

ア　暗号通信方式としてIPsecとTLSを選択可能にすることによって利用者の利便性を高める。

イ　公開鍵暗号方式と共通鍵暗号方式を組み合わせることによって鍵管理コストと処理性能の両立を図る。

ウ　複数の異なる共通鍵暗号方式を組み合わせることによって処理性能を高める。

エ　複数の異なる公開鍵暗号方式を組み合わせることによって安全性を高める。

問8 パスワードに使用できる文字の種類の数をM，パスワードの文字数をnとするとき，設定できるパスワードの理論的な総数を求める数式はどれか。 (H27S問12)

ア　M^n

イ　$\dfrac{M!}{(M-n)!}$

ウ　$\dfrac{M!}{n!\,(M-n)!}$

エ　$\dfrac{(M+n-1)!}{n!\,(M-1)!}$

問9 Webアプリケーションのセッションが攻撃者に乗っ取られ，攻撃者が乗っ取ったセッションを利用してアクセスした場合でも，個人情報の漏えいなどの被害が拡大しないようにするために，Webアプリケーションが重要な情報をWebブラウザに送信する直前に行う対策として，最も適切なものはどれか。 (H28S問14)

ア　Webブラウザとの間の通信を暗号化する。

イ　発行済セッションIDをCookieに格納する。

ウ　発行済セッションIDをURLに設定する。

エ　パスワードによる利用者認証を行う。

答7 共通鍵暗号方式 ▶ P.193　公開鍵暗号方式 ▶ P.194
セッション鍵暗号方式 ▶ P.195 ………………………………………… **イ**

ハイブリッド暗号方式は，公開鍵暗号方式と共通鍵暗号方式の長所を組み合わせたもので，本文の暗号化／復号には処理時間の短い共通鍵暗号方式を用い，暗号化／復号に用いる共通鍵の生成情報を安全に送受信するのに，公開鍵暗号方式を用いる。ハイブリッド暗号方式で使用される共通鍵は，「使い捨て」の鍵であり，セッション鍵などとも呼ばれる。

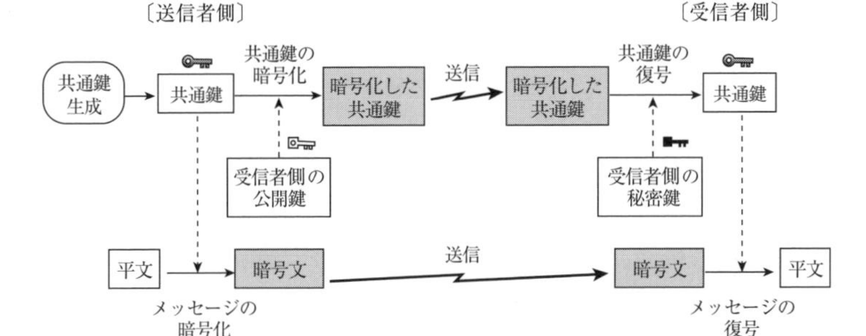

答8 ………………………………………… **ア**

２種類の文字を３個並べて作られるパスワードの個数は，

$2 \times 2 \times 2$　　← ２を３回掛ける

と求められる。

よって，M種類の文字をn個並べて作られるパスワードの個数は，

$M \times M \times \cdots \times M$　　←Mをn回掛ける

$= M^n$

となる。

答9 パスワード認証 ▶ P.196 ………………………………………… **エ**

Webアプリケーションは HTTP通信におけるセッションIDをもとにして通信が適正なものかを判断するため，攻撃者にセッションIDを推測または不正入手されると，正常な利用者のように振る舞う「乗っ取り」が可能となる。“エ”のように，直前にパスワード認証を行うようにすれば，セッションIDによる乗っ取りが行われていた場合でも，攻撃者が同時にパスワードも入手できていない限り，正当な利用者かどうかを判定できる。

ア　乗っ取りが成功した場合のWebアプリサーバ側は，攻撃者を正当な利用者と信頼してしまう。そのような状況で暗号化通信を行っても意味がない。

イ，ウ　乗っ取りが成功したということは攻撃者は発行済みセッションIDを知ってしまっているので，その状況でセッションIDを確認するための仕組みを導入しても意味がない。

問10 ☑☐ ☐☐ ブルートフォース攻撃に該当するものはどれか。

(H30F問14, ㊪H27F問14)

ア　WebブラウザとWebサーバの間の通信で，認証が成功してセッションが開始されているときに，Cookieなどのセッション情報を盗む。

イ　コンピュータへのキー入力を全て記録して外部に送信する。

ウ　使用可能な文字のあらゆる組合せをそれぞれパスワードとして，繰り返しログインを試みる。

エ　正当な利用者のログインシーケンスを盗聴者が記録してサーバに送信する。

問11 ☑☐ ☐☐ 虹(こう)彩認証に関する記述のうち，最も適切なものはどれか。

(R元F問15)

ア　経年変化による認証精度の低下を防止するために，利用者の虹彩情報を定期的に登録し直さなければならない。

イ　赤外線カメラを用いると，照度を高くするほど，目に負担を掛けることなく認証精度を向上させることができる。

ウ　他人受入率を顔認証と比べて低くすることが可能である。

エ　本人が装置に接触したあとに残された遺留物を採取し，それを加工することによって認証データを偽造し，本人になりすますことが可能である。

問12 ☑☐ ☐☐ アクセス制御に用いる認証デバイスの特徴に関する記述のうち，適切なものはどれか。

(H28F問14)

ア　USBメモリにディジタル証明書を組み込み，認証デバイスとする場合は，利用するPCのMACアドレスを組み込む必要がある。

イ　成人には虹彩の経年変化がなく，虹彩認証では，認証デバイスでのパターン更新がほとんど不要である。

ウ　静電容量方式の指紋認証デバイスでは，LED照明を設置した室内において正常に認証できなくなる可能性がある。

エ　認証に利用する接触型ICカードは，カード内のコイルの誘導起電力を利用している。

答10 パスワードの解析手法 ▶ P.199 ………………………………………… **ウ**

ブルートフォース攻撃とは，パスワードとして用いることができる文字のすべての組合せでログインを試みるパスワード解析手法の一種である。時間さえかければ必ずログインに成功するが，パスワードに使用する文字の種類を増やす，パスワードの文字数を増やす，アカウントロックアウトの仕組みを導入するなどの対策によって，実質的に攻撃を防ぐことができる。

答11 バイオメトリクス認証 ▶ P.197 ………………………………………… **ウ**

虹彩は人の目の瞳孔の周囲にある模様のことであり，経年変化や外的要因による変化がほとんどないことが特徴として挙げられる。顔認証と比べると判定の閾値設定を厳しい方向にすることができ，他人受入率を低くできる傾向にある。

ア 前述のように，虹彩は経年変化がほとんどない。
イ 赤外線の照度が高いと，目への負担は大きくなる。
エ 虹彩認証は非接触で行うので，指紋認証のように遺留物が残ることはない。

答12 バイオメトリクス認証 ▶ P.197 所有物を用いた認証 ▶ P.197 ………………… **イ**

認証デバイスとは，ユーザ認証を行う際に使用する機器のことである。代表的なものに，認証用のディジタル証明書を格納したUSBトークンタイプ，ICカードタイプのものや，バイオメトリクス認証（生体認証）などがある。バイオメトリクス認証は，個人の生体としての特徴を登録しておき，パスワードのように認証に利用する仕組みである。

- 指紋…特徴点抽出方式やパターンマッチングにより照合する
- 声紋…事前収録した音声の周波数パターンを照合する
- 虹彩（こうさい）…目を撮影し，虹彩（瞳の模様）のパターンを照合する
- 掌静脈…手の平の静脈のパターンを照合する
- 顔…撮影した顔の画像を解析し，目や鼻の配置を照合する

このうち，指紋や虹彩は経年変化耐性（年齢を重ねても変化しにくい）があり，声紋や顔は経年変化耐性が弱いことが知られている。

ア USBメモリにディジタル証明書を組み込む場合，保持者がそのUSBメモリをPCに接続しているときだけ，認証が有効になる。認証対象にPCを含めているわけではないので，利用するPCについてはMACアドレスなどの個別情報は組み込む必要はない。
ウ 静電容量方式の指紋認証デバイスは，光学式のように光によって読み取るのではなく，半導体技術を用いるので，LED照明などの影響は受けない。
エ コイルの誘導起電力を利用するのは，非接触型ICカードの特徴である。接触型ICカードでは，カード表面に配置されたICモジュール端子部分を読取り装置に接触させることで直接読取りを行う。

問13 ☑☐ ☐☐ チャレンジレスポンス認証方式に該当するものはどれか。

（R元F問13，㊫H28F問13）

ア　固定パスワードをTLSによって暗号化し，クライアントからサーバに送信する。

イ　端末のシリアル番号を，クライアントで秘密鍵を使って暗号化してサーバに送信する。

ウ　トークンという装置が自動的に表示する，認証のたびに異なるデータをパスワードとしてサーバに送信する。

エ　利用者が入力したパスワードと，サーバから受け取ったランダムなデータとをクライアントで演算し，その結果をサーバに送信する。

問14 ☑☐ ☐☐ 送信者Aからの文書ファイルと，その文書ファイルのディジタル署名を受信者Bが受信したとき，受信者Bができることはどれか。ここで，受信者Bは送信者Aの署名検証鍵Xを保有しており，受信者Bと第三者は送信者Aの署名生成鍵Yを知らないものとする。

（R2F問13）

ア　ディジタル署名，文書ファイル及び署名検証鍵Xを比較することによって，文書ファイルに改ざんがあった場合，その部分を判別できる。

イ　文書ファイルが改ざんされていないこと，及びディジタル署名が署名生成鍵Yによって生成されたことを確認できる。

ウ　文書ファイルがマルウェアに感染していないことを認証局に問い合わせて確認できる。

エ　文書ファイルとディジタル署名のどちらかが改ざんされた場合，どちらが改ざんされたかを判別できる。

答13　チャレンジレスポンス方式 ▶ P.197 ……………………………… **エ**

チャレンジレスポンス方式は，認証主体が作成するチャレンジコード（要求文字列）をもとに，被認証主体が暗号技術を適用してレスポンスコードを生成し，レスポンスコードを認証主体が検証することで被認証主体の実体の真正性を認証する方式である。パスワードをそのまま通信することがないため，パスワードの漏洩を防止できる。また，チャレンジコードは毎回変わるので，リプレイアタックにも対抗できる。

答14　ディジタル署名 ▶ P.199 ……………………………… **イ**

問題文に示された手順は，ディジタル署名の手順を示している。

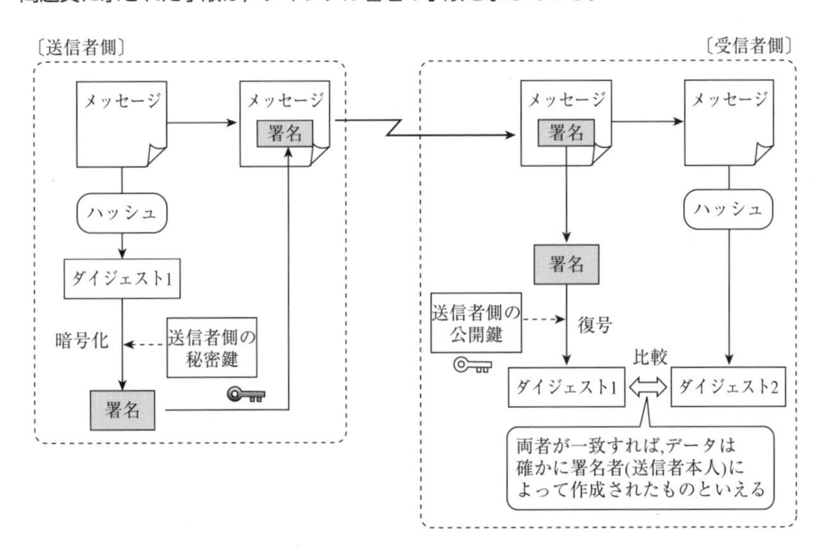

受信者Bが行う署名の検証は，署名検証鍵X（送信者Aの公開鍵）で署名を復号し，受信したメッセージから作成したダイジェストと比較照合することで行う。署名の検証に成功した（適切に復号が行え，照合結果も一致した）場合は，

- 署名は送信者Aの秘密鍵（署名生成鍵Y）によって生成された。つまり，送信者A本人によるものである
- 文書ファイルは送信時のものから改ざんされていない

ことが確認できる。

問15 ☑☐ ☐☐ ペネトレーションテストの目的はどれか。

(H27F問15)

ア　暗号化で使用している暗号方式と鍵長が，設計仕様と一致することを確認する。
イ　対象プログラムの入力に対する出力結果が，出力仕様と一致することを確認する。
ウ　ファイアウォールが単位時間当たりに処理できるセッション数を確認する。
エ　ファイアウォールや公開サーバに対して侵入できないかどうかを確認する。

問16 ☑☐ ☐☐ A社のWebサーバは，サーバ証明書を使ってTLS通信を行っている。PCからA社のWebサーバへのTLSを用いたアクセスにおいて，当該PCがサーバ証明書を入手した後に，認証局の公開鍵を利用して行う動作はどれか。

(H29S問12)

ア　暗号化通信に利用する共通鍵を生成し，認証局の公開鍵を使って暗号化する。
イ　暗号化通信に利用する共通鍵を，認証局の公開鍵を使って復号する。
ウ　サーバ証明書の正当性を，認証局の公開鍵を使って検証する。
エ　利用者が入力して送付する秘匿データを，認証局の公開鍵を使って暗号化する。

答15 ペネトレーションテスト ▶ P.208 ……………………………………………… **エ**

ペネトレーションテストは，情報システムを実際に攻撃することによって，コンピュータやシステムへの侵入が可能か否かを確認する侵入テストである。ファイアウォールや公開サーバなどに対して定期的にペネトレーションテストを実施することによって，セキュリティソフトや機器の設定ミス，脆弱性の対応漏れなどを確認することができる。

答16 SSL/TLS ▶ P.208　SSL通信 ▶ P.209 ……………………………………………… **ウ**

TLS/SSLを用いてWebサーバ（以下，サーバ）の認証，および暗号化通信を行うときのおおまかな手順は，次のとおりである。

［1］ サーバはクライアントに対し，サーバのディジタル証明書を送信する。
［2］ クライアントは証明書の認証局（CA）の署名を「認証局の公開鍵」で復号し，証明書から得られるダイジェストと照合して，サーバの公開鍵の正当性を確認する。
［3］ クライアントは暗号化通信で用いる使い捨ての共通鍵（セッション鍵）を作成し，サーバの公開鍵で暗号化してサーバに送信する。
［4］ サーバは受け取った暗号化データをサーバの秘密鍵で復号し，共通鍵を得る。
［5］ 以降は，サーバとクライアントの間で共通鍵を用いた暗号化通信を行う。

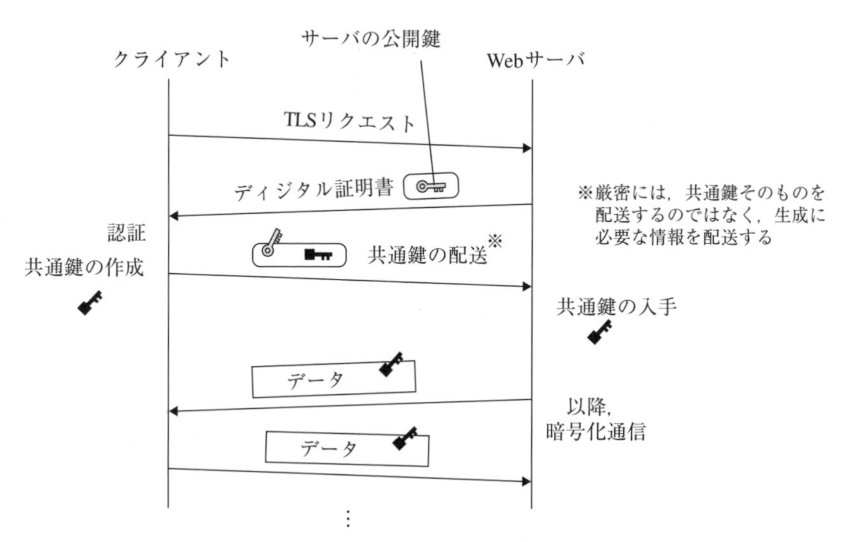

問17 ☑☐ ☐☐ 電子メールをスマートフォンで受信する際のメールサーバとスマートフォンとの間の通信をメール本文を含めて暗号化するプロトコルはどれか。 (R2F問15)

ア APOP　イ IMAPS
ウ POP3　エ SMTP Submission

問18 ☑☐ ☐☐ 企業のDMZ上で１台のDNSサーバを，インターネット公開用と，社内のPC，サーバからの名前解決の問合せに対応する社内用とで共用している。このDNSサーバが，DNSキャッシュポイズニングの被害を受けた結果，直接引き起こされ得る現象はどれか。 (H26F問13)

ア DNSサーバのハードディスク上に定義されているDNSサーバ名が書き換わり，外部からの参照者が，DNSサーバに接続できなくなる。
イ DNSサーバのメモリ上にワームが常駐し，DNS参照元に対して不正プログラムを送り込む。
ウ 社内の利用者が，インターネット上の特定のWebサーバを参照する場合に，本来とは異なるWebサーバに誘導される。
エ 社内の利用者間の電子メールについて，宛先メールアドレスが書き換えられ，送受信ができなくなる。

答17 SSL/TLS ▶ P.208　SMTP-AUTH ▶ P.210 ······ **イ**

IMAP（Internet Message Access Protocol），メールサーバにアクセスし，メールをサーバ上のメールボックスに置いたままの状態で閲覧や一部ダウンロードなどを行える受信用プロトコルである。このIMAPの通信を，SSL/TLSによって安全に行うようにしたものを，IMAPS（IMAP overSSL/TLS）という。

- APOP（Authenticated Post Office Protocol）：電子メールの受信（ダウンロード）用プロトコルであるPOPの拡張仕様。暗号化によってユーザ名やパスワードを盗聴から守ることができる
- POP3（Post Office Protocol ver.3）：メールボックスから電子メールを受信（ダウンロード）するためのプロトコル。標準で暗号化機能はもたない
- SMTP Submission：SMTP-AUTHによって送信時の利用者認証を行う際に用いるサブミッション用ポート（587番）を指す言葉

答18 DNSキャッシュポイズニング ▶ P.210 ······ **ウ**

DNSキャッシュポイズニングとは，攻撃者が悪意を持ってDNS問合せを行い，キャッシュサーバからコンテンツサーバへの再帰問合せ時に，正規のコンテンツサーバが応答するよりも早く攻撃者が偽の応答をキャッシュサーバに送り込み，キャッシュサーバを汚染する攻撃手法のことである。インターネット公開用と社内用で共用するDNSサーバをDMZ上に設置しておくと，そのDNSサーバのキャッシュがインターネット上の攻撃者からのDNSキャッシュポイズニングによって書き換えられてしまう。その結果，社内の利用者がWebサーバを参照した場合，本来とは異なるWebサーバに誘導されるという現象が起きる。

問19 ☑☐ ☐☐ PCからサーバに対し，IPv6を利用した通信を行う場合，ネットワーク層で暗号化を行うときに利用するものはどれか。 (R2F問12)

ア IPsec　イ PPP　ウ SSH　エ TLS

問20 ☑☐ ☐☐ Webアプリケーションにおけるセキュリティ上の脅威と対策の適切な組合せはどれか。 (H26F問14)

ア OSコマンドインジェクションを防ぐために，Webアプリケーションが発行するセッションIDを推測困難なものにする。

イ SQLインジェクションを防ぐために，Webアプリケーション内でデータベースへの問合せを作成する際にバインド機構を使用する。

ウ クロスサイトスクリプティングを防ぐために，外部から渡す入力データをWebサーバ内のファイル名として直接指定しない。

エ セッションハイジャックを防ぐために，Webアプリケーションからシェルを起動できないようにする。

答19 SSL/TLS ▶ P.208 IPsec ▶ P.212 ………… **ア**

IPv6は,

・アドレス長を128ビットに拡大
・IPsecを標準装備し，セキュリティ機能を強化
・ヘッダを簡略化し，ルーティング処理を高速化
・アドレス自動設定などプラグアンドプレイに対応

などの特徴を持っている。

IPv6で標準装備されたIPsecは，IP層（OSI基本参照モデルのネットワーク層に相当）での暗号化，認証，鍵交換などのセキュリティ技術からなるプロトコルであり，利用者の認証や暗号化通信が必要なインターネットVPNなどで利用されている。

- PPP（Point to Point Protocol）：ダイヤルアップ接続用のプロトコル。暗号化機能は含まれていない
- SSH（Secure Shell）：リモートログインで，暗号化通信を行うためのプロトコル。アプリケーション層で動作する
- TLS（Transport Layer Security）：インターネット上でメッセージの暗号化や認証などを実現するためのセキュリティプロトコル。トランスポート層とセション層の間で動作する

答20 SQLインジェクション ▶ P.212 クロスサイトスクリプティング ▶ P.213 セッションハイジャック ▶ P.214 ………… **イ**

SQLインジェクションは，アプリケーションが想定しないSQL文を実行させてデータベースを不正に操作するコンピュータ犯罪の手口である。防止策としてはバインド機構を利用するのがよい。バインド機構とは，実際の値が割り当てられていない記号文字（プレースホルダ）を使用してSQL文の雛形をあらかじめ用意し，後に実際の値（バインド値）をプレースホルダに割り当てるデータベースの機能である。バインド値はエスケープ処理がされるため，悪意の利用者によるSQL文の実行を防ぐことができる。

ア　OSコマンドインジェクションとは，コンピュータのOSを操作するための命令を外部から実行するコンピュータ犯罪である。防止策としては，シェルを起動できる言語機能を利用しないようにすることが挙げられる。

ウ　クロスサイトスクリプティングとは，Webアプリケーションにスクリプトを埋め込める脆弱性につけ込んで，他のサイトが不正なスクリプトを埋め込み，利用者のブラウザで不正なスクリプトを実行させる手口である。対策としては，スクリプト埋め込みの原因を作らないようにエスケープ処理を施すことなどが挙げられる。

エ　セッションハイジャックとは，ログイン中の利用者のセッションIDを不正に取得し，その利用者になりすましてシステムにアクセスする手口のことである。対策としては推測困難なセッションIDを使用することが挙げられる。

問21 ☑□ □□ クロスサイトスクリプティングの手口はどれか。

(H30S問12, H25F問15)

ア　Webアプリケーションのフォームの入力フィールドに，悪意のあるJavaScriptコードを含んだデータを入力する。

イ　インターネットなどのネットワークを通じてサーバに不正にアクセスしたり，データの改ざんや破壊を行ったりする。

ウ　大量のデータをWebアプリケーションに送ることによって，用意されたバッファ領域をあふれさせる。

エ　パス名を推定することによって，本来は認証された後にしかアクセスが許可されないページに直接ジャンプする。

問22 ☑□ □□ Webシステムにおいて，セッションの乗っ取りの機会を減らすために，利用者のログアウト時にWebサーバ又はWebブラウザにおいて行うべき処理はどれか。ここで，利用者は自分専用のPCにおいて，Webブラウザを利用しているものとする。

(R3S問15, H30S問15)

ア　WebサーバにおいてセッションIDを内蔵ストレージに格納する。

イ　WebサーバにおいてセッションIDを無効にする。

ウ　WebブラウザにおいてキャッシュしているWebページをクリアする。

エ　WebブラウザにおいてセッションIDを内蔵ストレージに格納する。

問23 ☑□ □□ WAFの説明はどれか。

(H31S問15, H29F問15)

ア　Webアプリケーションへの攻撃を監視し，阻止する。

イ　Webブラウザの通信内容を改ざんする攻撃をPC内で監視し，検出する。

ウ　サーバのOSへの不正なログインを監視する。

エ　ファイルのマルウェア感染を監視し，検出する。

答21 クロスサイトスクリプティング ▶ P.213 ……………………………… **ア**

クロスサイトスクリプティングとは，あるサイトで動的に生成されたWebページに，悪意のあるサイトがスクリプトを埋め込む手口である。Webサーバ上で動作しているアプリケーションに用意された入力フィールドに，入力データとして悪意のあるJavaScriptコードなどを埋め込むことによって，入力データの盗聴，クッキーの横取り，表示内容の改ざんなどが可能になる。クロスサイトスクリプティングの脆弱性は，Webサーバ上で実行されるCGIなどのアプリケーションの設計ミスに起因するものである。

答22 セッションハイジャック ▶ P.214 ……………………………… **イ**

Webアプリケーションは HTTP通信におけるセッションIDをもとにして通信が適正なものかを判断するため，攻撃者にセッションIDを推測または不正入手されると，正常な利用者のように振る舞う，セッションの乗っ取り（セッションハイジャック）が可能となる。このような乗っ取りの機会を減らすためには，「不正にセッションIDを入手・利用される」機会を減らせばよい。例えば，ログアウト時には，そこまでのセッションで用いていたセッションIDを無効にし，以降は使えないようにする。この措置によって，仮にログアウト前にセッションIDが不正入手されていても，ログアウト後は乗っ取りができなくなる。

このほか，セッション開始時の措置としては，「セッションIDは同一値や連番ではなく，推定しにくい値をその都度ランダムに設定する」などが挙げられる。

答23 WAF ▶ P.215 ……………………………… **ア**

WAF（Web Application Firewall）は，通常のファイアウォールではフィルタリングできない，Webアプリケーション特有の攻撃を監視・防御するアプリケーションファイアウォールである。Webアクセス（HTTP要求）の内容を検査する機能や，検出された攻撃を遮断する機能，ロギング機能などを備える。制御方式は，設定した許可条件に合致する通信のみを許可するホワイトリスト方式と，設定した拒否条件に該当する通信をブロックするブラックリスト方式に大別できる。

イ　WAFは個々のPC（ブラウザ）側で監視・検出を行うのではなく，DMZや社内LANと外部との領域境界に設置して，通過する通信をすべて監視・検出する。
ウ　不正アクセスのログによる監視の説明である。
エ　ウイルス対策ソフトの説明である。

問24 ☑☐ ☐☐　ディレクトリトラバーサル攻撃はどれか。

(H27S問15)

ア　OSの操作コマンドを利用するアプリケーションに対して，攻撃者が，OSのディレクトリ作成コマンドを渡して実行する。

イ　SQL文のリテラル部分の生成処理に問題があるアプリケーションに対して，攻撃者が，任意のSQL文を渡して実行する。

ウ　シングルサインオンを提供するディレクトリサービスに対して，攻撃者が，不正に入手した認証情報を用いてログインし，複数のアプリケーションを不正使用する。

エ　入力文字列からアクセスするファイル名を組み立てるアプリケーションに対して，攻撃者が，上位のディレクトリを意味する文字列を入力して，非公開のファイルにアクセスする。

答24 SQLインジェクション ▶ P.212　ディレクトリトラバーサル ▶ P.215 ………… **エ**

ディレクトリトラバーサル攻撃とは，ファイル名やディレクトリ名を入力パラメタとして指定するアプリケーションに対して，相対パスなどの想定されていない文字列を入力することによって，本来はアクセスできないはずのファイルにアクセスする攻撃である。

ディレクトリトラバーサル攻撃を避けるためには，入力パラメタでファイル名を直接指定する実装を避ける，ディレクトリ指定は固定化させてファイル名だけを入力させる，入力パラメタにディレクトリ名が含まれる場合はエラー処理や除去を行う，などが考えられる。

ア　OSコマンドインジェクションに関する記述である。
イ　SQLインジェクションに関する記述である。
ウ　認証情報の不正利用に関する記述であり，ディレクトリトラバーサル攻撃はLDAPのようなディレクトリサービスとは無関係である。

11 システム開発

知識編

11.1 システム開発技術

❏共通フレーム2013（SLCP-JCF2013） 問1 問2

開発・取引に関する標準的な枠組み（フレームワーク）を提供するガイドラインである。開発に関連して実施される主なプロセス（工程）を，次のように整理している。

▶開発に関連するプロセス群

❏ソフトウェア方式設計

ソフトウェア要件定義の内容を受けて次の作業を行う。

①ソフトウェアの最上位レベルの構造設計

ソフトウェア（サブシステム）がどのようなコンポーネントで構成されるかという骨組みを決定する。コンポーネントは，一般でいう“プログラム”と同様の単位であり，コーディングおよびコンパイルの単位となるソフトウェアユニット（モジュール）の集合である。

②コンポーネントの方式設計

ソフトウェア要件定義で洗い出された要件を各コンポーネントに割り当て，それをどのような仕組みで実現するかを明確にする。具体的には次のような作業を行う。

- コンポーネントの機能仕様決定
- コンポーネント間のインタフェース設計
- 入出力設計　(ユーザインタフェースなど)
- データ設計

③その他の作業

コンポーネントに関する設計作業に加え，利用者文書（暫定版）の作成や，ソフトウェア結合のためのテスト要求事項の定義などを行う。作業成果に対しては，評価と共同レビューを実施する。

❑外部設計

ユーザの立場から見たシステム設計を行う。「コンピュータへの実装を意識しない設計」と考えてもよい。具体的な作業としては次のようなものが挙げられる。この段階で，試作品を評価するプロトタイピングの手法をとり入れることも多い。

①サブシステム分割

システムに必要な機能を洗い出し，関連性の強いものをまとめてサブシステムとして定義する（第1段階の詳細化)。

②論理データ設計

システムとして記録するデータを洗い出し，その属性を決定する。また，関連性の強い項目をファイルにまとめ，ファイル仕様書を作成する。

③入出力設計

システムに必要な画面および報告書について，表示する項目やレイアウト，遷移に関して設計する。

④コード設計

データを識別するためのコードを設計する。

❑内部設計

システム開発者の立場から設計を行う。「コンピュータへの実装を意識した設計」と考えてもよい。具体的な作業としては次のようなものが挙げられる。

①プログラム分割

サブシステムが実現する機能をプログラム（連係編集した結果のロードモジュールと考えればよい）に分割し，詳細化を行う。

②物理データ設計

外部設計で行った論理データ設計の仕様を受けて，具体的なファイル編成やレコード様式などの設計を行う。

③入出力詳細設計

外部設計で行った画面および報告書の設計を受けて，それらの詳細な設計を行う。例えば，入力画面の詳細設計では，入力データの性質を考慮してより簡便でミスの少ない入力方法を検討する。

❏DFD（Data Flow Diagram） 問3

データの流れに着目した図式化技法である。データの変換が生じる場合，必ず何らかのプロセスが介在する。そこに注目して，データの流れから「システムにどのような機能が必要か」を洗い出す。四つの基本要素で構成され，これらの構成要素を組み合わせてシステムをモデル（図式）化する。

記　号	呼び方	意　味
→	データフロー	データの流れ
○	プロセス	データに対する処理機能
＝	データストア	同じ種類のデータを蓄積した論理ファイル
□	源泉／吸収	データの発生源，吸収先，外部システムなど

▶DFDの構成要素

❏論理モデルと物理モデル

構造化分析では，DFD，データディクショナリ，ミニスペックを用いて，システムのモデル化を行う。DFDを用いたモデリングは，物理モデルと論理モデルの二段階に分けて進めるとよい。作業順序は，次のようになる。

① 現物理DFDの作成

現行業務の調査・分析を行い，「データストアXXは紙媒体で保管」など，具体的な情報（物理的な属性）を含んだレベルでDFDを作成する。

② 現論理DFDの作成

現物理DFDから物理的属性を取り除き，本質的な情報だけを残したDFDを作成する。

③ 新論理DFDの作成

現論理DFDに対して，将来予想される変更やユーザ要求を盛り込み，新しい「あるべきDFD」を作成する。

④ 新物理DFDの作成

新論理DFDに対し，マンマシンインタフェースも考慮しながら，システムの稼働条件などの物理的な属性を追加し，より具体的な機能仕様を表すDFDを作成する。ここでは，どの範囲をシステム化の対象とし，どの範囲を手作業にするのかなどのシステム化領域の境界が明確になる。

❏モジュールの独立性 問4 問5

構造化設計における評価基準である「モジュールの独立性」は，「他のモジュールに極力影響を与えない（または影響を受けない）」という性質である。モジュールの独立性を評価する尺度として，**モジュール強度**と**モジュール結合度**がある。モジュール強度は，一つのモジュール内のまとまりのよさ（モジュール内の構成要素間の関連性の強さ）を示す尺度である。モジュール強度の強いモジュールほど，独立性が高いことになる。

▶モジュール強度の分類

強度	種類	定義	補足
強	機能的強度	一つの固有の機能だけを実行するために，モジュールを構成するすべての要素が関連し合っている状態	一つの機能を実現するために構成要素が一致団結
↑	情報的強度	同一のデータ構造を扱う複数の機能的強度のモジュールを，それぞれに入口点と出口点を設けて，一つにパッケージ化したもの（操作対象となるデータに関連する情報を，特定モジュールに限定できるため，独立性が高められる）	データと手続きを一体化させるカプセル化など
	連絡的強度	（手順的強度＋データを通じてのかかわり合い）一連の手順に従って逐次的に実行されること，及びデータの受渡しや同一データの参照を行うことで，モジュールを構成する要素が関連し合っている状態	
	手順的強度	一連の手順に従って，逐次的に実行することで，モジュールを構成する要素が関連し合っている状態	
	時間的強度	ある特定の時期に実行されるという観点で，モジュールを構成する要素が関連し合っている状態	初期設定モジュール，終了処理モジュールなど
↓	論理的強度	論理的に関連するいくつかの機能で構成され，ある種の機能コードによって，そのうちの一つが選択され実行されるもの	
弱	暗合的強度	機能を定義することができない（何を行うモジュールであるかがあいまいである），構成要素間に特定の関係がない（お互い無関係に近い）状態	無関係な機能を，無秩序に寄せ集めたモジュール

（機能的強度・情報的強度：構造化設計で目標とするモジュール強度）

❏ データ中心アプローチ（DOA）

企業の業務活動は環境の変化に合わせて刻々と変化しているが，情報システムで取り扱われているデータは企業の経営内容が変わらない限りほとんど変化しない。データ中心アプローチは，この安定したデータ基盤を共有資源として先に設計し，そのデータに基づいてシステムまたはソフトウェアを設計するという方法論である。データ中心アプローチでは，変更に対する安定性が高く，標準プロセスを用いた効率的な開発が期待できる。

❏ エンティティ機能関連マトリックス

エンティティのインスタンスが発生してから消滅するまでの期間を**エンティティライフサイクル**という。インスタンスの発生や更新，消滅には，そのエンティティを利用する機能（プロセス）が必要であり，これを整理することによって，エンティティのライフサイクルに携わるプロセスを一元化することが可能となる。

レンタルビデオショップを例にして，エンティティと機能の関連を表したエンティティ機能関連マトリックスを次に示す。エンティティ機能関連マトリックスでは，エンティティに発生するイベントを「生成（Create）」「参照（Retrieve）」「更新（Update）」「削除（Delete）」の四つに分類し，それぞれ「C」「R」「U」「D」の各記号を記入する。それぞれのエンティティにおけるインスタンスが，どの機能で生成（または参照，更新，削除）されるのか，また，ある機能がどのエンティティを必要とするのかが分かる。

▶**エンティティ機能関連マトリックス**

機能（プロセス）＼エンティティ	会員	ビデオ	レンタル履歴	レンタル明細
新規会員を登録する	C			
会員登録を更新する	U			
会員登録を抹消する	D			
新規購入したビデオを登録する		C		
ビデオの料金情報などを変更する		U		
レンタル廃止のビデオを抹消する		D		
ビデオの貸出情報を記録する	R	R	C	C
ビデオの返却情報を記録する	R	R	U	U
返却遅れの会員に督促状を送付する	R	R	R	R
条件を満たした会員に割引券を送付する	R		R	R

❏オブジェクト指向

手続きとデータを別々に扱うのではなく，それらを一体化したオブジェクトとしてとらえて分析・設計を行う方法論である。データ中心アプローチをさらに推し進めたものと考えることもできる。オブジェクト指向では，現実世界からオブジェクトを抽出する作業が重要となる。UMLの**クラス図**や**ユースケース図**などを用いて，業務（現実世界）からオブジェクトを洗い出し，関係を整理することが多い。

❏カプセル化

オブジェクト固有のデータと，そのデータに対する手続き（メソッド）を一体化して定義することである。カプセル化されたデータに対しては，オブジェクトが公開している手続きを介してのみアクセスすることができる。これを，**情報隠ぺい**という。カプセル化によって，データやメソッドなどの内部構造を変更しても，他のオブジェクトやユーザにその影響が及びにくくなり，独立性が向上する。また，オブジェクトの再利用が可能になる。

❏UML（Unified Modeling Language） 問6 問7 問8

オブジェクト指向分析・設計の際に用いられる，OMG（オブジェクト指向技術の標準化団体）標準として正式に承認されているモデリング言語である。オブジェクト指向開発における，要求分析・システム分析・設計・実装・テストのすべての工程を網羅しており，単純で分かりやすい表記法によって，統一してソフトウェア開発を行うことができる。従来の方法論に比べて厳密で正確なモデルの記述ができるので，モデルの内容を正確に伝達できる。このような特徴から，ソフトウェア開発に携わる関係者間の共通のコミュニケーション手段として幅広く利用されている。

❏ユースケース図 問6 問7 第3部1問8

システムがどのように機能するかを表す図である。ユースケース図の構成要素には，システムの機能である**ユースケース**，システムの外部に存在してユースケースを起動しシステムから情報を受け取る**アクター**，システム内部とシステム外部の境界を示す**システム境界**などがある。

ユースケースは，システムの機能要求を詳細には表現していないため，ユースケースの単位ごとに，機能詳細を文章で記述することが多い。また，ユースケースを記述する際には，必要に応じて例外処理を記述する場合もある。さらに，具体的な例を記述したシナリオを作成することもある。

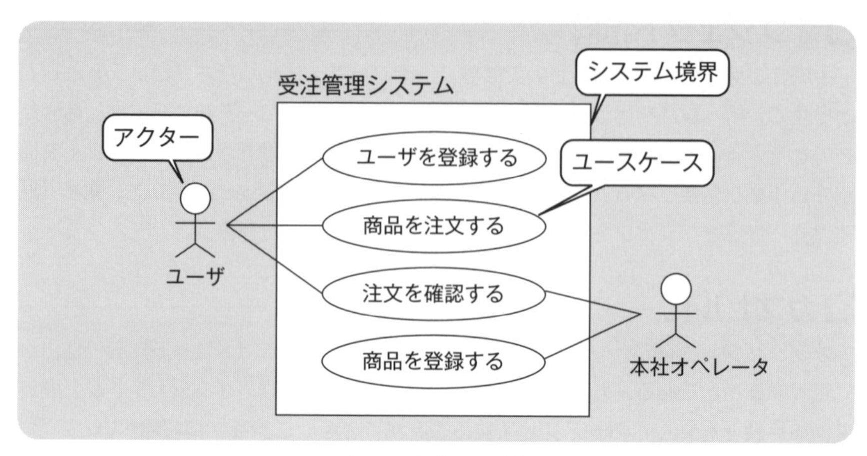

▶ユースケース図

❑ クラス図 ──── 第1部8問1 問6 問7 問8 第3部1問8

概念データモデルやユースケース図，シナリオなどからクラスを洗い出してクラスに必要な属性などを定義し，同時にクラス間に存在する**関連**も洗い出す。クラス図は，関連があるクラス間を線で結んで表現した図である。関連の表記においては，**多重度**を記述する。また，クラス間の**集約**関係や**汎化**関係も定義する。

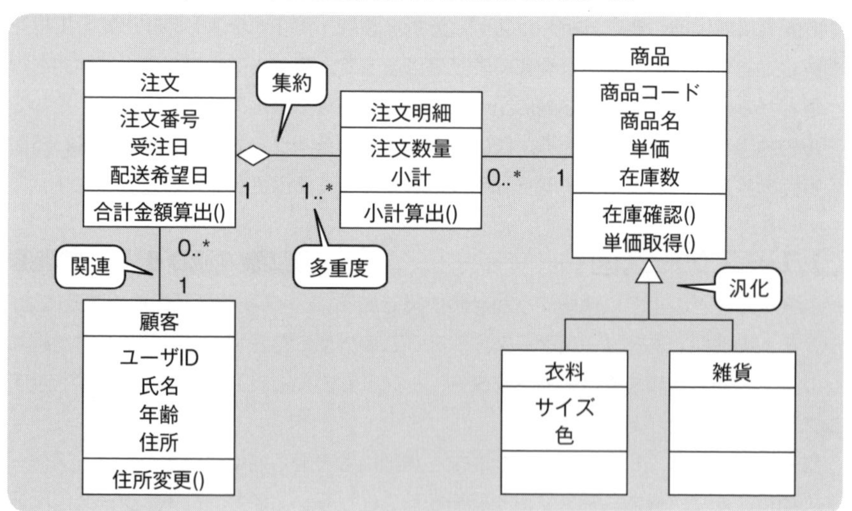

▶クラス図

❏シーケンス図

オブジェクト間で発生する**メッセージ**のやりとりを時系列に並べた図である。**オブジェクト**の振る舞いを明らかにできるので，クラスに必要な操作が明確になる。サービスを要求するオブジェクトからサービスを提供するオブジェクトに向けて矢線を引く。**ライフライン**がオブジェクトの生存期間を表し，**実行オカレンス**はそのオブジェクトに制御が移っていることを表す。実行オカレンスが終了した時点で，メッセージがリターンすることになるが，このリターンを示す矢線は省略されることが多い。オブジェクトが，自身に定義されたメソッドを呼び出す動作を再帰という。実行オカレンスは，UML1.5までは活性区間と呼ばれていた。

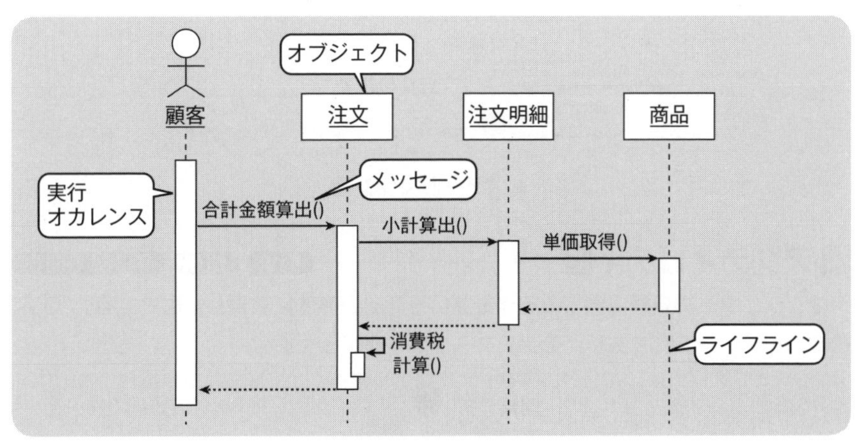

▶シーケンス図

❏ステートマシン図

オブジェクトの状態が外部からの刺激（イベント）に対してどのように変化するかを表した図で，“UMLの状態遷移図”といえる。時間の経過とともにさまざまに変化するオブジェクトの状態の遷移を視覚的に表現することができる。すべてのオブジェクトについて記述する必要はなく，複雑な状態遷移をたどるオブジェクトについてのみ作成してもよい。UML1.5までは，**ステートチャート図**と呼ばれていた。

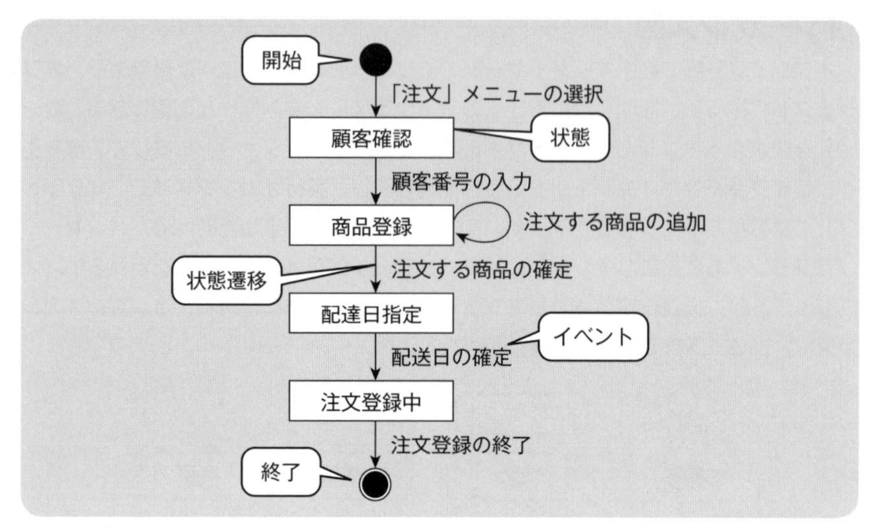

▶ステートマシン図

❏アクティビティ図 ―――― 問7 問8 第3部①問8

オブジェクトの処理内容である作業プロセスを視覚的に表現した図である。“UMLのフローチャート”であり，エンドユーザにも理解しやすい。

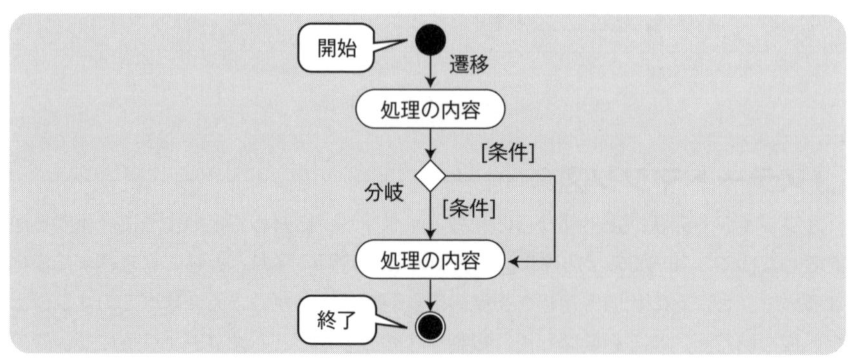

▶アクティビティ図

❏デザインレビュー

設計工程において成果物として作成される仕様書を確認し，次工程に進んでよいレベルかどうかを評価するレビュー技法である。ソフトウェアの設計仕様をレビューして，誤りを早期に発見し，ソフトウェアの修正によるコストの増大を防ぐことを目的としている。デザインレビューにあたっては，レビュー体制，レビュー標準，レビュー管理を明らかにすることが必要である。また，レビュー対象ごとに客観的な評価基準やレビューポイントを設定し，チェックリストによる確認などを行うことが重要である。

❏ウォークスルー 問11

関係者が一堂に集まって成果物について机上で検討し，成果物に潜む誤りや欠陥を発見するレビュー技法である。次のような特徴が挙げられる。

- 問題の発見を目的として，その場で解決を行わない。
- 大きな問題の発見に専念し，小さな問題（誤字など）は対象から除外する。
- 短時間（一般的には2時間以内）で終了させる。
- ウォークスルー中に個人を攻撃しない。
- ウォークスルーをメンバの評価に利用しない（管理職は参加すべきでない）。

❏インスペクション 問11

ウォークスルーよりも厳格な運営基準を設けたレビュー技法である。設計工程からコーディングまでの幅広い工程に対応することができる。次のような特徴が挙げられる。

- **モデレータ**（調停者・司会者）が存在し，責任あるレビューを実施することによって効果的な検証作業を遂行する。
- レビュー対象の範囲やレビューの目的を限定し，資料のより迅速な評価を目的とする。
- レビュー作業を参加者メンバに分担して割り振り，レビュー効率の向上を図る。

❏構造化プログラミング

ダイクストラ（E.W.Dijkstra）によって提案された，プログラミングの指針である。構造化プログラミングでは，順次，選択，繰返しという三つの基本制御構造のみを用いてプログラムを記述する。順次は「文の並び」，選択は「条件による分岐」，繰返しは「条件による処理の繰返し」のことである。繰返しは，繰返し構造内部の処理を実行する前に条件判断（判定）を行う前判定繰返しと，処理の実行後に条件判断を行う後判定繰返しに分けることができる。

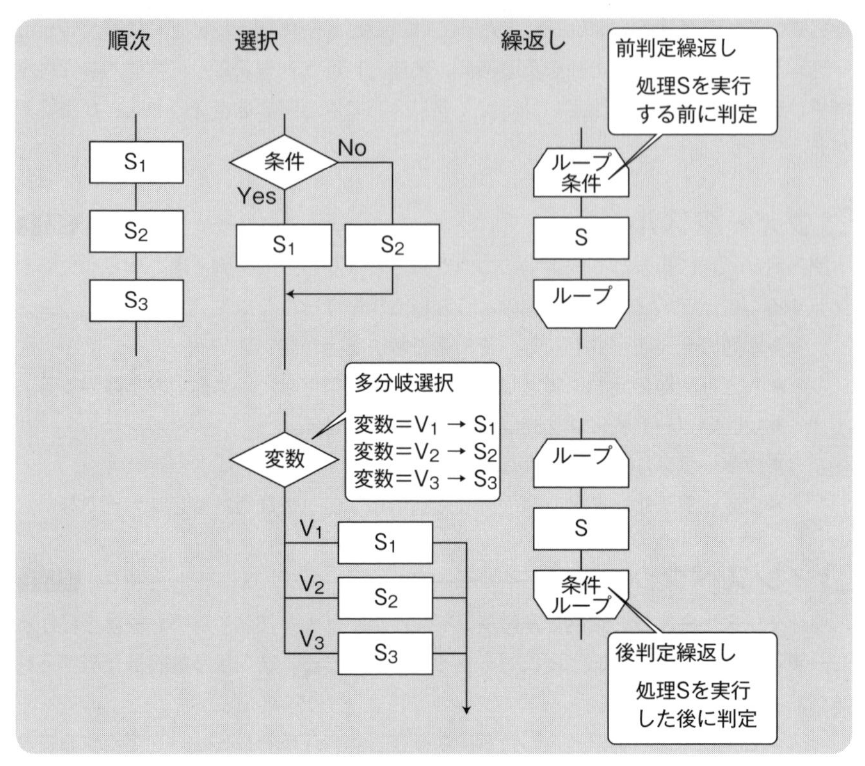

▶**基本制御構造**

❏ホワイトボックステスト　問12

　プログラム内部の制御構造（プログラムロジック）に基づいてテストケースを設計する技法であり，制御（論理）網羅法ともいう。ホワイトボックステストにおけるテストケースの設計には，次の五つがある。

- **命令網羅**…「プログラム中のすべての命令が，少なくとも１回は実行される」ようにテストケースを設計する技法
- **判定条件網羅（分岐網羅）**…「プログラムの各判定条件について，真と偽が少なくとも１回は判定される（すべての経路を少なくとも１回は通過する）」ようにテストケースを設計する技法
- **条件網羅**…「判定条件中のすべての条件が，真と偽を少なくとも１回はとる」ようにテストケースを設計する技法

- **判定条件／条件網羅**…判定条件網羅と条件網羅の両方を満たすようにテストケースを設定する技法
- **複数条件網羅**…「条件がとり得るすべての組合せを網羅する」ようにテストケースを設計する技法

❑ブラックボックステスト 問12

プログラムの機能仕様（外部仕様）をもとに，入力と出力に関するテストケースを設計する技法である。ソフトウェアをブラックボックスとみなして，「どのような入力を与えたらどのような結果が得られるのか」に着目したテスト技法である。ブラックボックステストにおけるテストケースの設計には，次の二つがある。

- **同値分割**…入力条件の仕様をもとに，入力領域を正常処理となる「有効同値クラス」と，異常処理となる「無効同値クラス」に分割し，各同値クラスの代表値をテストケースとして用意する手法
- **限界値分析**…同値分割で設計した同値クラスの境界付近の値をテストケースとして採用する手法

❑デバッギングツール

実際にプログラムを実行して，プログラムの欠陥の発見や修正を行うツールの総称である。言語プロセッサの機能として組み込まれることも多く，変数やレジスタに格納された内容の表示などを行う。

❑アサーションチェック

実際にプログラムを実行してテストをする動的テスト手法である。プログラムの前提として真となる命題をプログラム中に設定し，プログラムの前提条件が保たれているかを確認する。

❑トレーサ

プログラムの実行過程を時系列にモニタリングする動的テストの支援ツールである。プログラムの実行順に，命令の内容やその実行結果を順次出力する。エラーの原因が特定できないときなどに有効なツールである。

❏ダンプ解析ツール

メモリやファイル内部の情報を表示・解析し，欠陥の発見や修正を支援する動的テストの支援ツールである。メモリ情報（レジスタ類も含む）を出力するものを，メモリダンプともいう。プログラムにチェックポイントを設けて，プログラムがチェックポイントを実行する際にダンプを行う手法をスナップショットという。

❏カバレッジモニタ

実行したテストの網羅性（カバレッジ）を計測する動的テストの支援ツールである。テストの実行されていない経路や命令を知ることができ，テストの進捗状況なども測ることができる。

❏ドライバ

モジュール階層の最下位モジュールから順に結合を進めていくテスト技法を**ボトムアップテスト**という。ボトムアップテストにおいて，下位モジュールを結合するための“仮の上位モジュール”をドライバという。ドライバは，実際にテスト対象モジュールに引数を渡して呼び出し，戻り値を受け取る。

❏スタブ

モジュール階層の最上位のモジュールからテストを始め，順に下位のモジュールを結合しながらテストを進める技法を**トップダウンテスト**という。トップダウンテストにおいて，上位モジュールをテストするための“仮の下位モジュール”をスタブという。スタブは本来の下位モジュールと同様のインタフェースを備え，上位からの呼出し条件に応じて適切な値を返す。

11.2 ソフトウェア開発管理技術

❏スパイラルモデル

ベームによって提唱されたソフトウェア開発モデルで，次の四つの基本的な工程を開発サイクルとして繰り返す。

- 目的，代替案，制約の決定
- 代替案の評価，リスクの識別と解消
- 開発と検証

●次サイクルの計画

各開発サイクルの開始時には必ずリスク分析・評価を行うなど，リスク管理に主眼を置いている点が特徴である。また，プロトタイピングが適用されることも多い。

❏ RAD（Rapid Application Development）

「迅速なアプリケーション開発」という意味で，開発支援ツールを活用し，従来よりも少人数で早期に行うソフトウェア開発モデルである。プロトタイプモデルとスパイラルモデルを合わせたアプローチを行うことが多い。この場合，ユーザ満足を得るまでプロトタイプの作成を繰り返していると，完成時期が不明確になってしまうという欠点がある。そこで，無制限にサイクルを繰り返さないようにタイムボックスと呼ばれる期限を設け，期限内に仕様が確定しない要求については開発しない，といった方法をとることもある。

❏ アジャイル ― 問14 問15 問16 問17

RADが「迅速性」を最重視しているのに対し，アジャイルでは「状況に応じ，その時点で最適な成果をユーザに提供する」ことを重視した，スピードを意識したソフトウェア開発モデルである。アジャイルには，次のような特徴がある。

●スパイラルモデルのような開発サイクルの反復を基本とする。

●最終段階までの詳細な計画は立てず，１サイクル分だけの簡単な計画を立てて開始する。

●開発サイクルごとに，その時点での成果物をユーザに提供する。

❏ XP（eXtreme Programming，エクストリームプログラミング），テスト駆動開発，ペアプログラミング，リファクタリング ― 問11 問17

XPは，ソフトウェアを迅速に開発するアジャイル開発の考え方の一つである。XPでは，設計の厳格さよりも柔軟性やスピードを重視し，コーディング・テスト・再設計を繰り返すように開発を進めていくアプローチがとられる。

XPでは，開発プラクティスで実践することが提唱されているものとして，次のようなものがある。

- テスト駆動開発：プログラムを書く（実装する，コード作成する）前にテストケースを作成し，そのテストをパスするよう実装を行う
- ペアプログラミング：２人１組となり，一方がドライバとしてコードを書き，

もう一方がナビゲータとなりそれをチェックする。この役割を交代しながら作業を進める
- リファクタリング：完成済みのコードの性能や保守性などの向上を目的として，プログラムの外部から見た動作は変えずにソースコードの内部構造を整理・改善する
- 継続的インテグレーション：コードが完成するたびに結合テストを実施し，問題点や改善点を探す

❏ラウンドトリップ

オブジェクト指向開発において，分析，設計，プログラミングを行き来しながら，試行錯誤でシステムを完成させていくソフトウェア開発モデルである。ラウンドトリップを大規模開発に適用すると，いつまでも開発作業が収束せずに失敗することがある。

❏クリーンルームモデル

開発の初期段階から品質に重点を置き，レビューと検証を十分に行うことによって品質保証を重視するソフトウェア開発モデルである。システムを段階的に拡充しながら開発し，完成した順にチームによる品質のレビューと検証を行う。このようにして，欠陥を検出・修正することで，システムの品質を保証する。クリーンルームモデルの特徴として，トップダウン方式で開発を進められること，単体テストの工程がないことなどが挙げられる。

❏SLCP（Software Life Cycle Process）

システムの開発や取引において，ソフトウェアが構想されてから廃棄されるまでの一連の流れで，企画，開発，運用，保守のプロセスによって構成される。共通フレームは，ソフトウェアライフサイクルプロセスにおける作業内容を可視化し，購入者と供給者に共通の尺度を提供して取引を円滑にする標準的な枠組みである。共通フレームにおける作業単位は，三つの概念によって階層化されている。

- プロセス…入力を出力に変換するもので最上位の作業単位
- アクティビティ…プロセスの構成要素
- タスク…アクティビティを構成する個々の作業

❑ CMMI（能力成熟度モデル統合） 問18

開発部門が自らの開発能力を客観的に評価・把握する際に用いる枠組みの一つである。ソフトウェア開発能力を評価するためのモデルである**CMM**を，多くのCMM事例を反映させる形で拡張・統合したものである。CMMが基本的にソフトウェアを評価対象とした開発モデルであるのに対し，CMMIはハードウェアを含む製品やサービスまでに評価対象範囲を広げている。CMMIでは，組織における開発プロセスの成熟度を５段階に分けて定義しており，レベル１が最も低く，レベル５が最も高い。

❑ 再利用

規模が拡大化・複雑化しているソフトウェアの修正や拡張に対応するためには，できる限りソフトウェアを標準化し，再利用できるようにしておくことが重要である。ソフトウェアには，次のような再利用方法がある。

- 移植…既存のソフトウェアを別の環境で動作するように改変する
- 改造…既存のソフトウェアを流用し，差分だけを設計・実装する形で改造する
- 部品化…各種機能を備えた部品を蓄積しておき，新たなソフトウェアを開発する際に利用する

❑ 部品化

特定の機能を実現する処理（命令）の集まりを部品といい，モジュールやプログラム，ミドルウェアなどが該当する。ソフトウェアが部品化されていれば，再利用が容易になり，生産性の向上，品質や信頼性の向上，開発工数の削減などが期待できる。部品が標準に準拠していることが最も重要で，コーディング規則や他プログラムとのインタフェース，異常処理の扱い方などが標準化されている必要がある。

❑ 形式手法

前提条件やプログラムの実行結果などを厳密に記述することによって，仕様およびモデルの品質（正確性）を高める開発手法である。カードによる決済システムやリアルタイム性の高い制御システムなどでは，仕様を決定する段階での小さな条件の見逃しが致命的な損害を引き起こしかねない。それを避けるため，仕様やモデルの記述段階で徹底的にルール化された記述を行い，作成されるソフトウェアの正しさを保証しようという考え方である。形式手法に用いられる記述言語を形式仕様記述言語といい，代表的なものには，VDM-SL（Vienna Development Method - SpecificationLanguage）

やVDM++などがある。

❑マッシュアップ

「複数のコンテンツ（サービス）を取り込み，組み合わせて利用する」手法の総称である。Webサービスで広く活用されており，検索サイトや地図情報サイトを運営する事業者には，マッシュアップ用のAPIを作成・公開しているところも多い。

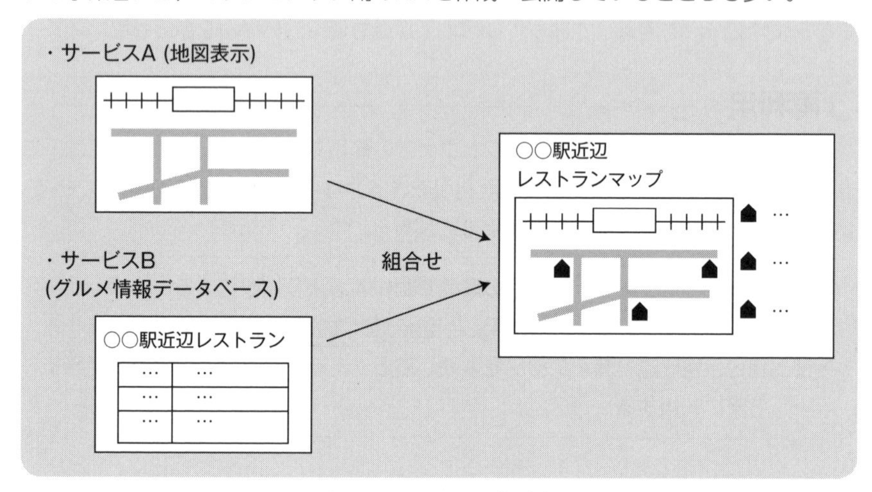

▶マッシュアップの例

❑CASE（Computer Aided Software Engineering）

ソフトウェア開発工程をコンピュータによって支援するという考え方である。CASEのために統合化されたツール群のことをCASEツールという。CASEツールは，システムライフサイクル全般を支援する統合型CASEツールと，ある工程だけを支援する部分型CASEツール，要求分析工程から設計工程などを中心に支援する上流CASEツールと，製造工程からテスト工程，あるいは運用・保守工程を中心に支援する下流CASEツールに分類される。

❑リポジトリ

開発工程におけるさまざまな情報（ソフトウェアの仕様，機能など）を管理するデータベースである。リポジトリは，各工程での成果物をその特性に応じて一元的に管理し，必要に応じて次工程に引き継ぐインタフェースの役割を持つ。

❏リエンジニアリング

既存のソフトウェアの保守・拡張・移植を含め，新しい形式でソフトウェアを再構成するための検査と修正のプロセスおよびその支援技術のことである。リエンジニアリングは，**リバースエンジニアリング**による再利用と**フォワードエンジニアリング**による再構築の循環プロセスとみなすことができる。このため，「リエンジニアリング＝リバースエンジニアリング＋フォワードエンジニアリング」などと表記されることが多い。リエンジニアリングによって，ソフトウェアの再利用が期待できる。

11.3 システム運用

❏バックアップ

ディスククラッシュなどの記憶装置（媒体）障害が発生したときに，速やかにデータを回復するためのデータのコピーである。バックアップには次のようなものがある。

- **フルバックアップ**…すべてのファイルをバックアップする
- **差分バックアップ**…前回のフルバックアップ時から変更された部分のみをバックアップする
- **増分バックアップ**…（フルバックアップか否かを問わず）前回のバックアップ時から変更されたデータをバックアップする

問題編

問1 ☑□ □□ 共通フレームをプロジェクトに適用する場合の考え方のうち，適切なものはどれか。 (H27F問17)

ア　JIS規格に基づいているので，個々のプロジェクトの都合でアクティビティやタスクを変えずに，そのまま適用する。

イ　共通フレームで規定しているプロセスの実施順序に合わせて，作業手順を決めて適用する。

ウ　共通フレームで推奨している開発モデル，技法やツールを取捨選択して適用する。

エ　プロジェクトの特性や開発モデルに合わせて，アクティビティやタスクを取捨選択して適用する。

問2 ☑□ □□ ソフトウェアライフサイクルプロセスにおいてソフトウェア実装プロセスを構成するプロセスのうち，次のタスクを実施するものはどれか。 (H30S問16)

〔タスク〕

・ソフトウェア品目の外部インタフェース，及びソフトウェアコンポーネント間のインタフェースについて最上位レベルの設計を行う。
・データベースについて最上位レベルの設計を行う。
・ソフトウェア結合のために暫定的なテスト要求事項及びスケジュールを定義する。

ア　ソフトウェア結合プロセス　　イ　ソフトウェア構築プロセス
ウ　ソフトウェア詳細設計プロセス　　エ　ソフトウェア方式設計プロセス

答1 共通フレーム2013 ▶ P.236 …… **エ**

共通フレームとは，ソフトウェアを中心としたシステムの企画，要件定義，開発，運用，保守といったライフサイクルにおいて，必要な作業や用いられる用語などを定めたガイドラインであり，ライフサイクルプロセス，アクティビティ，タスクといった順に詳細化されている。共通フレームは開発モデルや技法，プログラム言語などに依存しない。また，アクティビティやタスクなどもシステムの特性などに応じて取捨選択したり，変更することが可能である。これを修整（テーラリング）という。

ア，イ　アクティビティやタスク，プロセスの実施順序などはシステムの特性などに応じて変更して構わない。
ウ　共通フレームは開発モデルや技法，ツールなどに依存せず推奨もしていない。

答2 共通フレーム2013 ▶ P.236 …… **エ**

JIS X 0160は“ソフトウェアライフサイクルプロセス（SLCP）”に関する規格であり，その内容は共通フレームのベースとなっている。JIS X 0160:2012ではソフトウェア固有のプロセスとして“ソフトウェア実装”や“ソフトウェア支援”を定めている。

“ソフトウェア実装”プロセスは，仕様で指定された要素（品目）を作成するためのプロセスであり，次のようなサブプロセスに分割される。

- ソフトウェア要求事項分析プロセス…ソフトウェアに対する要求事項を確立する
- ソフトウェア方式設計プロセス…要求事項を実装するための品目の上位レベルの設計を行う
- ソフトウェア詳細設計プロセス…コーディング・テスト可能なレベルにまでユニット単位の設計を行う
- ソフトウェア構築プロセス…設計を反映したユニットを構築（コーディング）する
- ソフトウェア結合プロセス…ユニットを組み合わせる
- ソフトウェア適格性確認テストプロセス…結合されたソフトウェアが要求事項を満たすことを確認する

問題で提示されている内容は，ソフトウェア品目の上位レベルでの設計に関するものなので，“ソフトウェア方式設計プロセス”に該当する。

問3 ☑☐☐☐ DFDにおけるデータストアの性質として，適切なものはどれか。

(H27F問16)

ア　最終的には，開発されたシステムの物理ファイルとなる。

イ　データストア自体が，データを作成したり変更したりすることがある。

ウ　データストアに入ったデータが出て行くときは，データフロー以外のものを通ることがある。

エ　他のデータストアと直接にデータフローで結ばれることはなく，処理が介在する。

問4 ☑☐☐☐ モジュール設計に関する記述のうち，モジュール強度（結束性）が最も強いものはどれか。

(H29F問16)

ア　ある木構造データを扱う機能をこのデータとともに一つにまとめ，木構造データをモジュールの外から見えないようにした。

イ　複数の機能のそれぞれに必要な初期設定の操作が，ある時点で一括して実行できるので，一つのモジュールにまとめた。

ウ　二つの機能A，Bのコードは重複する部分が多いので，A，Bを一つのモジュールにまとめ，A，Bの機能を使い分けるための引数を設けた。

エ　二つの機能A，Bは必ずA，Bの順番に実行され，しかもAで計算した結果をBで使うことがあるので，一つのモジュールにまとめた。

問5 ☑☐☐☐ モジュールの結合度が最も低い，データの受渡し方法はどれか。

(H28S問17)

ア　単一のデータ項目を大域的データで受け渡す。

イ　単一のデータ項目を引数で受け渡す。

ウ　データ構造を大域的データで受け渡す。

エ　データ構造を引数で受け渡す。

答3　DFD ▶ P.238 ……………………………………………… **エ**

DFDにおいては，データストアやターミネータ（源泉／吸収）が，プロセス（処理）を介さずに直接データフローで結ばれることはない。これは，単純にデータを受け渡すだけでも，そこには必ずプロセスが介在するためである。

ア　データストアは，同じ種類のデータを蓄積したものであり，データストアが最終的にシステムの物理ファイルになるとは限らない。設計によってはメモリ上に一時確保するブロックとなることもあるし，関係データベースの表となることもある。

イ　データストア自身にデータの作成や変更といった処理を行わせてはならない。そのような処理は，必ずプロセスとして表現する。
ウ　データの流れは，必ずデータフローとして表現する。

答4　モジュールの独立性 ▶ P.239 ……………………………………………… **ア**

モジュール強度とは，モジュールを構成する機能がどの程度強く関連しているかを表す尺度である。実行する機能が少ないモジュールほど，モジュール強度が強くなる。モジュール強度が強いモジュールほど，モジュールの独立性は高くなり，モジュール強度が低い場合はモジュールの分割を検討する必要がある。

モジュール強度は強い順に，機能的強度，情報的強度，連絡的強度，手順的強度，時間的強度，論理的強度，暗合的強度に分けられる。

ア　情報的強度に該当する。
イ　時間的強度に該当する。
ウ　論理的強度に該当する。
エ　連絡的強度に該当する。

したがって，情報的強度に該当する“ア”のモジュール強度が最も高い。

答5　モジュールの独立性 ▶ P.239 ……………………………………………… **イ**

モジュール結合度は次のように分類できる。結合度が弱いほどモジュールの独立性が高くなり，プログラムの一部を変更しても，残りの部分への影響が少なくなる。

結合度	独立性	種類	定義
弱	高	データ結合	構造を持たない引数でデータを受け渡す
↑	↑	スタンプ結合	構造を持つ引数でデータを受け渡す
		制御結合	制御引数を用いて他のモジュールの実行を制御する
		外部結合	構造を持たない外部データを共有する
↓	↓	共通結合	構造を持つ外部データを共有する
強	低	内容結合	他のモジュールの内容を直接参照する

“イ”はデータ結合に該当するので，最も結合度が弱く，独立性が高いといえる。

ア　外部結合に関する記述である。
ウ　共通結合に関する記述である。
エ　スタンプ結合に関する記述である。

問6 ☑☐ ☐☐ 表は，ビジネスプロセスをUMLで記述する際に使用される図法とその用途を示している。表中のbに相当する図法はどれか。ここで，ア～エは，a～dのいずれかに該当する。（H28S問25）

図法	記述用途
a	モデル要素の型，内部構造，他のモデル要素との関連を記述する。
b	システムが提供する機能単位と利用者との関連を記述する。
c	イベントの反応としてオブジェクトの状態遷移を記述する。
d	オブジェクト間のメッセージの交信と相互作用を記述する。

ア　クラス図　　　　　　イ　コラボレーション図
ウ　ステートチャート図　エ　ユースケース図

問7 ☑☐ ☐☐ 業務要件定義において，業務フローを記述する際に，処理の分岐や並行処理，処理の同期などを表現できる図はどれか。（H29S問25，H25S問25）

ア　アクティビティ図　イ　クラス図
ウ　状態遷移図　　　　エ　ユースケース図

答6 UML ▶ P.241　ユースケース図 ▶ P.241　クラス図 ▶ P.242 ……………… **エ**

ユースケース図は，システム外部（利用者），すなわちアクターの視点からみて，どのような機能単位を利用するかという振舞いを表現する。

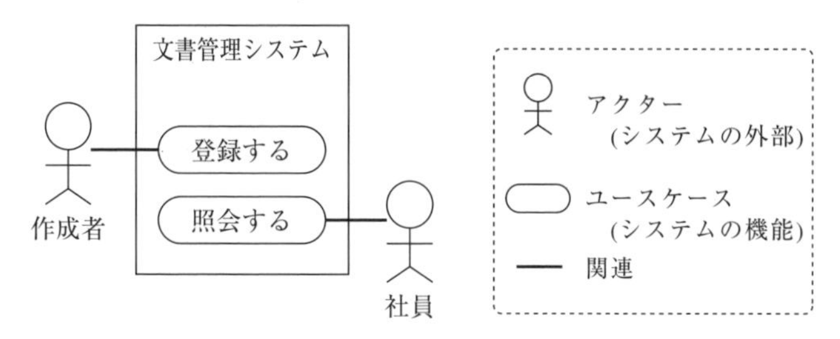

なお，表中のaはクラス図に，cはステートチャート図に，dはコラボレーション図に相当する。

答7 UML ▶ P.241　ユースケース図 ▶ P.241　クラス図 ▶ P.242
アクティビティ図 ▶ P.244 ……………………………………………… **ア**

アクティビティ図はUMLで定義されている図解技法の一つで，システムの振舞いを流れ図形式で表現する。処理の同期や，条件による分岐が表現できる。

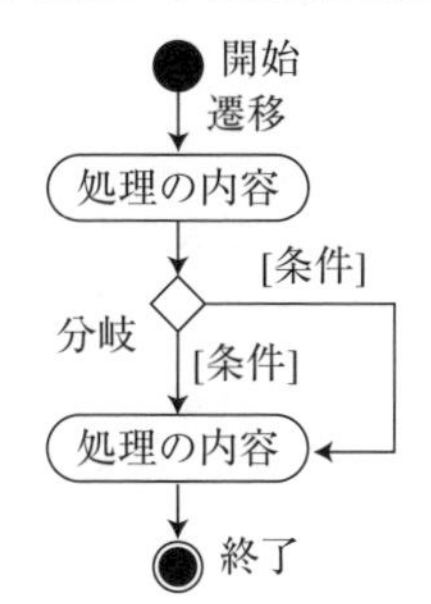

- クラス図…オブジェクトに共通する性質をクラスとして定義し，各クラス間の汎化関係や集約関係を表現する図
- 状態遷移図…時間経過や状況変化による状態の変化を表す図。リアルタイムシステムの分析などに用いられる
- ユースケース図…ユーザや外部システムがシステムの機能をどのように利用するかをシナリオに基づいて記述する図

問8 ☑☐ ☐☐ UMLのアクティビティ図の特徴はどれか。 （R2F問16）

ア　多くの並行処理を含むシステムの，オブジェクトの振る舞いが記述できる。

イ　オブジェクト群がどのようにコラボレーションを行うか記述できる。

ウ　クラスの仕様と，クラスの間の静的な関係が記述できる。

エ　システムのコンポーネント間の物理的な関係が記述できる。

問9 ☑☐ ☐☐ コードの値からデータの対象物が連想できるものはどれか。

（H27F問８）

ア　シーケンスコード　　イ　デシマルコード

ウ　ニモニックコード　　エ　ブロックコード

答8 UML ▶ P.241　クラス図 ▶ P.242　アクティビティ図 ▶ P.244 ……………… **ア**

アクティビティ図は，オブジェクトの振舞いを記述する図解技法で，並行処理を容易に記述することができる。

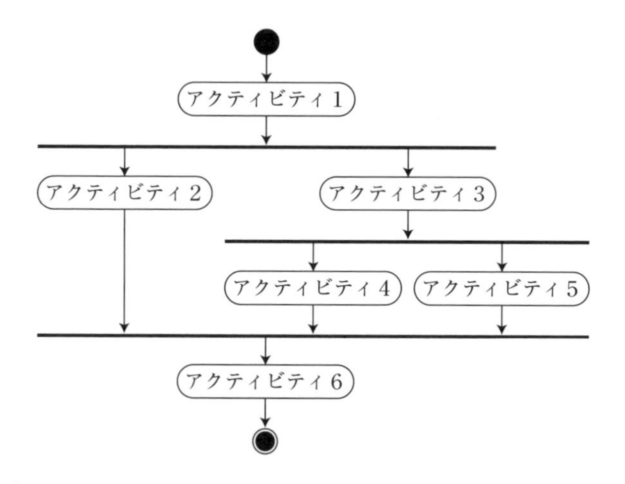

イ　コラボレーション図に関する記述である。
ウ　クラス図に関する記述である。
エ　コンポーネント図に関する記述である。

答9 ……………………………………………………………………………… **ウ**

ニモニックコードは，商品や商品グループなどの名称の一部や略称などを組み込んだコードである。そのため，コードからデータの内容が連想できるという利点がある。

- シーケンスコード…コード化対象に順番に番号を付与していくコード。顧客名簿などに用いられる
- デシマルコード…10進コードともいい，０から９までの数字を用い一けたごとに最大10分類するコード。JANコード，ISBN（国際標準図書番号）コードなどに用いられている
- ブロックコード…区分（ブロック）を示す区分情報と，区分内連番から構成されるコード。コード化対象を区分に分類して，区分ごとに一連の番号を付与する

問10 ☑☐☐☐ 顧客に，英大文字A ～ Zの26種類を用いた顧客コードを割り当てたい。現在の顧客総数は8,000人であって，新規顧客が毎年２割ずつ増えていくものとする。３年後まで顧客全員にコードを割り当てられるようにするための，顧客コードの最も少ない桁数は幾つか。 (H26F問８)

ア ３　イ ４　ウ ５　エ ６

問11 ☑☐☐☐ 作業成果物の作成者以外の参加者がモデレータとしてレビューを主導する役割を受け持つこと，並びに公式な記録及び分析を行うことが特徴のレビュー技法はどれか。 (R元F問16，H24S問17)

ア インスペクション　イ ウォークスルー
ウ パスアラウンド　エ ペアプログラミング

問12 ☑☐☐☐ ブラックボックステストのテストデータの作成方法のうち，最も適切なものはどれか。 (H26F問16)

ア 稼働中のシステムから実データを無作為に抽出し，テストデータを作成する。
イ 機能仕様から同値クラスや限界値を識別し，テストデータを作成する。
ウ 業務で発生するデータの発生頻度を分析し，テストデータを作成する。
エ プログラムの流れ図から，分岐条件に基づいたテストデータを作成する。

答10 ………………………………………………………………………………… **ア**

現在の顧客総数が8,000人で，新規顧客が毎年２割ずつ増えていくので，３年後の顧客総数は

8,000×1.2×1.2×1.2 ＝ 13,824 人

と見積もれる。これに対し，顧客コードは１桁当たり26種類を使用できるので，その組合せは

１桁の場合：26 種類

２桁の場合：26×26 ＝ 676 種類

３桁の場合：26×26×26 ＝ 17,576 種類

のようになり，３桁あれば13,824人分の割当てが可能になることが分かる。

答11 ウォークスルー ▶ P.245 インスペクション ▶ P.245
ペアプログラミング ▶ P.249 ………………………………………… **ア**

インスペクションは，訓練を受けたモデレータ（調停者）と呼ばれる第三者が実施責任者となってレビューを進める技法である。ウォークスルーと比較して公式な意味合いが強く，対象範囲を限定してより迅速に行われることが多い。

- ウォークスルー：開発メンバを中心として行うレビュー技法。担当者自らが成果物の内容を説明して意見を求める。コード（ソースプログラム）を対象としたレビューに適している
- パスアラウンド：レビュー対象となるドキュメントなどの成果物を各レビューアに配布（もしくは回覧）し，それに対する意見を返してもらう技法。会議開催が困難な場合などに用いられる
- ペアプログラミング：プログラミングを２人１組で行い，相互チェックする手法。XP（eXtreme Programming）などのアジャイル開発においてよく採用される

答12 ホワイトボックステスト ▶ P.246 ブラックボックステスト ▶ P.247 ………… **イ**

ブラックボックステストは，テスト対象プログラムの内部構造を考慮せず，外部仕様に基づいたテストケースを設計してテストデータを作成するテスト法である。ブラックボックステストの代表的なテスト技法として，同値分割，限界値分析がある。同値分割では，有効同値クラスと無効同値クラスを識別し，そのクラスを代表する値をテストデータとして使用する。一方，限界値分析では，正常処理と異常処理の境界となる限界値を識別し，その限界値をテストデータとして使用する。

ア　無作為に実データを抽出した場合，特定の同値クラスまたは限界値がテストされない可能性があるため，適切ではない。

ウ　同値クラスや限界値は発生頻度とは無関係であり，特定の同値クラスまたは限界値がテストされない可能性があるため，適切ではない。

エ　ホワイトボックステストのテストデータの作成方法である。

問13 ☑☐ ☐☐ 次の処理条件で磁気ディスクに保存されているファイルを磁気テープにバックアップするとき，バックアップの運用に必要な磁気テープは最少で何本か。 (H31S問21，H28F問21)

〔処理条件〕

(1) 毎月初日（1日）にフルバックアップを取る。フルバックアップは1本の磁気テープに1回分を記録する。

(2) フルバックアップを取った翌日から次のフルバックアップまでは，毎日，差分バックアップを取る。差分バックアップは，差分バックアップ用としてフルバックアップとは別の磁気テープに追記録し，1本に1か月分を記録する。

(3) 常に6か月前の同一日までのデータについて，指定日の状態にファイルを復元できるようにする。ただし，6か月前の月に同一日が存在しない場合は，当該月の末日までのデータについて，指定日の状態にファイルを復元できるようにする（例：本日が10月31日の場合は，4月30日までのデータについて，指定日の状態にファイルを復元できるようにする）。

ア 12　　イ 13　　ウ 14　　エ 15

問14 ☑☐ ☐☐ アジャイル開発で“イテレーション”を行う目的のうち，適切なものはどれか。 (H30F問17，H29S問17)

ア ソフトウェアに存在する顧客の要求との不一致を解消したり，要求の変化に柔軟に対応したりする。

イ タスクの実施状況を可視化して，いつでも確認できるようにする。

ウ ペアプログラミングのドライバとナビゲータを固定化させない。

エ 毎日決めた時刻にチームメンバが集まって開発の状況を共有し，問題が拡大したり，状況が悪化したりするのを避ける。

答13 ……………………………………………………………………………… **ウ**

提示された条件を満たすためには，当月からさかのぼって６か月前までのフルバックアップ，及び差分バックアップが必要となる。各月のフルバックアップ用，差分バックアップ用にはそれぞれ磁気テープが１本ずつ必要なので，全部で

７＋７＝14［本］

が必要となる。問題の例のように本日を10月31日とした場合，

４月，５月，６月，７月，８月，９月，10月分

の７本のフルバックアップ用の磁気テープと，同じく７本の差分バックアップ用の磁気テープが必要となる。

答14 アジャイル ▶ P.249 ……………………………………………… **ア**

アジャイル開発では，計画から実装・テストまでを短期間で行う開発を一つのサイクルとし，これを“イテレーション”と呼ぶ。このイテレーションを反復しながら「既存の計画に従うよりも，変化へ素早く対応すること」を重視して開発を進める。

イ　タスクボードなどの可視化ツールの利用目的に関する記述である。

ウ　２人一組で行うペアプログラミングにおいてドライバ（実際にコードを打ち込む側）とナビゲータ（その様子を見守る側）を固定化すると，視点が硬直化して見落としなどを生むことも多い。これを避けるため，ドライバとナビゲータは適宜交替させる，“ピンポンプログラミング”と呼ばれる手法をとることが多い。

エ　日次スクラムなどと呼ばれる定例会議の開催目的に関する記述である。

問15 ☑☐☐☐ アジャイル開発などで導入されている“ペアプログラミング”の説明はどれか。 (H30S問17)

ア 開発工程の初期段階に要求仕様を確認するために，プログラマと利用者がペアとなり，試作した画面や帳票を見て，相談しながらプログラムの開発を行う。

イ 効率よく開発するために，２人のプログラマがペアとなり，メインプログラムとサブプログラムを分担して開発を行う。

ウ 短期間で開発するために，２人のプログラマがペアとなり，交互に作業と休憩を繰り返しながら長時間にわたって連続でプログラムの開発を行う。

エ 品質の向上や知識の共有を図るために，２人のプログラマがペアとなり，その場で相談したりレビューしたりしながら，一つのプログラムの開発を行う。

問16 ☑☐☐☐ アジャイル開発におけるプラクティスの一つであるバーンダウンチャートはどれか。ここで，図中の破線は予定又は予想を，実線は実績を表す。 (H31S問17)

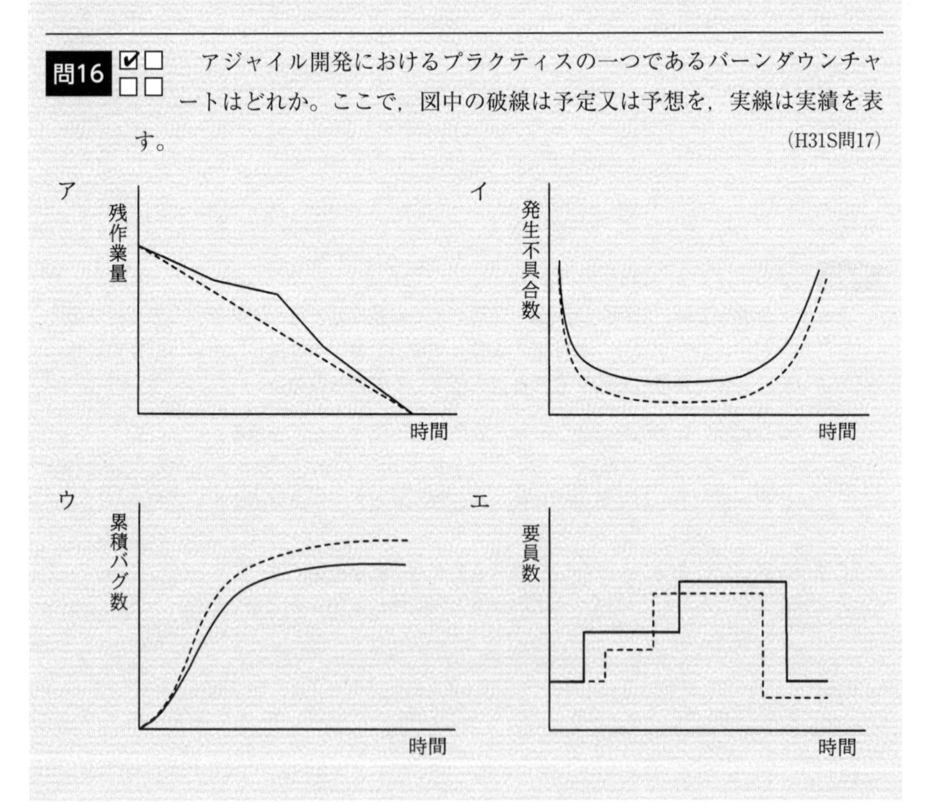

答15 アジャイル ▶ P.249 ………… **エ**

ペアプログラミングは，２人一組で一つのプログラムを開発する手法である。コードを書く役割と，チェックし作業をガイドする役割を交替しながら開発を進めていく。２人のプログラマが相談したりレビューしたりしながら開発を行うことで，作成するプログラムが属人的・独善的になることを防止し，問題点を迅速に解決できるようになる。その結果，作業効率や成果物の品質の向上につながる。知識やスキルの共有や伝授などといったメリットも挙げられる。

ア プロトタイピングによる画面や帳票に対する利用者の確認作業に関する説明である。ペアプログラミングは，プログラマがペアとなるものであり，プログラマと利用者がペアとなるものではない。

イ，ウ プログラマが開発対象を分担したり，シフト制で作業を交代しながら開発を行うことは，ペアプログラミングとは呼ばない。ペアプログラミングでは，同時に２人のプログラマが一つの成果物に対して相談しながら作業を行う。

答16 アジャイル ▶ P.249 ………… **ア**

バーンダウンチャートは，アジャイル開発などにおいて進捗管理に用いられるツールの一つである。時間の進行とともに，実施すべき作業がどれだけ残っているかを「残作業量」としてグラフ化する。予定と実績を描き込むことで，作業が収束しそうかという傾向（トレンド）を把握することが容易になる。

イ バスタブ曲線と呼ばれる，ハードウェアなどの故障率の推移を表すグラフである。

ウ 信頼度成長曲線と呼ばれる，テストにおけるバグ数の推移を表すグラフである。

エ 日程及び要員の管理において作成する，単位時間（日や週）ごとの要員数を表すグラフである。

問17 ☑□ □□ アジャイル開発手法の説明のうち，スクラムのものはどれか。

(R2F問17)

ア　コミュニケーション，シンプル，フィードバック，勇気，尊重の五つの価値を基礎とし，テスト駆動型開発，ペアプログラミング，リファクタリングなどのプラクティスを推奨する。

イ　推測（プロジェクト立上げ，適応的サイクル計画），協調（並行コンポーネント開発），学習（品質レビュー，最終QA／リリース）のライフサイクルをもつ。

ウ　プロダクトオーナなどの役割，スプリントレビューなどのイベント，プロダクトバックログなどの作成物，及びルールから成るソフトウェア開発のフレームワークである。

エ　モデルの全体像を作成した上で，優先度を付けた詳細なフィーチャリストを作成し，フィーチャを単位として計画し，フィーチャ単位に設計と構築を繰り返す。

問18 ☑□ □□ CMMIの説明はどれか。

(H29F問17)

ア　ソフトウェア開発組織及びプロジェクトのプロセスの成熟度を評価するためのモデルである。

イ　ソフトウェア開発のプロセスモデルの一種である。

ウ　ソフトウェアを中心としたシステム開発及び取引のための共通フレームのことである。

エ　プロジェクトの成熟度に応じてソフトウェア開発の手順を定義したモデルである。

答17 アジャイル ▶ P.249　XP ▶ P.249 ……………………………………… **ウ**

スクラムは，少人数の開発チーム（スクラムチーム）でコミュニケーションを密に取りながらチーム一丸となって開発を進める，アジャイル開発の具体的なシステム開発手法の一つである。スプリントと呼ばれる短い周期（一般に1～4週間）で機能の実装と評価を繰り返しながら漸進的に開発を進める。

ア　XP (eXtreme Programming:エクストリームプログラミング) に関する記述である。
イ　ASD（Adaptive Software Development：適応的ソフトウェア開発）に関する記述である。
エ　FDD (Feature Driven Development:フィーチャ駆動型開発) に関する記述である。

答18 CMMI ▶ P.251 ……………………………………… **ア**

CMMI（Capability Maturity Model Integration：能力成熟度モデル統合）は，組織のプロセスの成熟度を評価するモデルである。5段階の評価モデルを規定しており，ソフトウェアの開発能力などを客観的に評価することができる。

イ　ソフトウェア開発のプロセスモデルには，ウォータフォールモデルやスパイラルモデルなどがある。
ウ　共通フレームは，システムの開発や取引において，取得者と供給者に共通の用語や基準を提供するものである。
エ　CMMIでは，ソフトウェア開発の手順は定義していない。

マネジメント

1 プロジェクトマネジメント

知識編

1.1 プロジェクトのスコープマネジメント

❏スコープ　問1

プロジェクトが成功するためには，作業の範囲や開発すべき成果物が明確に定まっていなければならない。もしそれらが不明確であれば，システムはずるずると肥大してしまう。“**スコープ**”のプロセス群は，作業範囲（スコープ）の定義や管理を行う。

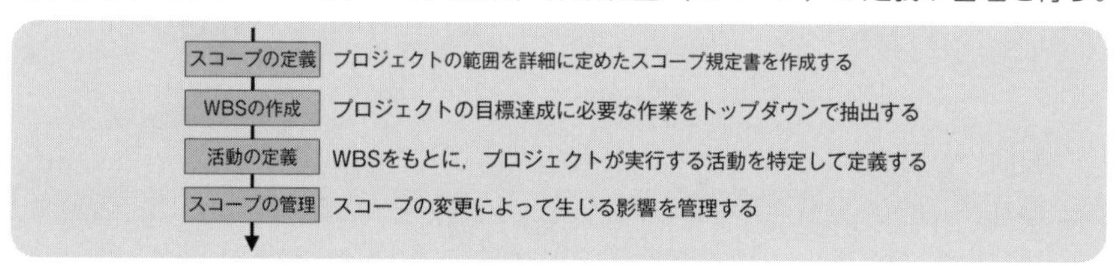

▶“スコープ”の活動

❏WBS（Work Breakdown Structure）

WBSは，プロジェクトが実行する作業を，**要素成果物を主体としてトップダウンに分解した構造**である。分解は階層的に行い，レベルが下がるごとに作業は詳細化される。WBSで得られた最下位層の構成要素を**活動**と呼ぶ。

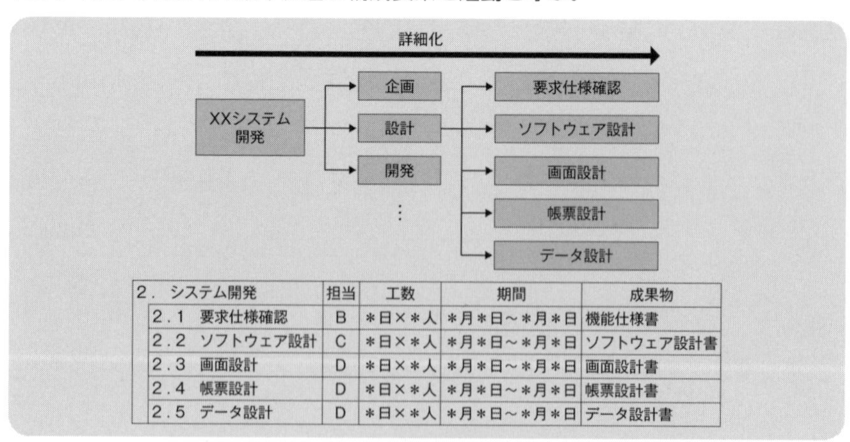

2．システム開発	担当	工数	期間	成果物
2．1　要求仕様確認	B	＊日×＊人	＊月＊日～＊月＊日	機能仕様書
2．2　ソフトウェア設計	C	＊日×＊人	＊月＊日～＊月＊日	ソフトウェア設計書
2．3　画面設計	D	＊日×＊人	＊月＊日～＊月＊日	画面設計書
2．4　帳票設計	D	＊日×＊人	＊月＊日～＊月＊日	帳票設計書
2．5　データ設計	D	＊日×＊人	＊月＊日～＊月＊日	データ設計書

▶WBS

1.2 プロジェクトの時間マネジメント

"時間" のプロセス群は，"スコープ" で定義した活動を順序付けし，期間を見積もってスケジュールを作成する。

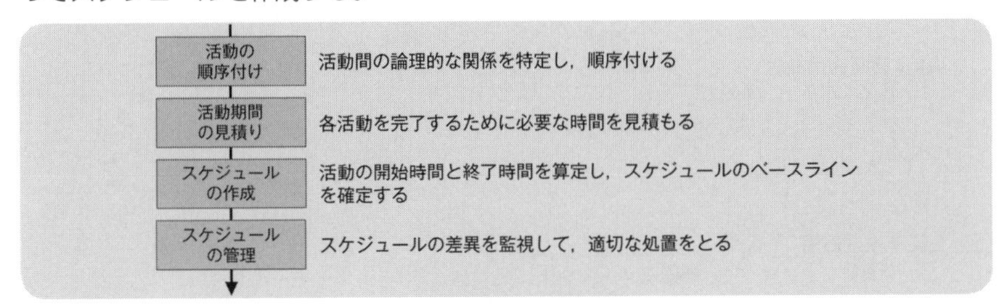

▶ "時間" の活動

❏ PERT　問2 問3 問4

プロジェクトの完了に必要なアクティビティを分析し，プロジェクト全体を完了させるのに必要な時間や重点的に管理すべきアクティビティを特定する手法である。作業日数に余裕のないアクティビティをプロジェクトの開始から終了まで繋いだ経路を**クリティカルパス**という。クリティカルパス上のアクティビティの遅れは，プロジェクト全体の遅れに繋がるため，重点的に管理する。

❏ プレシデンスダイアグラム

アクティビティの順序関係を表現するための技法である。四角形のノードが個々のアクティビティを表し，矢印がそれらの順序関係を表す技法である。

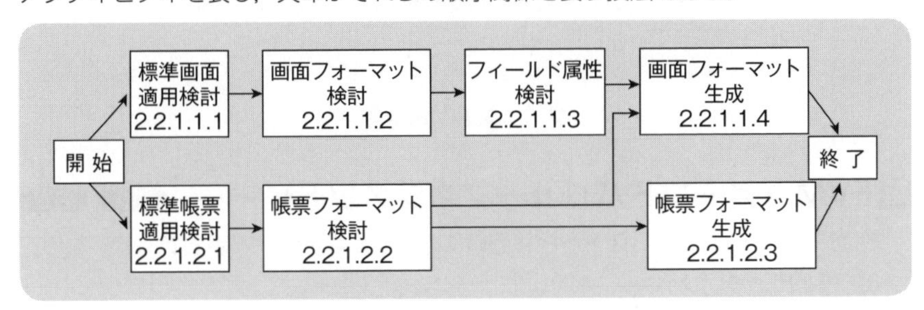

▶プレシデンスダイアグラム

❏ アローダイアグラム　問2 問3

アクティビティの順序関係を表現するための技法である。矢印がアクティビティを表し，円で表現された結合点がアクティビティの開始や終了を表す。PERT図ともいう。アクティビティの順序関係を表すために，破線の矢印で表現するダミー作業が用いられることもある。

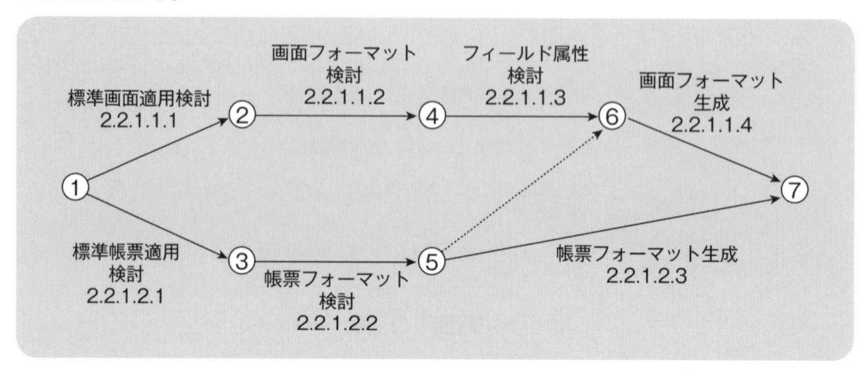

▶アローダイアグラム

1.3 プロジェクトのコストマネジメント

プロジェクトには予算という目標値があり，その範囲内でプロジェクトを完成することが求められる。**“コスト”**のプロセス群の目的は，コストの観点からプロジェクトの予算を計画し，実績を管理することである。

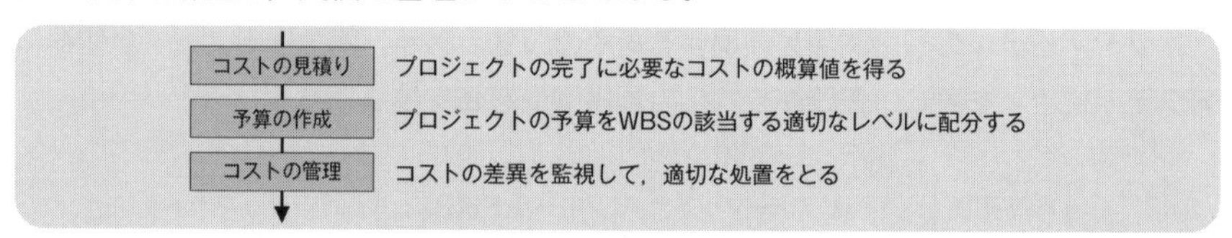

▶ “コスト”の活動

❑EVM（アーンドバリューマネジメント）—— 問5 問6

プロジェクトの進捗とコストを金銭価値に置き換えて評価する手法である。次の三つの指標を用いる。

- **PV**（Planned Value；計画価値）…評価時点までに完成を予定していた成果物の金銭的価値
- **AC**（Actual Cost；実コスト）…評価時点までに実際に要した費用

- **EV**（Earned Value；出来高価値）…評価時点までに実際に完成した成果物の金銭的価値

“金銭的価値” は金額とは限らず，仕様書の枚数やプログラムのステップ数，工数（人月など）のようなものも含まれる。

❏ COCOMO

問7

ベームによって提唱されたコストモデルであり，原価を算術的に見積もる手法である。

見積りの基本となる開発工数Pを，次式で求める。

$$P = a \times K^{b}$$

a，bは統計的に求められた係数であり，Kはソフトウェアの規模を表す指標である。Kの単位としては，KLOC（プログラムの行数を千単位で表したもの）がよく用いられる。

午前試験でCOCOMOが出題される場合，bには0.98などの１前後の値が用いられることが多いが，b＝１として考えればよい。

❏ ファンクションポイント法

問7

ファンクションポイント数によってシステム開発工数を見積もる手法である。

次の五つの**ファンクションタイプ**に機能を分類してその数を集計し，集計した値にファンクションタイプの複雑さの程度に応じた重み付けを施して**ファンクション数**を求める。すべてのファンクション数を合算し補正したものが**ファンクションポイント数**となる。

- 外部入力（入力画面など）
- 外部出力（出力画面や帳票など）
- 外部照会（データの更新を含まない照会用画面など）
- 内部論理ファイル（システム内で使用するファイル）
- 外部インタフェースファイル（他のシステムとの連携に使用されるファイル）

ファンクションポイント法は，システムの機能面から見積りを行うので，プログラム言語やステップ数が明確になっていない設計の初期段階から適用することができる。また，機能が多いほど開発工数が多くなるため，ユーザの理解を得やすいという特徴を持つ。

1.4 プロジェクトの品質マネジメント

❏プロジェクトの品質マネジメントのプロセス

"品質" のプロセス群は，成果物が顧客のニーズを満足するために行う。

品質保証の監査や品質管理は，プロジェクトの外部で別の機関や顧客が遂行してもかまわない。

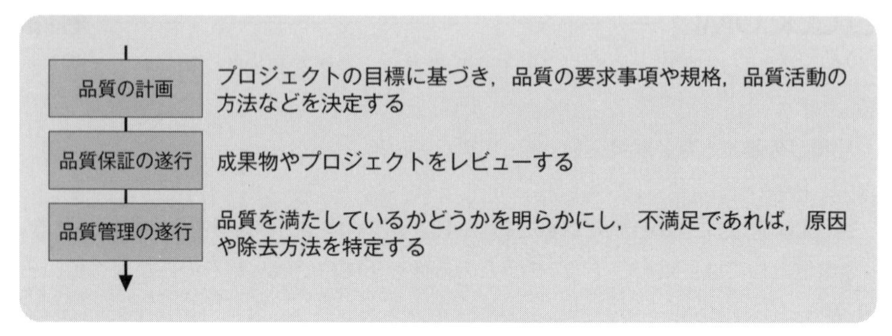

▶ "品質" の活動

❏品質特性 問8 問9 問10

JIS X 25010では次のような品質特性が定義されている。

▶品質特性

品質特性	JIS X 25010の定義
機能適合性	明示された条件下で使用するとき，明示的ニーズ及び暗黙のニーズを満足させる機能を，製品又はシステムが提供する度合い
性能効率性	明記された状態(条件)で使用する資源の量に関係する性能の度合い
互換性	同じハードウェア環境又はソフトウェア環境を共有する間，製品，システム又は構成要素が他の製品，システム又は構成要素の情報を交換することができる度合い，及び／又はその要求された機能を実行することができる度合い
使用性	明示された利用状況において，有効性，効率性及び満足性をもって明示された目標を達成するために，明示された利用者が製品又はシステムを利用することができる度合い
信頼性	明示された時間帯で，明示された条件下に，システム，製品又は構成要素が明示された機能を実行する度合い
セキュリティ	人間又は他の製品若しくはシステムが，認められた権限の種類及び水準に応じたデータアクセスの度合いをもてるように，製品又はシステムが情報及びデータを保護する度合い

保守性	意図した保守者によって，製品又はシステムが修正することができる有効性及び効率性の度合い
移植性	一つのハードウェア，ソフトウェア又は他の運用環境若しくは利用環境からその他の環境に，システム，製品又は構成要素を移すことができる有効性及び効率性の度合い

❏品質の分析手法 問11

プロジェクトや製品の品質を分析する主な手法には，**QC七つ道具**，トレンド分析，ゾーン分析，回帰分析などがある。PMBOKでは，QC七つ道具として次の七つが挙げられている。

- 管理図
- フローチャート
- チェックシート
- ヒストグラム
- パレート図
- 散布図
- 特性要因図（フィッシュボーン図）

▶QC七つ道具

1.5 プロジェクトの資源マネジメント

❏プロジェクトの資源マネジメントのプロセス

“資源”のプロセス群は，プロジェクトチームを組織化し，それを円滑に推進するためのプロセスから構成される。

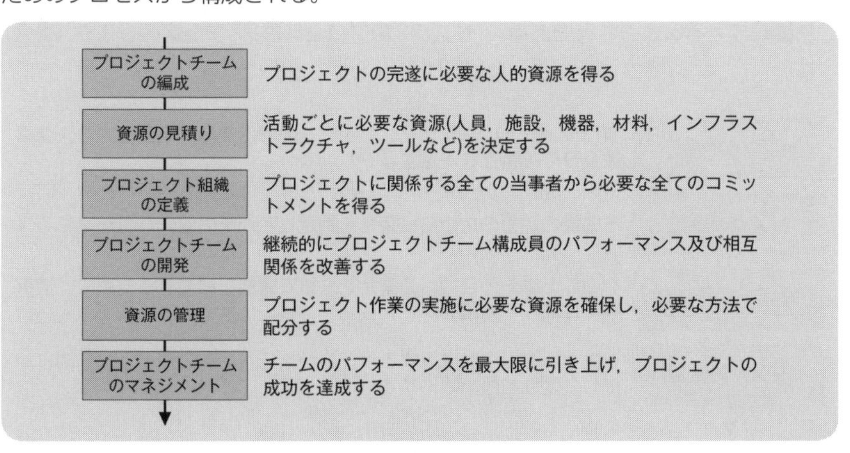

▶ “資源”の活動

❏責任分担マトリクス(RAM：Responsibility Assignment Matrix)

プロジェクトで必要な作業とメンバの関係を整理した表である。次表は，具体的なアクティビティごとに「誰がどのような役割や責任を果たすか」をまとめた責任分担マトリクスである。

▶責任分担マトリクスの例

作業段階＼要員	A	B	C	D	E	F
要件定義	承認	検査	実施	情報提供	支援	
システム設計	承認		実施	実施	情報提供	支援
ソフトウェア開発	承認	検査	実施	実施		支援
テスト		承認	実施	実施		支援
移行		承認	実施	情報提供	支援	実施

1.6 プロジェクトのリスクマネジメント

❏プロジェクトのリスク

リスク（**プロジェクトリスク**）とは，プロジェクトの目標にプラスまたはマイナスの影響を与える事象のことである。“**リスク**”のプロセス群は，プラスのリスク（**機会**）を最大化し，マイナスのリスク（**脅威**）を最小化するために行う。

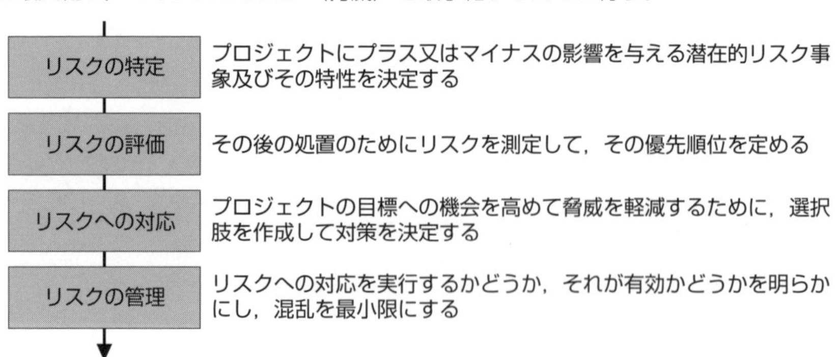

▶“リスク”の活動

❏定量的リスク分析

定性的リスク分析で高い優先順位がつけられたリスクに対して，量的な側面から分析（定量的分析）を行い，数値によるリスクの等級付けを行う。このための技法には様々なものがあるが，不確実な条件下での平均的な結果を求める代表的な手法に期待金額価値分析がある。期待金額価値分析では，金額などの数値に発生確率を乗じることによって発生し得る結果ごとの期待値を求め，それらを合計する。通常，期待値は，好機の場合はプラス，脅威の場合はマイナスとなる。複数の事象が組み合わされる場合は，デシジョンツリーを用いると効果的である。

❏リスクと戦略

問12

リスクに対する戦略には，次のようなものがある。

▶リスクと戦略

リスクの種別	戦略	内容
脅威	回避	脅威が現実化しないよう，主要な要因を除去する。 （例） スケジュールの延長やスコープの縮小など
	転嫁（移転）	リスクの影響を第三者に移転する。 （例） 情報化保険など
	軽減	発生確率や影響度を受容可能な程度に引き下げる。 （例） プロトタイピングの採用，より多くのテストを実施など
好機	活用	好機が確実に起きるよう，不確実要素を除去する。 （例） より能力の高い要員を確保するなど
	共有	好機を第三者と共有する。 （例） ジョイントベンチャーなど
	強化	リスクの主要要因を最大化し，発生確率や影響度を増加させる。 （例）重要な作業に多くの追加要員を投入するなど
脅威／好機	受容（保有）	特に対応を行わず，リスクを受け入れる。 （例） コンティンジェンシー予備を設けるなど

コンティンジェンシー予備とは，特定されたリスクが実際に顕在化した場合に対処するための資金や時間のことである。また，予測できない不足の事態（特定できなかったリスク）に対する予備のことを**マネジメント予備**という。

問題編

問1 ☑☐ ☐☐ プロジェクトマネジメントにおけるスコープコントロールの活動はどれか。 (H30S問18)

ア　開発ツールの新機能の教育が不十分と分かったので，開発ツールの教育期間を２日間延長した。

イ　要件定義完了時に再見積りをしたところ，当初見積もった開発コストを超過することが判明したので，追加予算を確保した。

ウ　連携する計画であった外部システムのリリースが延期になったので，この外部システムとの連携に関わる作業は別プロジェクトで実施することにした。

エ　割り当てたテスト担当者が期待した成果を出せなかったので，経験豊富なテスト担当者と交代した。

問2 ☑☐ ☐☐ 図のアローダイアグラムから読み取ったことのうち，適切なものはどれか。ここで，プロジェクトの開始日は１日目とする。

(H31S問19，類H29S問18，類H24F問18)

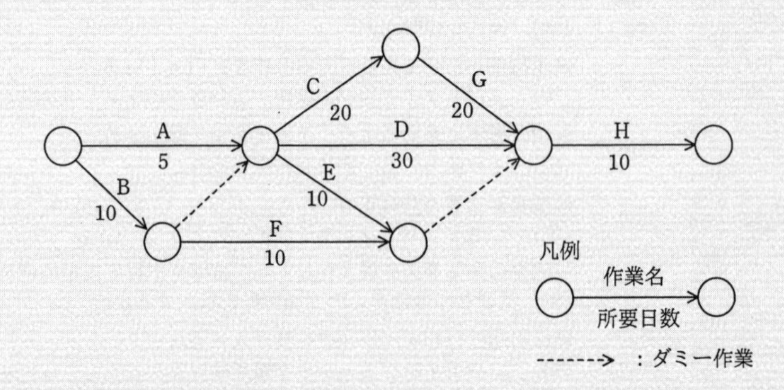

ア　作業Cを最も早く開始できるのは６日目である。

イ　作業Dはクリティカルパス上の作業である。

ウ　作業Eの総余裕時間は30日である。

エ　作業Fを最も遅く開始できるのは11日目である。

答1　スコープ▶P.272 ……………………………………………………………………… **ウ**

プロジェクトのスコープとは，プロジェクトにおいて作成する情報システムやマニュアルなどの成果物，そしてそれらを作成するために必要となるすべての活動のことである。また，スコープコントロールとは，このスコープの状況を監視してWBSなどのスコープベースラインに対する変更を管理するプロセスである。

よって，選択肢の中では，連携する計画であった外部システムのリリースが延期になったために，外部システムとの連携に関わる作業を別プロジェクトで実施することにしたという活動が，スコープコントロールの活動に該当する。

答2　PERT▶P.273　アローダイアグラム▶P.273 …………………………………… **ウ**

図のアローダイアグラムにおける各結合点の最早結合点時刻と最遅結合点時刻を求めてみると，次のようになる。

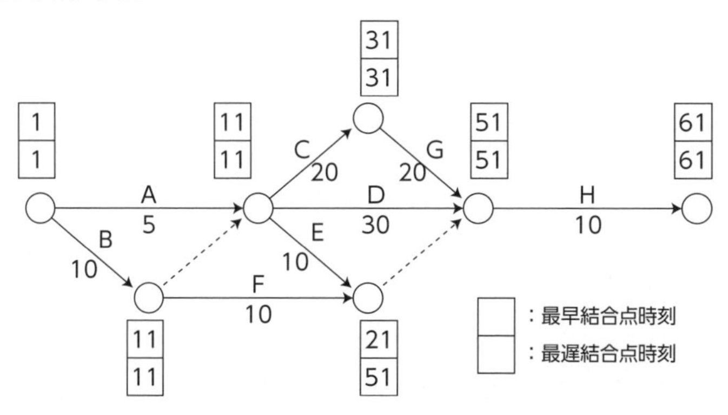

作業Eの開始結合点における最早結合点時刻は11日目なので，すべて予定どおり進めば，11日目に作業を開始して21日目に終了する。一方，作業Eの終了結合点における最遅結合点時刻は51日目なので，仮に作業Eが遅れても，その遅れが，

51［日目］－21［日目］＝30［日］

以内であれば，全体のスケジュールには影響を及ぼさない。これが余裕時間である。

ア　作業Cは作業Aだけでなく作業Bも先行作業となる（ダミー作業に注意）ので，最も早く開始できるのは11日目である。

イ　クリティカルパスは“B → C → G → H”であり，作業Dは含まれない。

エ　作業Fの終了結合点の最遅結合点時刻は51日目なので，最も遅く開始できるのは，51日目－10日＝41日目である。

問3 ☑☐ ☐☐　あるプロジェクトの作業が図のとおり計画されているとき，最短日数で終了するためには，作業Hはプロジェクトの開始から遅くとも何日後に開始しなければならないか。 (H28F問19)

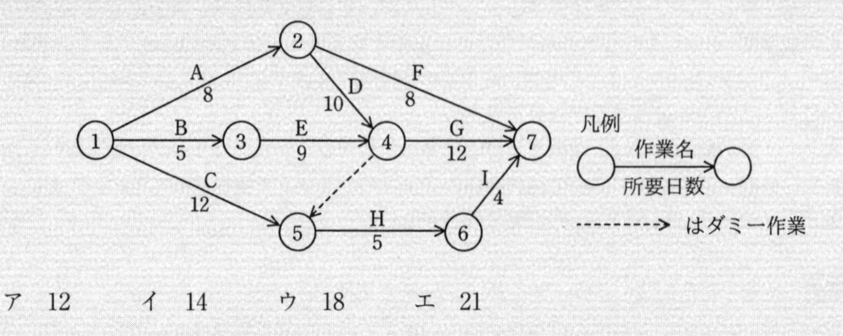

ア　12　　イ　14　　ウ　18　　エ　21

問4 ☑☐ ☐☐　工期を短縮させるために，クリティカルパス上の作業に“ファストトラッキング”技法を適用した対策はどれか。 (H26F問19)

ア　時間外勤務を実施する。
イ　生産性を高められる開発ツールを導入する。
ウ　全体の設計が完了する前に，仕様が固まっているモジュールの開発を開始する。
エ　要員を追加投入する。

答3 PERT ▶ P.273 アローダイアグラム ▶ P.273 …………………………………… **エ**

問題文に与えられたアローダイアグラムに，最早結合点時刻と最遅結合点時刻を書き込んだ図を次に示す。ここで，太線の矢印はクリティカルパスを表す。

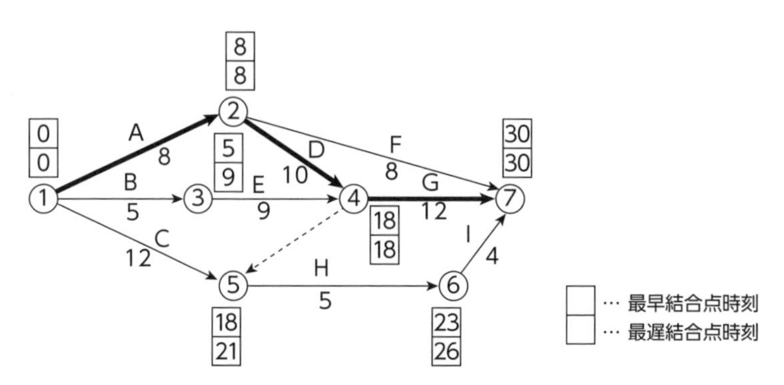

結合点⑤の最遅結合点時刻は，21日である。よって，プロジェクトの開始から遅くとも21日後までにHの作業を開始できれば，最短日数である30日でプロジェクトを終了することができる。

答4 PERT ▶ P.273 …………………………………………………………………… **ウ**

ファストトラッキングとは，順番に行う予定であった作業を並行して実施することで，期間の短縮を図る技法である。「全体の設計が完了する前に，仕様が固まっているモジュールの開発を開始する」というのは，通常は設計がすべて完了してからモジュール開発を開始するところを，全体の設計が完了する前に後続作業であるモジュール開発を開始するという並行作業によって期間短縮を図っているので，ファストトラッキングにあたる。

なお，要員を追加投入することで期間を短縮する技法は，クラッシングである。

問5 ☑☐ ☐☐ プロジェクト管理においてパフォーマンス測定に使用するEVMの管理対象の組みはどれか。 (R2F問18, H29F問18, H27F問18, H24F問19)

ア コスト，スケジュール　　イ コスト，リスク
ウ スケジュール，品質　　エ 品質，リスク

問6 ☑☐ ☐☐ ある組織では，プロジェクトのスケジュールとコストの管理にアーンドバリューマネジメントを用いている。期間10日間のプロジェクトの，5日目の終了時点の状況は表のとおりである。この時点でのコスト効率が今後も続くとしたとき，完成時総コスト見積り（EAC）は何万円か。

(H31S問18, H21F問18)

管理項目	金額（万円）
完成時総予算（BAC）	100
プランドバリュー（PV）	50
アーンドバリュー（EV）	40
実コスト（AC）	60

ア 110　　イ 120　　ウ 135　　エ 150

答5 EVM ▶ P.274 …… **ア**

EVM（アーンドバリューマネジメント）は，EV，AC，PVの各指標を測定し，相互比較によってコスト面及びスケジュール面での進捗管理を行う手法である。

- AC（Actual Cost：実コスト）…評価時点までに要した実際の費用
- EV（Earned Value：獲得価値）…評価時点までの成果物を金銭価値に置き換えた値
- PV（Planned Value：計画価値）…評価時点までに得られると見積もられていた成果物の価値

プロジェクトの進捗度や生産性の状況を分析する指標には，次のようなものがある。

・スケジュール差異（SV）＝EV − PV
　… SV≧0ならスケジュールに遅延がなく，SV＜0ならスケジュールに遅延が発生
・コスト差異（CV）＝EV−AC
　… CV≧0なら予算内，CV＜0なら予算超過

答6 アーンドバリューマネジメント ▶ P.274 ……… **エ**

アーンドバリュー分析は，作業状況とコストの進捗状況及びその結果を用いて今後の予測を分析するプロジェクト管理技法である。

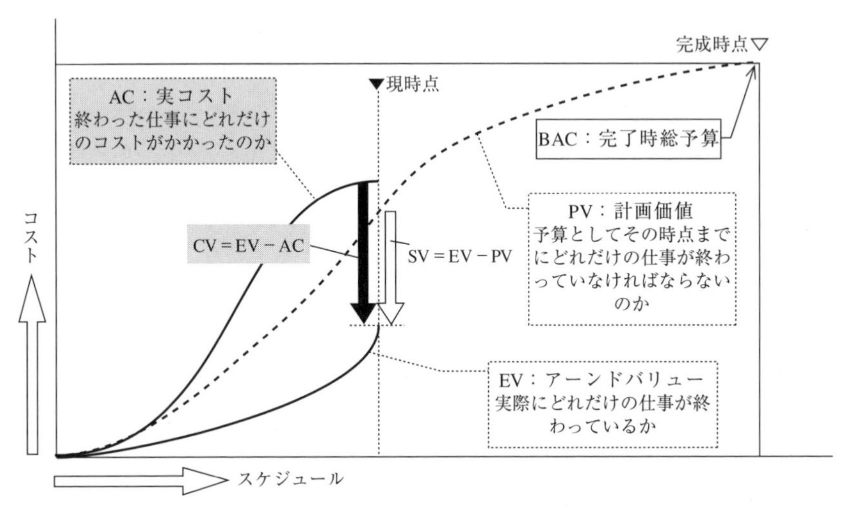

完成時総コスト見積り（EAC）とは，計測時点のコストに基づいたプロジェクトの完了日における総コストの見積りである。

EACは，「現在のコスト効率が今後も続く」と仮定した場合，次式で求めることができる。累積コスト効率指数（累積CPI）は，プロジェクトの開始から計測時点までの累積実コスト（累積AC）と累積アーンドバリュー（累積EV）の比率である。

EAC＝AC＋残りのバリュー÷累積CPI

＝AC＋（BAC－累積EV）÷（累積EV÷累積AC）

問題で提示されている数値をこの式に代入すると，

60＋（100－40）÷（40÷60）

＝60＋90

＝150

が得られる。

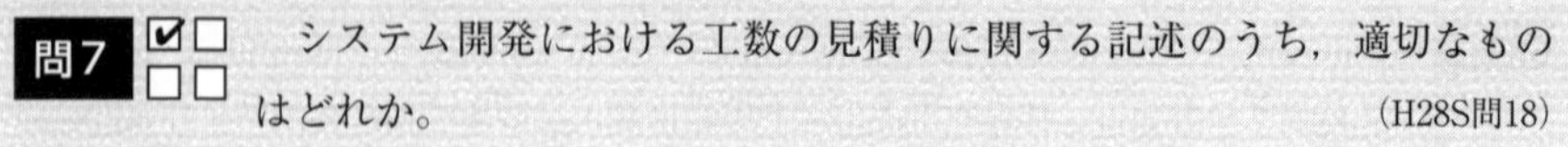

問7 システム開発における工数の見積りに関する記述のうち，適切なものはどれか。 (H28S問18)

ア　COCOMOの使用には，自社における生産性に関する，蓄積されたデータが必要である。

イ　開発要員の技量は異なるので工数は参考にならないが，過去に開発したプログラムの規模は見積りの参考になる。

ウ　工数の見積りは，作業の進捗管理に有効であるが，ソフトウェアの品質管理には関係しない。

エ　ファンクションポイント法による見積りでは，プログラムステップ数を把握する必要がある。

問8 品質の定量的評価の指標のうち，ソフトウェアの保守性の評価指標になるものはどれか。 (H29F問19)

ア　(最終成果物に含まれる誤りの件数)÷(最終成果物の量)

イ　(修正時間の合計)÷(修正件数)

ウ　(変更が必要となるソースコードの行数)÷(移植するソースコードの行数)

エ　(利用者からの改良要求件数)÷(出荷後の経過月数)

答7 COCOMO ▶ P.275　ファンクションポイント法 ▶ P.275 …………………… **ア**

COCOMOは，Boehmによって提唱された見積り技法である。COCOMOでは，見積りの基本となる開発工数Pを，

$P = a \times K^b$

という式で求める。Kはソフトウェアの大きさ（プログラムの行数などが用いられる）であり，aおよびbは統計的に求められた係数である。

係数a，bの値としては汎用的な数値も一応は提示されているが，より正確な見積りを得たいのであれば，やはり個々の開発環境に応じたカスタマイズが「ほぼ必須」となる。その際，エンジニアの能力など，自社における生産性・実績データの収集は大きな役割を持つ。

イ　開発要員の技量差を考慮しながら適度な調整を行えばよいので，工数実績も十分に有用である。少なくとも参考にならないとはいえない。

ウ　ソフトウェア品質管理では，保守性や移植性も管理対象となる。これらについては，保守や移植の作業にどれだけ工数を要するかという見積りが，管理に影響してくることになる。

エ　ファンクションポイント法では，帳票やファイルなどに着目し，それらの数と複雑さに応じてソフトウェアの規模を見積もる。プログラムのステップ数（行数）には依存しない。

答8 品質特性 ▶ P.276 …………………………………………………… **イ**

ソフトウェアの保守性とは，ソフトウェアをどれだけ容易に修正できるかを表す特性であり，JIS X 25010で定義されている製品品質モデルに，「モジュール性」「再利用性」「解析性」「修正性」「試験性」の五つの副特性が定められている。

（修正時間の合計）÷（修正件数）は，修正１件に要した平均修正時間を意味するので，保守性の副特性である修正性の評価指標といえる。

ア　ソフトウェアの信頼性を評価する指標である。

ウ　ソフトウェアの移植性を評価する指標である。

エ　ソフトウェアの使用性を評価する指標である。

問9 ☑□ □□ 使用性（ユーザビリティ）の規格（JIS Z 8521:1999）では，使用性を，“ある製品が，指定された利用者によって，指定された利用の状況下で，指定された目的を達成するために用いられる際の，有効さ，効率及び利用者の満足度の度合い”と定義している。この定義中の“利用者の満足度”を評価するのに適した方法はどれか。（H28S問８）

ア　インタビュー法　　イ　ヒューリスティック評価

ウ　ユーザビリティテスト　　エ　ログデータ分析法

問10 ☑□ □□ JIS X 25010:2013で規定されたシステム及びソフトウェア製品の品質副特性の説明のうち，信頼性に分類されるものはどれか。

（H27S問16）

ア　製品又はシステムが，それらを運用操作しやすく，制御しやすくする属性をもっている度合い

イ　製品若しくはシステムの一つ以上の部分への意図した変更が製品若しくはシステムに与える影響を総合評価すること，欠陥若しくは故障の原因を診断すること，又は修正しなければならない部分を識別することが可能であることについての有効性及び効率性の度合い

ウ　中断時又は故障時に，製品又はシステムが直接的に影響を受けたデータを回復し，システムを希望する状態に復元することができる度合い

エ　二つ以上のシステム，製品又は構成要素が情報を交換し，既に交換された情報を使用することができる度合い

答9 品質特性 ▶ P.276 …… ア

人間工学から見た場合の“使用性（ユーザビリティ：userbility）”とは，利用者にとって，製品の“使いやすさ”である。JIS Z 8521（人間工学—視覚表示装置を用いるオフィス作業—使用性についての手引）では，使用性について，

ある製品が，指定された利用者によって，指定された利用の状況下で，指定された目的を達成するために用いられる際の，有効さ，効率及び利用者の満足度の度合い

と定義されている。「利用者の満足度」を評価する方法（定性的手法）には，利用者に直接ヒアリングするインタビュー法や，満足度についてのチェック項目を設けたアンケート調査などが挙げられる。

- ヒューリスティック評価…評価対象について，過去の経験則に基づき定量的に評価する手法。また，セキュリティ分野においては，プログラムの動作を監視することで，未知のコンピュータウイルスを検知する手法を指す言葉として用いられる
- ユーザビリティテスト…複数の利用者を被験者として，対象となる製品を使用してもらい，利用者の行動や発言などを観察することによって，隠れたユーザビリティの問題点を洗い出す手法
- ログデータ分析法…Webシステムなどで，利用者のアクセス状況などが記録されたログファイルを解析し，問題点を探る手法

答10 品質特性 ▶ P.276 …… ウ

JIS X25010は，JIS X 0129-1の後継規格であり，品質モデルや品質特性などを規定している。本規格における製品品質モデルでは，製品品質特徴を機能適合性，信頼性，性能効率性，使用性，セキュリティ，互換性，保守性及び移植性の八つに分類しており，各品質特性は複数の品質副特性に分類される。信頼性は「明示された時間帯で，明示された条件下に，システム，製品又は構成要素が明示された機能を実行する度合い」であり，品質副特性として，成熟性（maturity），可用性（availability），障害許容性（耐故障性）（fault tolerance），回復性（recoverability）から構成される。

これらの信頼性に含まれる品質副特性のうち，回復性（recoverability）とは「中断時又は故障時に，製品又はシステムが直接的に影響を受けたデータを回復し，システムを希望する状態に復元することができる度合い」である。

ア　運用操作性（operability）に関する説明であり，使用性（usability）に分類される。
イ　解析性（analysability）に関する説明であり，保守性（maintainability）に分類される。
エ　相互運用性（interoperability）に関する説明であり，互換性（compatibility）に分類される。

問11 ☑☐ ☐☐ 分析対象としている問題に数多くの要因が関係し，それらが相互に絡み合っているとき，原因と結果，目的と手段といった関係を追求していくことによって，因果関係を明らかにし，解決の糸口をつかむための図はどれか。 (H26F問29)

ア　アローダイアグラム　　イ　パレート図

ウ　マトリックス図　　エ　連関図

問12 ☑☐ ☐☐ PMBOKガイド第６版によれば，脅威と好機の，どちらに対しても採用されるリスク対応戦略として，適切なものはどれか。 (R2F問19)

ア　回避　　イ　共有　　ウ　受容　　エ　転嫁

答11 品質の分析手法 ▶ P.277　QC七つ道具 ▶ P.378 …………………………… **エ**

問題の要因が複雑に絡み合っているとき，原因と結果，目的と手段といった関係を追求し，因果関係を明らかにするために用いる図を，連関図という。

答12 リスクと戦略 ▶ P.279 ………………………………………………………… **ウ**

PMBOKでは，マイナスとプラスのリスクそれぞれに対して，次のような対応戦略を定義している。脅威に対する戦略と好機に対する戦略は大部分で異なるが，「特に何もしない」戦略である“受容”は，両方に用いられる。

〔マイナスのリスク（脅威）に対する戦略〕
- 回避：脅威を完全に取り除くために，計画を変更する
- 転嫁：リスクの影響を第三者に移転する
- 軽減：発生確率や影響度を受容可能なレベルにまで減少させる
- 受容：何の処置もとらず，脅威が現実化したときに対処する

〔プラスのリスク（好機）に対する戦略〕
- 活用：好機が確実に到来するようにする
- 共有：好機をとらえる能力の高い第三者に，好機の実現を委ねる
- 強化：発生確率や影響度を増加させる
- 受容：何の処置も取らず，好機が実現したときにはその利益を享受する

サービスマネジメント

知識編

2.1 サービスの設計

❏サービスレベル管理 問1

顧客とサービスを提供する組織の間でサービスレベルに関する合意（SLA：Service Level Agreement）を結び，サービスがSLAに基づいて提供されているかを監視する活動である。サービスを提供する組織（サービスプロバイダ）は，サービスの提供に先立ち，さまざまな文書を作成し，最終的に顧客との間でサービスに関する合意文書を作成する。

❏キャパシティ管理 問7

キャパシティとは，負荷に対応できる能力で，ハードウェアやソフトウェアの量や性能に左右される。キャパシティが足りないと，負荷が大きくなったときにさまざまな不具合が生じる。逆に十分すぎるキャパシティのシステムは高価で，顧客に受け入れてもらえない。キャパシティ管理では，負荷に対応するために「必要な資源」を「適切な時期」に「適切なコスト」で提供する活動を行う。キャパシティ管理は，次の三つに分類できる。

▶キャパシティ管理の分類

事業 キャパシティ管理	事業戦略計画やトレンドの分析を行うことで，将来のニーズを把握する。これは，将来にわたって必要なキャパシティを提供するための，プロアクティブ（事前対処的）なプロセスである。
サービス キャパシティ管理	サービスのパフォーマンスや最大負荷を計測，分析することで，それらのサービスがSLAの水準を達成しているかどうかを監視し報告する。
コンポーネント キャパシティ管理 （リソース キャパシティ管理）	ネットワークの帯域やディスク容量など，ITインフラの個々の要素を監視し，最適化する。

❏ RTOとRPO 問2

復旧計画は，復旧に要する時間や復旧のレベルに対して目標を設定し，目標の実現を目指して対策を立てる。代表的な設定目標として，RTO（Recovery Time Objective：目標復旧時間）とRPO（Recovery Point Objective：リカバリポイント目標）がある。RTOは，どれだけ早く復旧を行えるかを表す目標値で，「障害発生から12時間以内に基本サービスを復旧させる」などが該当する。RPOは，どれだけ最新に近い状態に戻せるかを表す目標値で，「最低でも当日の午前９時の状態にまでデータベースを復旧する」などがRPOに該当する。

❏ 可用性管理 問3 問4 問9

可用性とは，サービスを利用したいときに利用可能である特性である。SLAで合意した可用性を維持するために可用性，信頼性，保守性，サービス性を対象とした管理を行う。

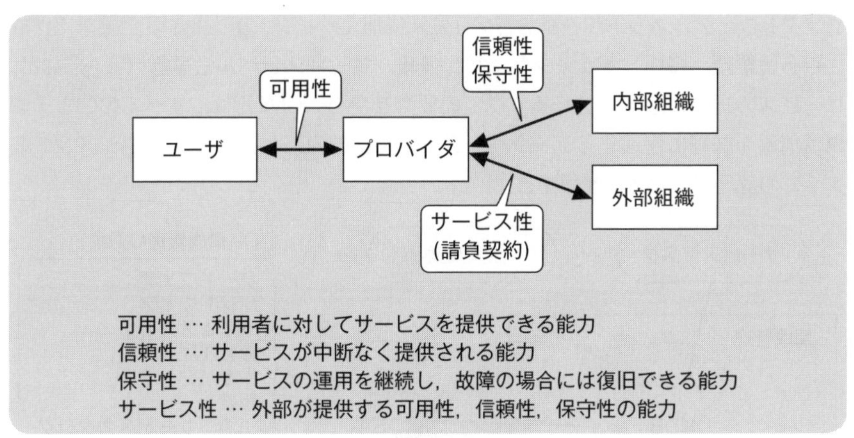

▶組織間の関係

可用性はサービスの提供にかかわる総合能力で，

実際にサービスが提供された時間÷SLAで合意したサービス提供時間

で計算する。例えば，「日中の10時間サービスを提供しなければならない」と合意していたにもかかわらず，「故障によって１時間サービスが停止した」場合，可用性は0.9となる。逆に，SLAで合意した時間外にサービスが停止したとしても，可用性には影響しない。

2.2 サービスの導入・変更

❏ 構成管理 問5

組織のITインフラの構成要素（CI）を管理し，構成管理データベース（CMDB）を常に最新に維持するプロセスである。次のような作業を行う。

- 構成管理の目的，達成目標，適用範囲，優先事項などを明確にする。
- CIについて，サービス適用範囲などの詳細事項を定める。
- CIの状態を記録する。
- CIに変更が生じた場合，CMDBに反映する。
- CMDBが最新であるかの監査を行う。

❏ CIとCMDB 問6

CIとは，構成管理の対象となるITインフラの構成要素のことである。ハードウェアやソフトウェア，ネットワークなどのIT要素に加え，インシデントや変更要求で作成される帳票類，各種ドキュメント，契約情報，サービスレベル合意書（SLA）など，サービスの提供に必要とされるすべての要素を含む。CMDBは，すべてのCIとその属性情報を詳細に管理するデータベースである。CMDBはサービスマネジメントのすべての管理プロセスが参照する。

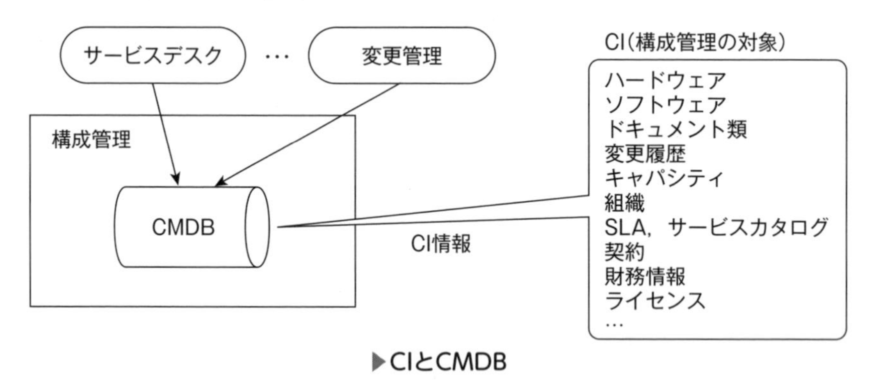

▶CIとCMDB

❏ 変更管理 問7

効率的かつ効果的に変更作業を行うとともに，変更作業に伴うサービス品質の低下を最小限に抑えるためのプロセスである。変更の許可や優先度付けを行うとともに，リリース管理および展開管理をコントロールする活動を行う。変更の実装はリリース管理および展開管理の役割であり，変更管理の役割ではない。

❑リリース管理および展開管理

変更を実装するために必要なソフトウェアやハードウェアなどの集合体をリリースという。変更管理で許可された変更は，リリースユニットやリリースパッケージの形で本番環境に展開（実装）される。リリース管理および展開管理では，リリースの構築と配付を行い，変更を確実に実装するための管理を行う。リリース管理および展開管理では，次のような活動を行う。

▶リリース管理および展開管理の活動

計画立案	変更管理で許可された変更に対して，リリース計画を立案する。
設計，構築，設定	リリースに関する標準的な手順を定め，手順書を作成する。
切り戻し計画	切り戻し計画自体は変更管理が作成する。 現実的な切り戻し計画が作成されるよう，変更管理をサポートする。
テスト，リリースの受け入れ	リリースが構築されること，構築されたリリースがユーザの要求を満たしているか，新たなインシデントが発生しないかをテストする。切り戻し手順についてもテストし，正しく終了すれば，リリースを許可する。
導入計画	リリース計画に，実装作業の情報を追加する。
コミュニケーションと準備	顧客，ユーザ，作業要員などの関係者にリリース計画や業務に対する影響を通知する（必要であればトレーニングを行う）。
配布とインストール	リリースを配布しインストールする。 インストール後は，CMDBに反映する。

2.3 サービスの運用

❑インシデント管理　問7 問9

通信障害やシステムダウンなどの，計画外のサービス中断やサービス品質の低下などを引き起こす事象を**インシデント**という。インシデント管理では，発生したインシデントの影響を低減または排除する活動が行われる。インシデントからの早期回復を目的としており，根本原因の究明や再発防止策の識別などは行わない。

❑問題管理　問8 問9

一つ以上のインシデントを引き起こす根本原因を**問題**という。問題管理では，問題を特定し，除去するための活動が行われる。

問題編

問1 ☑☐ ☐☐ ITサービスマネジメントにおけるサービスレベル管理の説明はどれか。 (H28S問19)

ア　あらかじめ定めた間隔で，サービス目標に照らしてサービスの傾向及びパフォーマンスを監視する。

イ　計画が発動された場合の可用性の目標，平常業務の状態に復帰するための取組みなどを含めた計画を作成し，導入し，維持する。

ウ　サービスの品質を阻害する事象に対して，合意したサービス目標及び時間枠内に回復させる。

エ　予算に照らして，費用を監視及び報告し，財務予測をレビューし，費用を管理する。

問2 ☑☐ ☐☐ 目標復旧時点（RPO）を24時間に定めているのはどれか。 (H26F問21)

ア　業務アプリケーションをリリースするための中断時間は，24時間以内とする。

イ　業務データの復旧は，障害発生時点から24時間以内に完了させる。

ウ　障害発生時点の24時間前の業務データの復旧を保証する。

エ　中断したITサービスを24時間以内に復旧させる。

問3 ☑☐ ☐☐ サービス提供時間帯が毎日０～24時のITサービスにおいて，ある年の４月１日０時から６月30日24時までのサービス停止状況は表のとおりであった。システムバージョンアップ作業に伴う停止時間は，計画停止時間として顧客との間で合意されている。このとき，４月１日から６月30日までのITサービスの可用性は何%か。ここで，可用性（%）は小数第３位を四捨五入するものとする。 (R2F問21)

〔サービス停止状況〕

停止理由	停止時間
システムバージョンアップ作業に伴う停止	5月2日22時から5月6日10時までの84時間
ハードウェア故障に伴う停止	6月26日10時から20時までの10時間

ア　95.52　　イ　95.70　　ウ　99.52　　エ　99.63

答1 サービスレベル管理 ▶ P.292 ………… **ア**

サービスレベル管理は，顧客とサービス提供者とであらかじめ合意したサービスレベル（水準）を維持するためのプロセスである。具体的には稼働率などの指標について監視し，水準が維持できなくなるような傾向が見られたならば各管理プロセスと連携して解決する。

イ ITサービス継続性管理の説明である。
ウ インシデント管理の説明である
エ 財務管理の説明である。

答2 RTOとRPO ▶ P.293 ………… **ウ**

目標復旧時点（RPO：Recovery Point Objective）は，運用中の情報システムに障害が発生した場合や情報システムが被災した際に，目標とする過去の復旧時点を示すものである。“ウ”の記述は，最悪でも“障害発生時点の24時間前”の時点のデータには復旧することを保証しているので，RPOを24時間に設定していることになる。

ア，イ，エ これらは目標復旧時間（RTO：Recovery Time Objective）と呼ばれる，復旧のためにかける目標時間を24時間に定めた例である。

答3 可用性管理 ▶ P.293 ………… **ウ**

ITサービスの可用性を求める式は，次のとおりである。AST（Agreed Service Time）とは，SLAや契約などで合意したサービス時間を指す。

(AST－停止時間)÷AST×100［%］

本問題では，対象となる全期間の時間から，顧客との間で合意されている計画停止時間であるシステムバージョンアップ作業に伴う停止時間を除いた時間が，ASTとなる。

対象期間は，4月1日0時から6月30日24時までで，サービス提供時間帯は毎日0時～24時ということから，4月の30日分，5月の31日分，6月の30日分を合算した時間を求めると，

(30＋31＋30)×24＝2,184［時間］

である。システムバージョンアップ作業に伴う停止時間が84時間なので，AST（合意されたサービス時間）は

2,184－84＝2,100［時間］

となる。また，この期間のハードウェア故障による停止時間が10時間なので，ITサービスの可用性は，

(2,100－10)÷2,100×100＝99.523［%］

である。

よって，小数第3位を四捨五入した可用性（%）は，“ウ”の99.52（%）となる。

問4 ☑☐ ☐☐ ITIL 2011 editionの可用性管理プロセスにおいて，ITサービスの可用性と信頼性の管理に関わるKPIとして用いるものはどれか。

（H29S問20，㊮H27S問20，㊮H24F問21）

ア　サービスの中断回数及びそのインパクトの削減率

イ　災害を想定した復旧テストの回数

ウ　処理能力不足に起因するインシデント数の削減率

エ　目標を達成できなかったSLAの項目数

問5 ☑☐ ☐☐ ITサービスマネジメントのプロセスの一つである構成管理を導入することによって得られるメリットはどれか。（H28S問20）

ア　ITリソースに対する，現在の需要の把握と将来の需要の予測ができる。

イ　緊急事態においても最低限のITサービス基盤を提供することによって，事業の継続が可能になる。

ウ　構成品目の情報を正確に把握することによって，他のプロセスの確実な実施を支援できる。

エ　適正な費用で常に一定した品質でのITサービスが提供されるようになる。

問6 ☑☐ ☐☐ JIS Q 20000-2:2013（サービスマネジメントシステムの適用の手引）によれば，構成管理プロセスの活動として，適切なものはどれか。

（H30S問20）

ア　構成品目の総所有費用及び総減価償却費用の計算

イ　構成品目の特定，管理，記録，追跡，報告及び検証，並びにCMDBでのCI情報の管理

ウ　正しい場所及び時間での構成品目の配付

エ　変更管理方針で定義された構成品目に対する変更要求の管理

答4 可用性管理 ▶ P.293 ………… **ア**

可用性と信頼性の管理では，定められた可用性及び信頼性を維持できるように管理活動を行う。その活動状況を定量的に評価するためのKPI（Key Performance Indicator：重要業績評価指標）としては，稼働率，サービスの中断回数及びそのインパクトの削減率，ダウンタイムなどが挙げられる。

イ　復旧テストの回数は，ITサービス継続性管理のKPIとして用いられる。
ウ　性能不足に起因するインシデント数の削減率は，キャパシティ管理のKPIとして用いられる。
エ　未達成SLA項目数は，サービスレベル管理のKPIとして用いられる。

答5 構成管理 ▶ P.294 ………… **ウ**

構成管理プロセスでは，提供するITサービスを構成するすべての構成要素（CI）を明確にし，管理する。信頼できるCIの情報を他のサービスマネジメントプロセスに提供することによって，他のプロセスの確実な実施を支援することができる。

ア　キャパシティ管理プロセスの導入によって得られるメリットに関する記述である。
イ　ITサービス継続性管理プロセスの導入によって得られるメリットに関する記述である。
エ　サービスレベル管理プロセスの導入によって得られるメリットに関する記述である。

答6 CIとCMDB ▶ P.294 ………… **イ**

構成管理プロセスでは，提供するITサービスを構成する構成品目を“構成アイテム（CI）”として明確にし，管理台帳や構成管理データベース（CMDB）に記録して把握・管理する。CMDBに記録する情報は，最新の内容を保つよう管理する。

ア　予算業務及び会計業務プロセスの活動に該当する。
ウ　リリース及び展開管理プロセスの活動に該当する。
エ　変更管理プロセスの活動に該当する。

問7 ☑☐ ☐☐ ITサービスマネジメントの活動のうち，インシデント及びサービス要求管理として行うものはどれか。 (R元F問20)

ア　サービスデスクに対する顧客満足度が合意したサービス目標を満たしているかどうかを評価し，改善の機会を特定するためにレビューする。

イ　ディスクの空き容量がしきい値に近づいたので，対策を検討する。

ウ　プログラムを変更した場合の影響度を調査する。

エ　利用者からの障害報告を受けて，既知の誤りに該当するかどうかを照合する。

問8 ☑☐ ☐☐ ITサービスマネジメントにおける問題管理プロセスの活動はどれか。 (H29S問21)

ア　根本原因の特定　　イ　サービス要求の優先度付け

ウ　変更要求の記録　　エ　リリースの試験

問9 ☑☐ ☐☐ ITサービスマネジメントにおける問題管理プロセスにおいて実施することはどれか。 (H31S問20，H27F問20)

ア　インシデントの発生後に暫定的にサービスを復旧させ，業務を継続できるようにする。

イ　インシデントの発生後に未知の根本原因を特定し，恒久的な解決策を策定する。

ウ　インシデントの発生に備えて，復旧のための設計をする。

エ　インシデントの発生を記録し，関係する部署に状況を連絡する。

答7　キャパシティ管理 ▶ P.292　変更管理 ▶ P.294　インシデント管理 ▶ P.295 ……………… **エ**

インシデント及びサービス要求管理では，障害などのサービス品質を阻害，あるいは低下させる事象（インシデント）の発生に対し，その影響を排除または低減し，サービスを回復するための活動を行う。既知のエラーに該当するかどうかを照合することで，過去に同様のインシデントが発生したことがあるか，参考となる解決策や回避策などがあるかといったことを調べるのも，インシデント及びサービス要求管理として行うべき内容である。

ア　サービスレベル管理で行うべき内容である。
イ　キャパシティ管理で行うべき内容である。
ウ　変更管理で行うべき内容である。

答8　問題管理 ▶ P.295 ……………… **ア**

問題管理プロセスは，インシデントを引き起こす根本的な原因を特定・調査し，原因究明及び解決を図るプロセスである。

イ　サービス要求の優先度付けは，要求実現プロセスの活動の一つである。
ウ　変更要求の記録は，変更管理プロセスの活動の一つである。
エ　リリースの試験は，リリース管理および展開管理プロセスの活動の一つである。

答9　可用性管理 ▶ P.293　インシデント管理 ▶ P.295　問題管理 ▶ P.295 ……… **イ**

問題管理は，各インシデント（障害）の根本的な原因を調査し，原因究明及び解決を図るプロセスである。原因究明された問題は，対処法がすでに分っている“既知のエラー”となる。

ア，エ　インシデント管理プロセスで実施する。
ウ　可用性管理プロセスやITサービス継続性管理プロセスで実施する。

システム監査

知識編

3.1 システム監査の基礎

❑ 内部統制

組織体内部をコントロール（統制）することである。具体的には，分業体系化された組織単位がその組織目標の達成のために正常に活動しているかどうかをチェックする体制や仕組みを意味する。あくまでも組織目標を実現するための仕組みであり，組織を構成する人々の不正な活動を摘発することは目的ではない。

内部統制には，資産管理や会計管理のチェックを目的とする会計統制と，業務管理をチェックする目的の業務統制があり，会計監査で会計統制が十分に機能しているかを確認し，業務監査で業務統制の存在の有無や妥当性について監査する。

米国では2002年に**SOX法**（サーベンス・オクスリー法）が定められ，内部統制システムの確立と運用，およびその監査が義務付けられるようになった。日本では，2006年の会社法改正において内部統制システム構築の義務が課せられるようになり，さらに2006年に改正された金融商品取引法において，内部統制報告書の監査証明を義務付ける規定（俗にいう**日本版SOX法**）が設けられた。

❑ システム監査 問1

システム監査基準では，「システム監査とは，専門性と客観性を備えたシステム監査人が，一定の基準に基づいて情報システムを総合的に点検・評価・検証をして，監査報告の利用者に情報システムのガバナンス，マネジメント，コントロールの適切性等に対する保証を与える，又は改善のための助言を行う監査の一類型である。また，システム監査は，情報システムにまつわるリスク（以下「情報システムリスク」という。）に適切に対処しているかどうかを，独立かつ専門的な立場のシステム監査人が点検・評価・検証することを通じて，組織体の経営活動と業務活動の効果的かつ効率的な遂行，さらにはそれらの変革を支援し，組織体の目標達成に寄与すること，又は利害関係者に対する説明責任を果たすことを目的とする」と定義している。

❑ 情報システムの可監査性とその要件

システム監査の実施がどの程度可能であるかを意味するのがシステムの可監査性である。情報システムの可監査性の要件は，次の二つである。

▶可監査性の要件

コントロールの存在	情報システムに信頼性，安全性，効率性を確保するようなコントロールが含まれていること
監査証跡の存在	情報システムの信頼性，安全性，効率性が確保されていることを，事後的かつ継続的に検証できるようにするための手段が用意されていること

❑ 監査証跡

事象の発生から最終結果に至るまでの処理過程を追跡できる仕組みで，システムの可監査性が高まり，システム監査の実施を容易にする。監査証跡の存在によって，データの源泉から最終結果に至るまでの過程や承認行為を事後に追跡でき，監査の結論を直接的に裏づける監査証拠を得ることができる。

❑ 監査証拠 問2

システム監査の結論（評価や指摘，勧告など）を立証する事実のことである。監査証拠には，物理的証拠，文書的証拠，口頭的証拠の三種類がある。

3.2 システム監査の実施

❑ システム監査の実施手順

システム監査の手順は次図のとおりである。

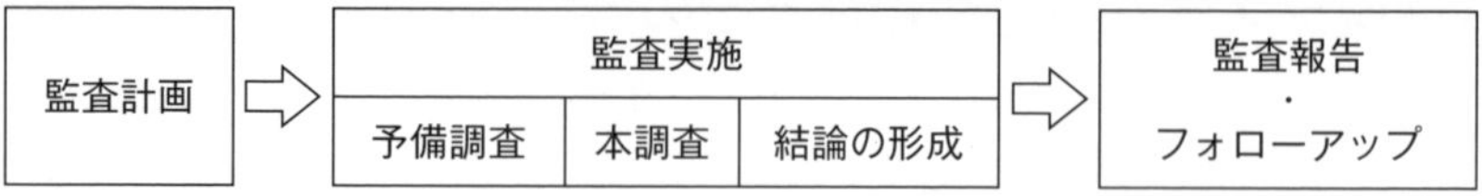

監査計画	⇒	監査実施			⇒	監査報告・フォローアップ
		予備調査	本調査	結論の形成		

監査計画	システム監査を効率的に実施するための計画を策定する。
予備調査	資料調査やインタビューを行い，監査対象の実態を把握する。
本調査	監査結論を裏付ける十分かつ適切な監査証拠を入手する。
結論の形成	入手した監査証拠をもとに，監査の結論を導く。
監査報告・フォローアップ	監査報告書を作成し提出する。改善提案のフォローアップを行う。

▶**監査実施の概要**

❏予備調査 問5 問6

予備調査の目的は，

- 調査の対象となるコントロールの有無を確認すること
- 監査対象業務の実態を的確に把握し，本調査を円滑かつ効率的に実施するための監査手続書を作成すること

である。本調査の実施前に，関連の文書類を入手して問題点を把握したり，監査証拠の収集方法を確認したりする目的で実施する。事前調査ともいう。

❏本調査 問6

監査目的を達成するために，**予備調査**の結果に基づいて作成した監査手続書に従って調査・分析を行い，合理的な**監査証拠**を入手する。また，入手した監査証拠について，十分な証拠能力と証拠量があるかどうか評価する。

❏監査技法 問7 問8

基本的な監査技法には次のようなものがある。

▶基本的な監査技法

チェックリスト法	監査人が作成したチェックリスト（質問書）に対して，特定者から回答を求める方法。標準の質問書を利用するときは，監査対象に適合するように質問の範囲や内容を調整する
ドキュメントレビュー法	特定の情報を収集するために，関連する資料や文書類を監査人自らレビューする手法。事前準備として，被監査部門のドキュメント整備状況を把握しておく
突合法・照合法	関連する記録を突き合わせる方法（例えば，記録された最終結果とその起因となった事象を示す原始データまでさかのぼり突合せをする）
現地調査法	システム監査人が現地に赴き，そこでの作業状況を自ら調査する方法。原始データの始点から流れに沿って作業を追跡調査する方法や，一定の作業環境を一定時間ごとに調査する方法などがある
インタビュー法	特定の事項を立証するために，システム監査人が特定の者に直接問合せを行い，回答を得る方法

❑監査報告書

システム監査の最終結果として作成する。監査報告書の目的は，監査の依頼者にシステム監査人の活動結果を正確に伝えることである。システム監査は任意監査であるため，監査の結論として問題点を指摘したり，改善提案を記載しても，被監査部門に対して改善命令を出す権限はシステム監査人にはない。監査を依頼した組織体の長が，システム監査報告書を受けて適切な改善措置を命じる。

❑改善提案のフォローアップ 問4

システム監査で明らかになった問題点は，監査報告書に書かれた改善提案に基づき，監査の依頼者による指揮監督のもとで，被監査部門の要員が改善する。この際，システム監査人は被監査部門の改善実施状況を把握し，改善提案の実現を促進するためのフォローアップを行なう。システム監査人は，改善の実施そのものに責任をもつことはなく，フォローアップとして改善計画の内容や改善の実施状況のモニタリングを行う。

❑助言型監査と保証型監査

監査対象の情報システムのガバナンス，マネジメント，コントロールの適切性等を点検・評価・検証し，改善のための助言を行うのが助言型監査であり，保証を行うのが保証型監査である。

問題編

問1 ☑□□□ クラウドサービスの導入検討プロセスに対するシステム監査において，クラウドサービス上に保存されている情報の消失の予防に関するチェックポイントとして，適切なものはどれか。 (R元F問21，H28S問21)

ア　既存の社内情報システムとのIDの一元管理の可否が検討されているか。

イ　クラウドサービスの障害時における最大許容停止時間が検討されているか。

ウ　クラウドサービスを提供する事業者に信頼が置け，かつ，事業やサービスが継続して提供されるかどうかが検討されているか。

エ　クラウドサービスを提供する事業者の施設内のネットワークに，暗号化通信が採用されているかどうかが検討されているか。

問2 ☑□□□ 監査証拠の入手と評価に関する記述のうち，システム監査基準（平成30年）に照らして，**適切でないもの**はどれか。 (R2F問22)

ア　アジャイル手法を用いたシステム開発プロジェクトにおいては，管理用ドキュメントとしての体裁が整っているものだけが監査証拠として利用できる。

イ　外部委託業務実施拠点に対する現地調査が必要と考えたとき，委託先から入手した第三者の保証報告書に依拠できると判断すれば，現地調査を省略できる。

ウ　十分かつ適切な監査証拠を入手するための本調査の前に，監査対象の実態を把握するための予備調査を実施する。

エ　一つの監査目的に対して，通常は，複数の監査手続を組み合わせて監査を実施する。

答1 システム監査 ▶ P.302 …… **ウ**

クラウドサービス上に保存した情報については，利用者はその情報をクラウドサービス事業者側に預け，事業者側が管理責任を負うことになる。事業者側の信頼性（バックアップ体制など）やサービスの安定性に問題があると，大きな障害やサービス停止などによって，預けていた情報が消失してしまう危険性もあるので，しっかりとチェックしておく必要がある。

他の選択肢の内容は，情報の完全性（整合性）や可用性，機密性に関するチェックポイントであり，情報の消失に直接つながるような内容ではない。

答2 監査証拠 ▶ P.303 …… **ア**

システム監査基準（平成30年）では，“アジャイル手法を用いたシステム開発プロジェクトなど，精緻な管理ドキュメントの作成に重きが置かれない場合”を取り上げ，監査証拠の入手における留意点をいくつか提示している。その中に次のような記述がある。

---

(3) 必ずしも管理用ドキュメントとしての体裁が整っていなくとも監査証拠として利用できる場合があることに留意する。例えばホワイトボードに記載されたスケッチの画像データや開発現場で作成された付箋紙などが挙げられる。

問3 ☑☐ ☐☐ 金融庁の“財務報告に係る内部統制の評価及び監査に関する実施基準”における“ITへの対応”に関する記述のうち，適切なものはどれか。

(H28F問22)

ア　IT環境とは，企業内部に限られた範囲でのITの利用状況である。

イ　ITの統制は，ITに係る全般統制及びITに係る業務処理統制から成る。

ウ　ITの利用によって統制活動を自動化している場合，当該統制活動は有効であると評価される。

エ　ITを利用せず手作業だけで内部統制を運用している場合，直ちに内部統制の不備となる。

問4 ☑☐ ☐☐ システム監査の改善指導（フォローアップ）において，被監査部門による改善が計画よりも遅れていることが判明したとき，システム監査人が採るべき行動はどれか。

(H29F問21)

ア　遅れを取り戻すために，具体的な対策の実施を，被監査部門の責任者に指示する。

イ　遅れを取り戻すために，被監査部門の改善活動に参加する。

ウ　遅れを取り戻すための方策について，被監査部門の責任者に助言する。

エ　遅れを取り戻すための要員の追加を，人事部長に要求する。

答3 ……………………………………………………………………………… **イ**

金融庁による“財務報告に係る内部統制の評価及び監査の基準”では，ITへの対応は“IT環境への対応”と“ITの利用及び統制”からなるものとされている。ITの統制は後者に含まれ，情報システムに関する統制のことを意味する。その構築については，

> ITに対する統制活動は，全般統制と業務処理統制の二つからなり，完全かつ正確な情報の処理を確保するためには，両者が一体となって機能することが重要となる。

と記されている。

全般統制は，各業務システムの内部統制（業務処理統制）が有効に機能する環境を保証するための統制活動であり，複数の業務システムに共通して適用されるものである。“財務報告に係る内部統制の評価及び監査に関する実施基準”では，全般統制の具体例として，次の項目を挙げている。

- ・システムの開発，保守に係る管理
- ・システムの運用・管理
- ・内外からのアクセス管理などシステムの安全性の確保
- ・外部委託に関する契約の管理

一方，業務処理統制は，業務を管理するシステムにおいて承認された業務が全て正確に処理，記録されることを確保するための統制活動であり，個別の業務システムに適用されるものである。“財務報告に係る内部統制の評価及び監査に関する実施基準”では，具体例として，次の項目を挙げている。

- ・入力情報の完全性，正確性，正当性を確保する統制
- ・例外処理（エラー）の修正と再処理
- ・マスタデータの維持管理
- ・システムの利用に関する認証，操作範囲の限定などのアクセス管理

答4 改善提案のフォローアップ ▶ P.305 ……………………………… **ウ**

システム監査を行う監査人は，監査報告書の提出後，助言や改善勧告に基づいて適切な措置が実施されているかどうかを確認・評価し，必要に応じて指導・助言を行う。これをフォローアップ活動という。このとき，システム監査人は第三者の立場として指導・助言を行うのであって，自らが改善活動の当事者になることはない。つまり，“ウ”のように“責任者に助言する”のは適切だが，他の選択肢のように，被監査部門に対して直接指示したり，改善活動に参加したりするのは適切な行動ではない。

問5 ☑□ □□ システム監査人が予備調査で実施する監査手続はどれか。

(H28S問22)

ア　監査対象に関する手順書や実施記録，及び被監査部門から入手した監査証拠に基づいて，指摘事項をまとめる。

イ　監査対象に対する被監査部門の管理者及び担当者のリスクの認識について，アンケート調査によって情報を収集する。

ウ　被監査部門の管理者の説明を受けながら，被監査部門が業務を行っている現場を実際に見て，改善提案の実現可能性を確かめる。

エ　被監査部門の担当者に対して，監査手続書に従ってヒアリングを行い，監査対象の実態を詳細に調査する。

問6 ☑□ □□ システム監査人が，予備調査において実施する作業として，“システム監査基準”に照らして適切なものはどれか。 (H27F問21)

ア　監査テーマに基づいて，監査項目を設定L，監査手続を策定し，個別監査計画書に記載する。

イ　経営トップにヒアリングを行い，経営戦略・方針，現在抱えている問題についての認識を確認し，監査テーマを設定する。

ウ　個別監査計画を策定するために，監査スケジュールについて被監査部門と調整を図る。

エ　被監査部門から事前に入手した資料を閲覧し，監査対象の実態を明確に把握する。

答5 予備調査 ▶ P.304 ………………………………………… イ

システム監査は，監査計画の策定，監査実施，監査報告，フォローアップの順に実施される。このうち，監査実施プロセスは，予備調査，本調査，評価・結論の順で行われる。

予備調査は，本調査に先立って，システム監査対象の実態を把握する調査である。個別計画書の策定段階で設定された監査目標ごとに，監査対象のコントロールの有無やその整備状況を調査し，本調査での監査手続を円滑かつ効率的に行えるようにする。具体的には，システム設計書，企画書，開発マニュアルなどの開発にかかわる資料や各種の運用業務マニュアルを調査して，情報システムおよびそれを利用する業務の範囲，処理内容やデータの流れ，データの入出力などについて明確にする。また，そこで明確になった情報システムの状況から，コントロールの不備や問題となりそうな項目，リスクの認識などについて，情報システムにかかわる担当者や管理者にアンケート調査を行うこともある。

ア　監査実施プロセスの評価・結論の作業に関する記述である。
ウ　監査報告プロセスの監査報告書の作成に先立って行われる，被監査部門との意見交換の作業に関する記述である。
エ　監査実施プロセスの本調査の監査手続に関する記述である。

答6 予備調査 ▶ P.304　本調査 ▶ P.304 ………………………………………… エ

“システム監査基準”では，システム監査の手続きについて，

監査計画 → 調査（予備調査 → 本調査）
→ 評価・報告（監査報告書の作成）→ フォローアップ

の順序で実施することを定めている。

予備調査では，本調査を円滑に進めるため，アンケート調査や資料収集によって監査対象のコントロールの有無や問題点の概要などを把握する。本調査では，予備調査で得た情報をもとに，現場に赴き調査を行って監査証拠の収集などを行う。

“エ”が事前資料の入手や実態の把握に言及しているので，これが予備調査に該当する。他の選択肢の内容は，いずれも監査計画の段階で実施する作業である。

問7 ☑☐ ☐☐ システム監査基準（平成30年）における監査手続の実施に際して利用する技法に関する記述のうち，適切なものはどれか。 (R元F問22)

ア　インタビュー法とは，システム監査人が，直接，関係者に口頭で問い合わせ，回答を入手する技法をいう。

イ　現地調査法は，システム監査人が監査対象部門に直接赴いて，自ら観察・調査するものなので，当該部門の業務時間外に実施しなければならない。

ウ　コンピュータ支援監査技法は，システム監査上使用頻度の高い機能に特化した，しかも非常に簡単な操作で利用できる専用ソフトウェアによらなければならない。

エ　チェックリスト法とは，監査対象部門がチェックリストを作成及び利用して，監査対象部門の見解を取りまとめた結果をシステム監査人が点検する技法をいう。

問8 ☑☐ ☐☐ 販売管理システムにおいて，起票された受注伝票が漏れなく，重複することなく入力されていることを確かめる監査手続のうち，適切なものはどれか。 (H27F問22，H25F問21)

ア　受注データから値引取引データなどの例外取引データを抽出し，承認の記録を確かめる。

イ　受注伝票の入力時に論理チェック及びフォーマットチェックが行われているか，テストデータ法で確かめる。

ウ　プルーフリストと受注伝票との照合が行われているか，プルーフリスト又は受注伝票上の照合印を確かめる。

エ　並行シミュレーション法を用いて，受注伝票を処理するプログラムの論理の正当性を確かめる。

答7 監査技法 ▶ P.304 ……………………………………………………………… **ア**

システム監査基準（平成30年）では監査手続きの技法について言及があり，インタビュー法については

“インタビュー法とは，監査対象の実態を確かめるために，システム監査人が，直接，関係者に口頭で問い合わせ，回答を入手する技法をいう。”

としている。

イ　現地調査法については確かに“システム監査人が，被監査部門等に直接赴き，対象業務の流れ等の状況を，自ら観察・調査する技法をいう。”と述べられているが，特に実施時間帯については限定していない（当該部門の業務時間内に実施してもよい）。

ウ　コンピュータ支援監査技法については，“監査対象ファイルの検索，抽出，計算等，システム監査上使用頻度の高い機能に特化した，しかも非常に簡単な操作で利用できるシステム監査を支援する専用のソフトウェアや表計算ソフトウェア等を利用してシステム監査を実施する技法をいう。”と述べられている。専用ソフトウェアは手段の一つであって，それを利用しなければならないと限定するものではない。

エ　チェックリスト法については“システム監査人が，あらかじめ監査対象に応じて調整して作成したチェックリスト（通例，チェックリスト形式の質問書）に対して，関係者から回答を求める技法をいう。”と述べられている。リストを作成するのは監査対象部門ではなく，監査人である。

答8 監査技法 ▶ P.304 ……………………………………………………………… **ウ**

起票された受注伝票が「漏れなく」「重複することなく」入力されていることを確かめるためには，受注伝票と入力された内容を一つひとつ照合すればよい。このために有効なのがプルーフリスト（入力内容を加工せずそのまま印刷したリスト）である。プルーフリストと受注伝票が照合されていることが（照合印によって）確認できれば，適切な入力が行われていることの確認手続になる。

ア　例外取引に対する承認が適切に行われているかを確認する手続である。

イ　入力ミスに対する予防策がとられているかを確認する手続である。

エ　プログラムで用いられるアルゴリズムの正当性を確認する手続である。

ストラテジ

システム戦略

知識編

1.1 情報システム戦略

❏ 全体最適化計画 問1

情報システムを個別業務の最適化の目的で導入するのではなく，企業活動全体の最適化につながるように導入することを全体最適化という。全体最適化計画は，全体最適化の方針や目標に基づいて，企業における中長期計画として策定する。全体最適化計画策定は次のような手順で行う。

①経営環境の理解…経営環境を外部環境と内部環境の側面から調査する。
②業務モデルの作成…全体業務や個別業務の関連などを調査し，モデル化する。
③情報システム体系の策定…個別システムの体系やデータベースモデルなどを作成する。
④インタビュー…経営トップや各部門から問題点や情報システムのニーズを洗い出す。
⑤情報システム開発課題の整理…ニーズや開発課題を整理し，情報システムの必要性を明確にする。
⑥中長期計画の策定と文書化…中長期計画の策定に合わせて，全体最適化計画を文書化する。

全体最適化計画には，次の項目を記載する。

- 経営環境
- 業務モデルの定義
- 現行システムの評価
- 情報システム体系
- 個別システムの構成
- 個別システムの開発優先順位
- 情報システム基盤の整備計画
- 中期の開発計画
- 費用対効果
- 推進体制

❏ 情報化投資

全体最適化計画をもとにブレークダウンし，個々のプロジェクトに必要な金額を集計して投資額を決定する。経営戦略に貢献する情報システムの投資額は大きくするなど，情報化投資は経営戦略と整合している必要がある。策定した投資計画は，情報戦略の責任者によって承認され，関係者に周知される。

システム管理基準では「情報化投資」のポイントとして，次の六つを挙げている。

- 情報化投資計画は，経営戦略との整合性を考慮して策定すること
- 情報化投資計画の決定に際して，影響，効果，期間，実現性等の観点から複数の選択肢を検討すること
- 情報化投資に関する予算を適切に執行すること
- 情報化投資に関する投資効果の算出方法を明確にすること
- 情報システムの全体的な業務及び個別のプロジェクトの業績を財務的な観点から評価し，問題点に対して対策を講じること
- 投資した費用が適正に使用されたことを確認すること

❏投資効果の定量測定　問3

投資効果を定量的に算出方法には次のようなものがある。

▶投資効果の算出方法

ROI（Return On Investment：投資利益率）	投資によって得られる利益を求める。 ROI＝(利益／投資額)×100
単純回収期間法	投資額を回収できる期間をもとに評価する（貨幣の時間価値変動は考えない）。
NPV法	投資によって得られる価値を，現在価値に置き換えて評価する。
IRR法	投資額と投資によって得られる価値（現在価値）が等しくなる利率（内部利益率）を求め，この大小によって評価する。

単純回収期間法では，

投資額＝投じた資金の回収期間×各年の現金流出入額（キャッシュフロー）
　　　＝投じた資金の回収期間×(年平均総利益＋年平均減価償却費)

という関係が成り立つものとして，

回収期間＝投資額÷(年平均総利益＋年平均減価償却費)

という式から回収期間を推計する。単純回収期間法に金銭の時間的な価値変動の要素を盛り込んで，より詳細な検証を行う手法として，DPP（Discounted Pay-Back Period：割引回収期間）法がある。

効果的に企業価値を高める投資プランを策定すること，およびそのために適切な資金調達を行うことを総称して，**コーポレートファイナンス**と呼ぶ。

❏エンタープライズアーキテクチャ（EA）―――問4 問5

組織全体の業務とシステムを個別に改善しても，混乱が生じるだけで効果は望めない。**業務とシステムは統一的な手法でモデル化し，同時に改善する**ことが望ましい。その代表的な方法が**EA（エンタープライズアーキテクチャ）**である。

EAでは，企業基盤や活動を次の四つの階層で考え，文書化する。

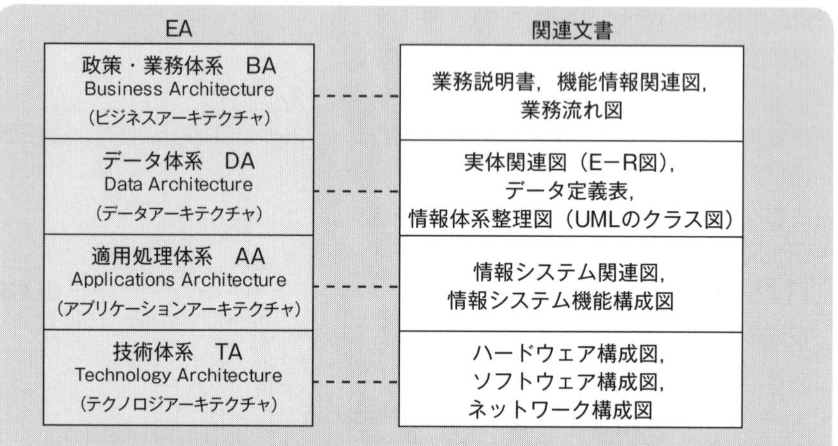

▶エンタープライズアーキテクチャ

EAを進める上では，まず現状のモデル（**AsIs**）を，次に理想としてのモデル（**ToBe**）を明らかにし，その間に次期モデルを設定する。四つの階層で企業の全体像を把握し，ToBeでゴールを意識するからこそ，整合性のとれた計画的な開発を行うことができる。

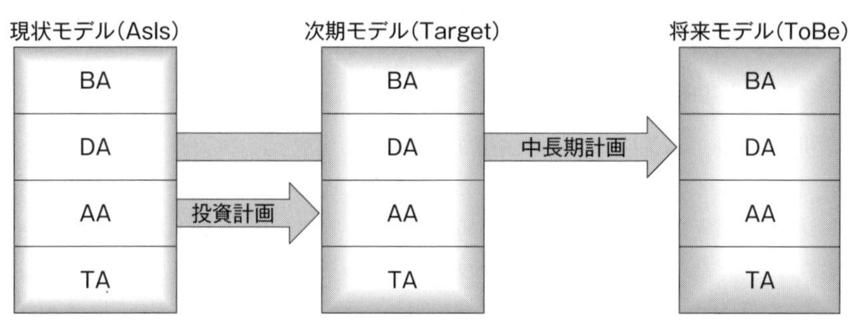

▶AsisとToBe

1.2 業務プロセス

❏BPR（Business Process Re-engineering）

企業の業務を抜本的に改革することである。BPRを提唱したM.ハマーは，リエンジニアリングを「コスト，品質，サービス，スピードのような，重大で現代的なパフォーマンス基準を劇的に改善するために，ビジネスプロセスを根本的に考え直し，抜本的にそれをデザインし直すこと」と定義している。業務プロセスを継続的に改善する活動を**BPM**（Business Process Management）といい，BPRを継続して繰り返すことを意味する。

❏SFA（Sales Force Automation）

ITを活用して，営業担当者や営業部門を支援し，営業活動を革新的に効率化するシステムである。顧客との関係を管理する**CRM**（Customer Relationship Management）の一環として，顧客満足度と成約率を高めるとともに，営業活動そのものを正確化・効率化することを目的とする。

❏BPO（Business Process Outsourcing）

企業が行う業務のうち，中核となる業務（コアビジネス）以外の業務の一部または全部を，情報システムと併せて外部に委託することである。経営資源をコアビジネスに集中させることができ，経営資源を効率的に使用することができる。

1.3 ソリューションビジネス

❑業務パッケージ

業務プロセスの改善は，企業の主要な業務を情報化するためのパッケージソフトウェア（業務パッケージ）を導入する形で行われることも多い。一般的には，業務パッケージには標準的な業務機能が実装されているが，自社の業務プロセスと完全に一致することは稀である。そのため，**フィット＆ギャップ分析**を行い，自社の業務プロセスに適合する部分と適合しない部分を洗い出し，適合しない部分については改変（カスタマイズ）を行う。ただし，過度のカスタマイズは業務プロセスの改善を阻害する可能性があるため，十分な検討が必要となる。

❑SaaS（Software as a Service）

ソフトウェア機能をネットワーク経由でサービスとして提供する**クラウドサービス**である。**ASP**（Application Service Provider）と呼ばれるサービス形態と同一視されることもあるが，利用者は必要な機能だけを使用し，使用分に対してのみ対価を支払い，一つのサービス機能を複数の企業で利用するマルチテナント方式を採用することが一般的である。

❑SOA（Service Oriented Architecture）

業務システムの機能を，利用者の視点から複数の独立したソフトウェア部品に分割し，業務機能を提供するサービス（ソフトウェア部品）を組み合わせることによって，システムを構築する考え方である。

1.4 システム化計画

❑システム化構想の立案

経営事業目標を前提に，事業環境（市場や競合企業，取引先，法規制）や業務環境を分析し，事業目標，業務目標との関係を明確にした上で，経営課題を解決するための新たな業務やシステムの構想を立案する。次のような活動を行い，将来的な業務の全体像を作成し，最上位の業務機能や業務組織との関係を明確化する。

▶システム化構想の立案における主な活動

情報技術動向の分析	IT技術の動向を調査し，競争優位や事業機会を生み出す情報技術の利用方法について分析する。
対象業務の明確化	検討の対象となる業務を明確化し，優先順位をつける。
業務の新全体像の作成	業務の明確化に沿って，最上位の業務モデルを検討する。また，新システムの全体イメージも作成する。

❏システム化計画の立案

システム化構想を具現化するための活動を行い，システム化計画やプロジェクト計画を具体化して利害関係者の合意を得る。次のような活動を行う。

▶システム化計画の立案における主な活動

対象業務とシステム課題の確認	システム化の対象とする業務の内容，そこで扱う情報について確認する。また，業務の問題点を分析して，システム化によって実現すべき課題を定義する。
業務モデルの作成	システム化機能を整理し，情報と処理の流れを明確にするために業務機能をモデル化する。この業務モデルには，日常業務の活動だけでなく，意思決定や戦略計画に関わる活動も含まれる。
システム化計画の作成と承認	検討結果として得られたシステム化計画を文書化し，承認を得る。
プロジェクト計画の作成と承認	開発や運用に必要なリソース，作業項目，スケジュールなどを明確にする。

これらの活動の結果を受け，要件定義が実施される。要件定義では，システム化の対象となる利害関係者の要求の抽出やシステム化の対象となる業務要件の定義などが，より詳細なレベルで実施される。

1.5 要件定義

❏要求分析

ヒアリングやアンケートなどの手法を用いて，**ユーザ要求**を調査する。各種調査の結果を分析し，UMLやDFD，E-R図などを用いて現状の業務手順をモデル化する。

❏業務要件定義

要求分析で明らかになった問題や要望を整理する。問題に因果関係がある場合には，特性要因図などを用いて真の問題を追求する。これらをもとに改善ポイントを明らかにし，**業務要件**としてまとめる。業務要件定義に基づき，新たな業務手順を設計し，UMLやDFD，E-R図などを用いてモデル化する。

なお，問題や要望の整理は，次の観点から行う。

● 問題と要望の分類

問題と要望では対応のレベルが異なる。要望として出されたものであっても，業務に支障があるようなものは問題に分類する。

● 影響度と緊急性による分類

問題を影響度と緊急性によって分類する。

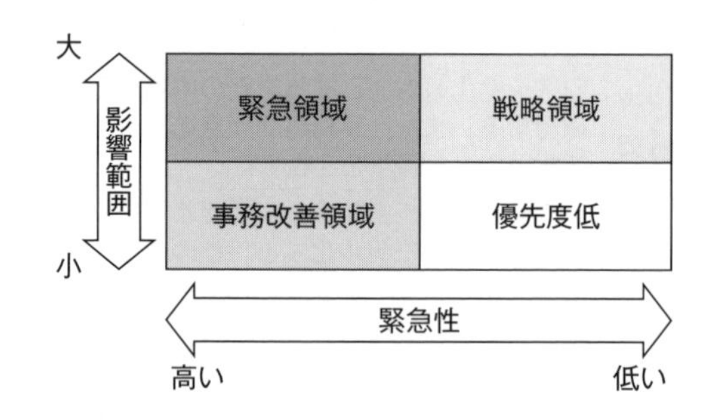

▶影響範囲と緊急性による分類

緊急領域は，法改正やベンダの製造中止など，早急に対策をとらなければ業務に大きな影響を与えるものである。戦略領域は，業務改革の実現にかかわるもの，事務改善領域は特定事務における効率化にかかわるものである。問題を，これらの領域に分けた上で，システム化の目的に合わせて優先順位を設定する。

● 性質による分類

問題を業務改革に関するもの，情報リテラシーに関するもの，サポート体制に関するものなどに分類する。

❏機能要件定義 問8

業務要件定義によってモデル化された結果から，システムに必要な機能を**機能要件**として定義する。例えば，ユースケース図に現れたユースケースは，システムが実現すべき機能なので，機能要件として定義する。また，画面や帳票イメージも整理する。

❏非機能要件定義

業務要件ではないが，サービスレベルやセキュリティに関してシステムに要求される機能を**非機能要件**として定義する。

1.6 調達

❏調達の手順

調達とは，供給者を決定して納入品を受け取ることであり，企業内で調達することもあれば，ベンダなどを通して外部から調達することもある。外部からの調達は，次のような手順で行われる。

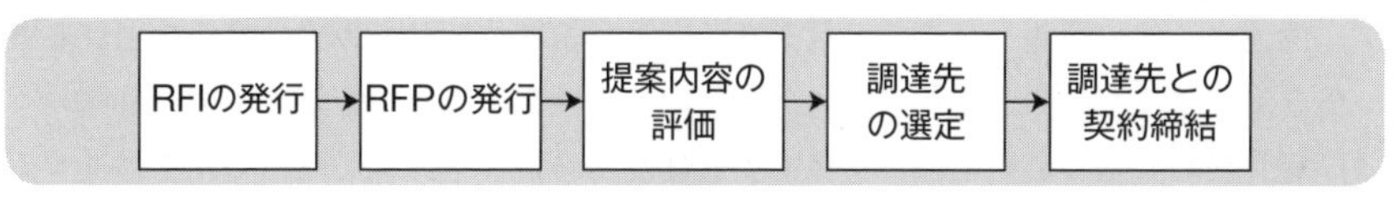

▶調達の手順

❏RFI（Request For Information） 問9

RFI（情報提供要請，情報提供依頼書）は，ベンダへの情報提供の要請，または，そのための文書である。ベンダに対して，システム化の目的や業務内容などを提示し，これらに対する実現可能性や技術動向，実現するために利用可能な技術や製品，導入実績といった実現手段に関する情報の提供を依頼する。

❏RFP（Request For Proposal）

RFP（提案依頼書，提案要請）は，ベンダへの提案の要請，または，そのための文書である。定義された要件（機能要件，非機能要件），システムを構築する費用の範囲，提案の評価項目，開発に関する条件など，ベンダが提案を作成するのに必要な要求事項を記載する。この際，曖昧な点や不完全な点がないよう注意する。また，要求事項の重要度に応じて重み付けをするルールを設けるなど，事前に提案の評価方法や選定の手順を決定しておく必要がある。RFPは，**RFI**の回答をもとに発行するのが一般的である。

問題編

問1 ☑☐ ☐☐ "システム管理基準"によれば，情報戦略における情報システム全体の最適化目標を設定する際の留意事項はどれか。 (H27F問23)

ア　開発，運用及び保守の費用の算出基礎を明確にすること
イ　開発の規模，システム特性などを考慮して開発手順を決めておくこと
ウ　経営戦略との整合性を考慮すること
エ　必要な要員，予算，設備，期間などを確保すること

問2 ☑☐ ☐☐ システム管理基準（平成16年）によれば，情報戦略策定段階の成果物はどれか。 (H30S問23)

ア　関連する他の情報システムと役割を分担し，組織体として最大の効果を上げる機能を実現するために，全体最適化計画との整合性を考慮して策定する開発計画
イ　経営戦略に基づいて組織体全体で整合性及び一貫性を確保した情報化を推進するために，方針及び目標に基づいて策定する全体最適化計画
ウ　情報システムの運用を円滑に行うために，運用設計及び運用管理ルールに基づき，さらに規模，期間，システム特性を考慮して策定する運用手順
エ　組織体として一貫し，効率的な開発作業を確実に遂行するために，組織体として標準化された開発方法に基づいて策定する開発手順

問3 ☑☐ ☐☐ 情報戦略の投資効果を評価するとき，利益額を分子に，投資額を分母にして算出するものはどれか。 (R2F問23，H27S問23，H24S問23，H22S問24)

ア　EVA　　イ　IRR　　ウ　NPV　　エ　ROI

答1　全体最適化計画 ▶ P.316 ……………………………… **ウ**

システム管理基準では，「1.1　全体最適化の方針・目標」の(3)において「情報システム全体の最適化目標を経営戦略に基づいて設定すること」と定めている。その趣旨として「経営目的を実現する情報システムを企画するため，最適化計画の目標は，経営戦略との整合性を考慮して策定する必要がある」と述べている。

ア　開発計画の留意事項に関する記述である。
イ　開発手順の留意事項に関する記述である。
エ　調達の留意事項に関する記述である。

答2 ……………………………………………………………………………… **イ**

“システム管理基準”では，“情報戦略”として全体最適化について触れており，成果物として全体最適化計画を策定し，運用していくことが述べられている。全体最適化計画の策定については，

・方針及び目標に基づいていること
・コンプライアンスを考慮すること
・情報化投資の方針及び確保すべき経営資源を明確にすること

などの要件を示している。

なお，“システム管理基準”は，本問が出題されたすぐ後の平成30年４月30日に改訂された。

ア　開発計画は，情報戦略を策定した後，企画業務の一環として策定する成果物である。
ウ　運用手順は，情報戦略の策定や開発業務を通じて規模やシステム特性が明確になった後，運用業務の一環として策定する成果物である。
エ　開発手順は，情報戦略や開発計画を策定した後，それらに基づいて開発業務の一環として策定する成果物である。

答3 投資効果の定量測定 ▶ P.317　ROI ▶ P.383 …………………………………… **エ**

ROI（Return On Investment：投資利益率）とは，投資がどの程度の利益を生み出しているかを示す指標であり，利益額÷投資額で求められる。

- EVA（Economic Value Added）：企業が最終的に株主にどれだけの価値を提供できたかを示す指標。税引後利益－資本コストで求められる
- IRR（Internal Rate of Return）：投資額と投資によって得られる価値（現在価値）が等しくなるような利益（内部利益率）のこと。IRRの大小によって投資効果を評価する手法をIRR法という
- NPV（Net Present Value）：正味現在価値。投資によって得られる価値を，現在価値に置き換えて評価したもの。NPVの大小によって投資効果を評価する手法をNPV法という

問4 ☑☐ ☐☐ エンタープライズアーキテクチャにおいて，業務と情報システムの理想を表すモデルはどれか。

(H29F問23)

ア　EA参照モデル　　イ　To-Beモデル

ウ　ザックマンモデル　　エ　データモデル

問5 ☑☐ ☐☐ エンタープライズアーキテクチャ（EA）を説明したものはどれか。

(H27S問24)

ア　オブジェクト指向設計を支援する様々な手法を統一して標準化したものであり，クラス図などのモデル図によってシステムの分析や設計を行うための技法である。

イ　概念データモデルを，エンティティ，リレーションシップで表現することによって，データ構造やデータ項目間の関係を明らかにするための技法である。

ウ　各業務と情報システムを，ビジネス，データ，アプリケーション，テクノロジの四つの体系で分析し，全体最適化の観点から見直すための技法である。

エ　企業のビジネスプロセスを，データフロー，プロセス，ファイル，データ源泉／データ吸収の四つの基本要素で抽象化して表現するための技法である。

答4 エンタープライズアーキテクチャ ▶ P.318 …… **イ**

エンタープライズアーキテクチャ（EA）におけるモデル作成は，一般に次のような手順で進められる。

［1］ 現状分析を行い，現状を表す As-Is モデルを作成する

［2］ 将来的に到達すべき理想像として，To-Be モデルを作成する

［3］ As-Is から To-Be に向けて近づくための現実的な目標として，次期モデルを作成する

- EA参照モデル…EAを効果的に実践し，基本体系を策定するために用いる業務やデータのひな型。業績想定参照モデルやデータ参照モデルなどで構成される
- ザックマンモデル（ザックマンフレームワーク）…ザックマンが提唱した，情報システムを体系化するモデル。EAのフレームワークとして利用されている
- データモデル…情報処理に必要となるデータおよびデータ間の関係を示すモデルの総称

答5 エンタープライズアーキテクチャ ▶ P.318 …… **ウ**

エンタープライズアーキテクチャ（EA）とは，経営の視点からIT投資効果を高めるために最適化された業務，組織，情報システムを構築するための組織の設計・管理手法である。

EAでは，現行業務や情報システムを体系化して分析を行い，全体最適化の観点からそれらの改善を進めていく。また，ITガバナンス（統治）を強化し，策定した最適化計画が確実に実行されるようにマネジメントを行う。

EAでは，上位からBA，DA，AA，TAと階層化した４階層で業務をモデル化する。

BA(Business Architecture)	政策・業務体系。ビジネスや業務活動を可視化した層
DA(Data Architecture)	データ体系。組織が利用する情報を可視化した層
AA(Applications Architecture)	適用処理体系。ビジネス活動で用いる情報システムの構造を可視化した層
TA(Technology Architecture)	技術体系。ハードウェアやソフトウェアなど，システムを構成する技術要素に関する層

ア　UML（Unified Modeling Language）に関する記述である。

イ　E-R図に関する記述である。

エ　DFDに関する記述である。

問6 ☑□ □□ クラウドサービスの利用手順を，“利用計画の策定”，“クラウド事業者の選定”，“クラウド事業者との契約締結”，“クラウド事業者の管理”，“サービスの利用終了”としたときに，“利用計画の策定”において，利用者が実施すべき事項はどれか。 (R2F問25)

ア　クラウドサービスの利用目的，利用範囲，利用による期待効果を検討し，クラウドサービスに求める要件やクラウド事業者に求めるコントロール水準を定める。

イ　クラウド事業者がSLAなどを適切に遵守しているかモニタリングし，また，自社で構築しているコントロールの有効性を確認し，改善の必要性を検討する。

ウ　クラウド事業者との間で調整不可となる諸事項については，自社による代替策を用意した上で，クラウド事業者との間でコントロール水準をSLAなどで合意する。

エ　複数あるクラウド事業者のサービス内容を比較検討し，自社が求める要件及びコントロール水準が充足できるかどうかを判定する。

問7 ☑□ □□ SOAを説明したものはどれか。 (H28S問24，H26F問24，H22F問24)

ア　企業改革において既存の組織やビジネスルールを抜本的に見直し，業務フロー，管理機構，情報システムを再構築する手法のこと

イ　企業の経営資源を有効に活用して経営の効率を向上させるために，基幹業務を部門ごとではなく統合的に管理するための業務システムのこと

ウ　発注者とITアウトソーシングサービス提供者との間で，サービスの品質について合意した文書のこと

エ　ビジネスプロセスの構成要素とそれを支援するIT基盤を，ソフトウェア部品であるサービスとして提供するシステムアーキテクチャのこと

答6 ・・ **ア**

クラウドサービスの利用計画では，組織のニーズなどを踏まえた上で，何を目的としてどのようなクラウドサービスを導入するのかを明確化する。

イ “クラウド事業者の管理”で実施する事項である。
ウ “クラウド事業者との契約締結”で実施する事項である。
エ “クラウド事業者の選定”で実施する事項である。

答7 ・・ **エ**

SOA（Service Oriented Architecture：サービス指向アーキテクチャ）は，ビジネスプロセスの構成要素とそれを支援するIT基盤を，ソフトウェア部品であるサービスとして提供するシステムアーキテクチャのことである。

ここでのサービスとは「呼び出されるソフトウェアの集合」であり，“受注”や“照会”などの「ビジネス上の業務プロセス」でもある。SOAは，業務プロセス（サービス）の視点からソフトウェアを設計し，各サービスを連携させた，柔軟な情報システムを設計するという考え方に基づいている。

ア BPR（Business Process Reengineering）に関する説明である。
イ ERP（Enterprise Resource Planning）に関する説明である。
ウ SLA（Service Level Agreement）に関する説明である。

問8 ☑□ □□ 要件定義において，利用者や外部システムと，業務の機能を分離して表現することによって，利用者を含めた業務全体の範囲を明らかにするために使用される図はどれか。 (H31S問25)

ア　アクティビティ図　　イ　オブジェクト図
ウ　クラス図　　エ　ユースケース図

問9 ☑□ □□ 情報システムの調達の際に作成されるRFIの説明はどれか。
(R3S問24，H30S問25，H27F問24)

ア　調達者から供給者候補に対して，システム化の目的や業務内容などを示し，必要な情報の提供を依頼すること
イ　調達者から供給者候補に対して，対象システムや調達条件などを示し，提案書の提出を依頼すること
ウ　調達者から供給者に対して，契約内容で取り決めた内容に関して，変更を要請すること
エ　調達者から供給者に対して，双方の役割分担などを確認し，契約の締結を要請すること

答8 ユースケース図 ▶ P.241　クラス図 ▶ P.242　アクティビティ図 ▶ P.244
機能要件定義 ▶ P.322 …… **エ**

ユースケース図は，システムの外部から見たシステムの振舞いを表す図である。システムの機能であるユースケース，システムの外部に存在してユースケースを起動しシステムから情報を受け取るアクタ（Actor），システム内部とシステム外部の境界を示すシステム境界などで構成される。

要件定義において，ユーザや外部システム（アクタ）と，業務の機能（ユースケース）を分離して表現することで，ユーザを含めた業務全体の範囲を明らかにするために使用される。

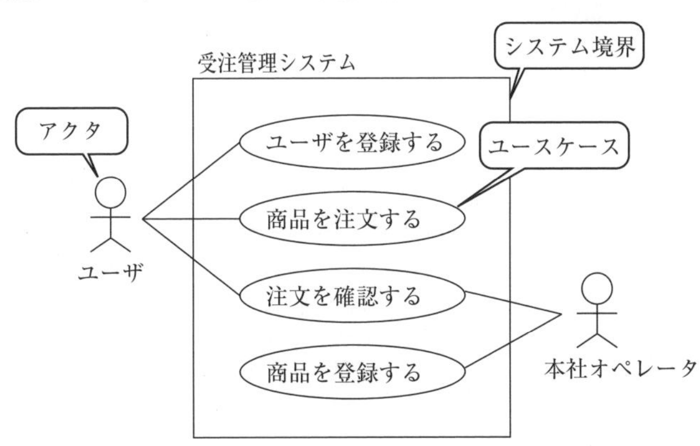

- アクティビティ図：複数のオブジェクト間の動作や処理手順を表す図
- オブジェクト図：個々のオブジェクトとその間の関係を表す図
- クラス図：オブジェクトに共通した性質をクラスとして定義し，各クラス間の相互関係とともに表す図

答9 RFI ▶ P.323 …… **ア**

RFI（Request For Information：情報提供依頼書）は，情報システム調達の際に，システム化の目的や業務内容などを示し，ベンダに技術動向や製品動向に関する情報の提供を依頼するために作成する文書である。ベンダはRFIに基づいて，情報提供や提案を依頼者に返答する。依頼者はその返答をもとに技術的な実現可能性や調達費用の概要を把握したうえで，調達要件を定義し，RFP（提案依頼書）を作成する。

2 経営戦略

知識編

2.1 経営戦略手法

❏三つの基本戦略

競争要因を把握した上で基本戦略を策定する。ポーターは基本戦略を次の三つに分類している。

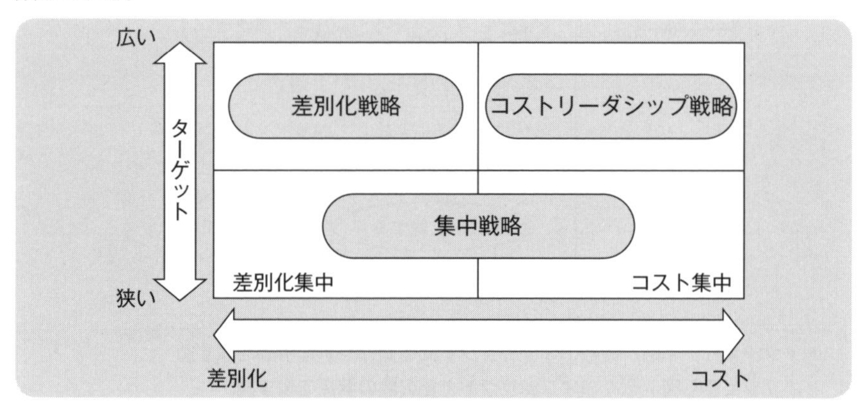

▶基本戦略の選択

①コストリーダシップ戦略

「低価格でも利益が出る」という戦略である。大幅なコストダウンを実現し，他社よりも低価格で商品やサービスを提供することで市場占有率を高める。

②差別化戦略

「高くても売れる」という戦略である。自社製品の魅力的な独自性をアピールすることで，価格以外の面で競争企業に対する優位性を獲得する。差別化の内容として，品質や性能など製品そのものに関するもの，アフターサービスなど製品サービスに関するもの，広告や宣伝など消費者の認知度に関するものなどがある。

③集中（ニッチ）戦略

ターゲットとする顧客層，製品，市場を限定し，コストダウンや差別化を図る戦略である。投資額を抑える，大企業が進出しにくいなどのメリットがある。ベンチャー企業などでは，まだ誰も進出していない未知の市場に挑戦することも多い。このような「競争のない未開拓市場」を切り拓く経営戦略を**ブルーオーシャン戦略**という。

❑バリューチェーン

商品そのものの価値に他の価値を付けることによって，商品価値は上がる。この付加価値は企業活動によって生み出される。そのため，基本戦略を選択する際には，企業活動のどこで商品に付加価値を付けられるかを分析することが重要となる。ポーターは，付加価値を生み出す企業活動（バリューチェーン）を大きく次の五つの主要活動に分類している。

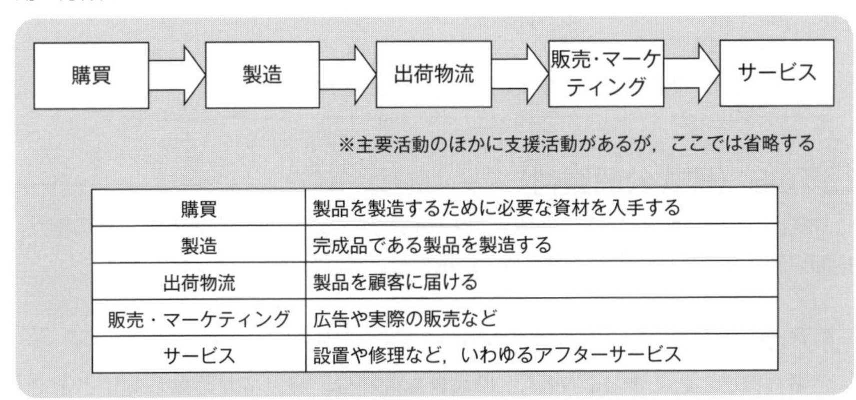

購買	製品を製造するために必要な資材を入手する
製造	完成品である製品を製造する
出荷物流	製品を顧客に届ける
販売・マーケティング	広告や実際の販売など
サービス	設置や修理など，いわゆるアフターサービス

▶**バリューチェーン**

価値は，顧客の視点から分析する。例えば，顧客が購入後の定期点検に付加価値を見い出しているならば，アフターサービスが付加価値となる。また，無農薬栽培や有機栽培，エコロジなども付加価値となり得る。

❑M&A（合併と買収） 問2

合併とは複数の企業が一つにまとまること，買収とはある企業が他社の一部またはすべてを買い取ることである。M&Aを効果的に実施することで，買い手は成長のための経営資源を短時間で入手することができ，売り手は本業に経営資源を集中できる。M&Aは，次のようにいくつかに分類できる。

[事前合意の有無で分類]
友好的M&A…売り手と買い手の事前合意に基づいて行われるM&A
敵対的M&A…売却意思のない企業に対して行われるM&A
[M&Aの動機で分類]
戦略型M&A…経営戦略に基づいて行われるM&A
救済型M&A…経営破たんした企業を救済するために行われるM&A
投機型M&A…投機目的で行われるM&A
[事業との関係で分類]
水平統合型M&A…同種の事業に対して行われるM&A
垂直統合型M&A…サプライチェーンの前後に位置する事業に対して行われるM&A
多角化型M&A…異なる事業に対して行われるM&A

❏ TOB（株式公開買付）

株式会社の買収においてよく用いられる手法の一つで，買い付けを希望する側が，期間や価格などを公開した上で，株主から売却の応募を求める制度である。

❏ アライアンス（Alliance）

企業提携のことである。**M&A**との大きな違いは，経営権が移動しないことで，M&Aよりも緩やかな連携といえる。例えば，製造に強みを持つA社と販売に強みを持つB社が提携した結果，A社は製造に，B社は販売に経営資源を集中できる。アライアンスは，内容によって技術提携，生産提携，資本提携などに分類できる。生産提携の典型的な例としては，**OEM**（Original Equipment Manufacturer）による相手先ブランドによる製品の生産・供給などがある。

❏ シナジー効果

二つ以上の要素を組み合わせることによって，相乗効果を得ることである。別々の事業を組み合わせることで新たな効果を生み出し，売上を伸ばすなどがこれに該当する。

❏SWOT分析 問1

企業の内部環境と外部環境の両方の側面から，その企業の強みと弱みを分析する手法である。外部環境と内部環境のそれぞれについて，好影響と悪影響を次のように整理することが多い。

▶SWOT分析

	好影響	悪影響
内部環境	強み（Strength）	弱み（Weakness）
外部環境	機会（Opportunity）	脅威（Threat）

まず，外部環境を分析して自社の機会と脅威を識別する。次に，内部環境を分析して内部環境の項目ごとに強みと弱みを評価し，外部環境と併せて整理する。

❏デルファイ法 問4 問5

複数の専門家に対して，アンケートを行うことで将来を定性的に予測する手法である。関連する分野の専門家に対してアンケートを行い，その結果をまとめてアンケートの回答者に見せ，再びアンケートに答えてもらう。このような手順を複数回行うことで，答えを収束していき，最終的に得られた答えを予測結果とする。デルファイ法は，数十年後の技術予測など，既存データからは解答の推測がしづらい事象を扱う際によく用いられる。

❏PPM（プロダクトポートフォリオマネジメント） 問3

自社の事業や製品などを**市場成長率**と**市場占有率**の二つの軸を用いて分析し，花形，金のなる木，問題児，負け犬の四つに分類する手法である。大きな投資を必要とせずに継続的に利益をもたらす存在である金のなる木が資金源となる。ここで得た資金を，負け犬や花形となる事業や製品に投入し，市場占有率の向上・維持を目指す。金のなる木の成長率が低くなると，花形であった事業や製品が新たな金のなる木として資金源になり得る。

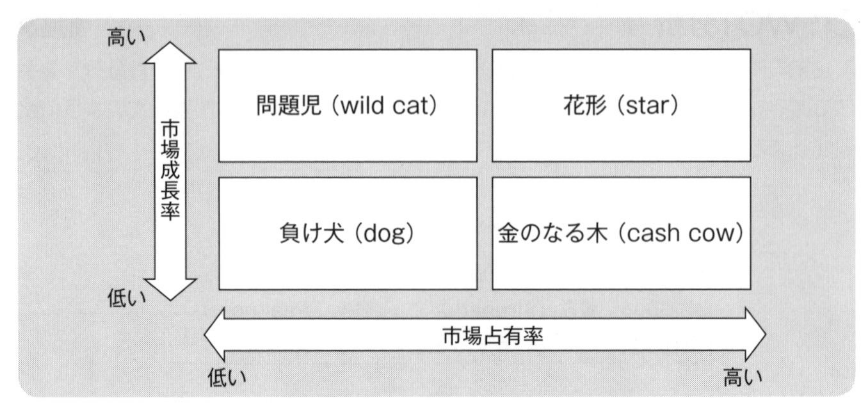

▶プロダクトポートフォリオマネジメント

▶PPMのマトリクスの説明

花形（star）	市場成長率，市場占有率ともに高い製品。市場占有率を維持できれば，企業の資金源となる可能性がある。
金のなる木（cash cow）	市場成長率は低いが市場占有率は高い製品。 企業の資金源となる。
問題児（wild cat）	市場成長率は高いが市場占有率は低い製品。 資金を投入して花形に育成するか，撤退を検討する。
負け犬（dog）	市場成長率，市場占有率ともに低い製品。 この分野の投資は極力回避し，撤退を検討する。

❑成長マトリクス 問6

企業の成長戦略を，**市場**と**製品**の二軸を用いて分析する手法である。それぞれの軸は，既存と新規に分けて分類する。

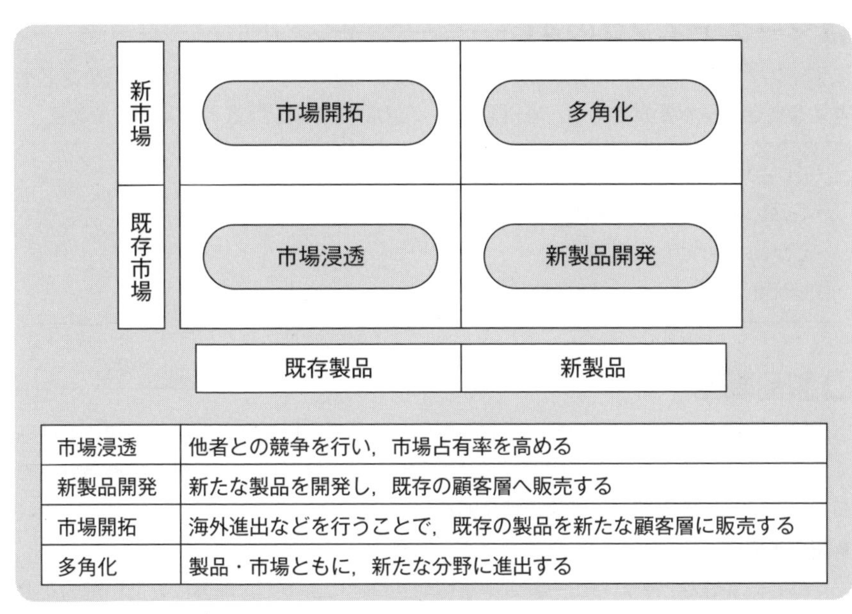

市場浸透	他者との競争を行い，市場占有率を高める
新製品開発	新たな製品を開発し，既存の顧客層へ販売する
市場開拓	海外進出などを行うことで，既存の製品を新たな顧客層に販売する
多角化	製品・市場ともに，新たな分野に進出する

▶成長マトリクス

2.2 マーケティング

❑マーケティングの4P ―― 問7

マーケティング戦略の基本要素を表したものである。四つのPは，Product，Price，Place，Promotionの頭文字を表している。実際のマーケティングでは，顧客や製品に合わせて，これら四つの要素を組み合わせて（マーケティングミックス）実施する。

▶マーケティングの4P

Product（製品）	製品を差別化するための戦略
Price（価格）	価格を決定するための戦略
Place（流通）	製品の販売チャネルに関する戦略
Promotion（販売促進）	広告や宣伝などに関する戦略

❏マーケティングの4C

マーケティングの4Pに対して，顧客（消費者）側からマーケティングミックスを考えるときの基本要素である。4P同様に，次の四つの頭文字をとったものである。

- Customer Value（Customer Solution）… 顧客価値
- Customer Cost … 顧客コスト
- Convenience … 利便性
- Communication … 意思疎通，コミュニケーション

❏製品戦略

売れる製品を作る戦略である。売れる製品とは，単に機能が優れているだけではなく，基本機能を備えた上で，良いイメージをまとい，顧客にとって魅力のある製品である。次に，代表的な製品戦略の考え方を示す。

●製品多様化

サイズや味などのバリエーションを増やすことによって，顧客に幅広い魅力を提供する。

●製品差別化

競合製品が持っていない機能や魅力を備えることで市場を獲得する。

●市場細分化

市場をニーズや嗜好によって細かくカテゴリに分割し，カテゴリごとに製品を投入する。

●計画的陳腐化

「ある程度の期間で製品のライフサイクルが終了する」ように計画し，新製品への需要を喚起する。

❏ポジショニング

市場での製品の「立ち位置（ポジション）」のことで，ポジショニングマップなどを用いて表す。他社との競合を避けて，他社より優位な位置に立つためには，製品のコンセプトを明確にすることが重要である。例えば，携帯電話市場のポジショニングが次のようになっていたとする。

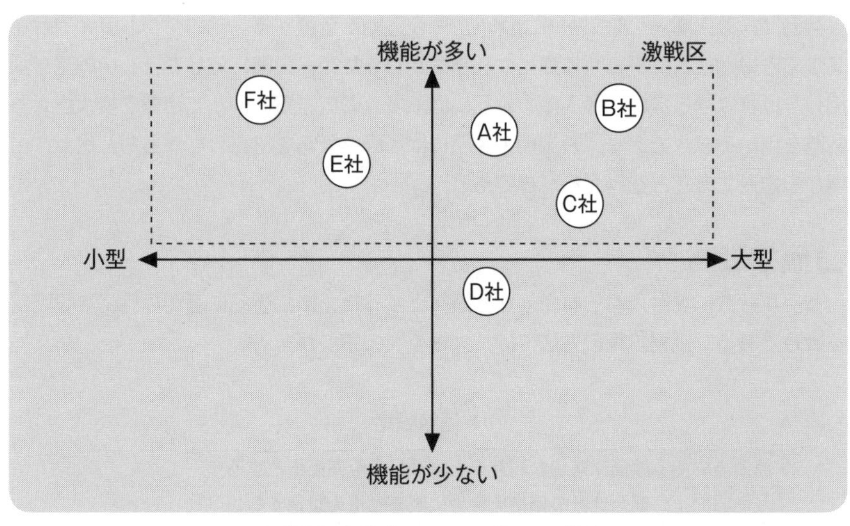

▶製品のポジショニングマップ例

このポジショニングマップを見ると，小型で機能が少ない端末を子供向けに，大型で機能は少ないが操作性の良い端末を高齢者向けに市場に投入すれば，競合を避けて優位な位置に立てることが分かる。

❏プロダクトライフサイクル

製品が市場に投入されてから退場するまでの変遷の過程である。

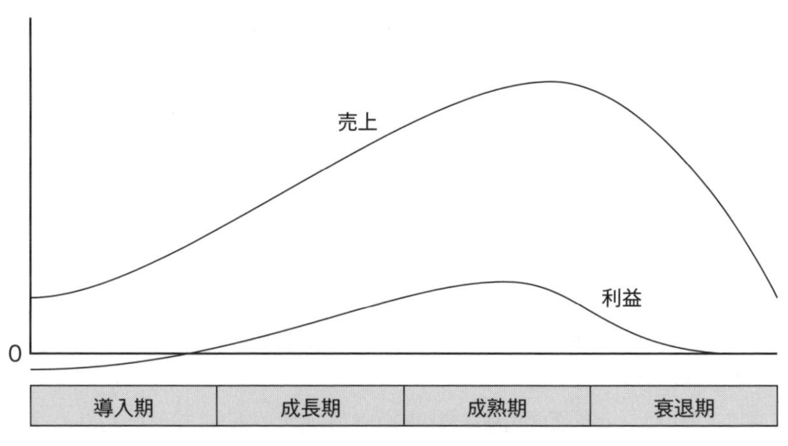

▶プロダクトライフサイクル

製品は，導入期 → 成長期 → 成熟期 → 衰退期と変遷する。プロダクトライフサイクルの各段階ごとに得られる売上や利益は変わるため，段階に応じて正しい戦略を採用しなければならない。導入期の製品には，多くの広告費を使って市場を拡大させる戦略を用いるべきであり，衰退期の製品には，既存顧客を維持しながらも，徐々に市場から撤退することを考えるべきである。

❏ 価格戦略

製品が顧客に受け入れられ企業が利益を上げるために，製品に適切な価格を設定する戦略である。価格設定の方法には，大きく次の三つがある。

▶価格設定

原価志向型	原価に適切な利益を上乗せして販売価格とする
競争志向型	競合他社の価格を参考に販売価格を設定する
需要志向型	顧客に受け入れられる価格を調査した上で販売価格を設定する

原価志向型は，売り手が強い場合は有効であるが，競争の激しい場合は用いられることが少ない。競争志向型は，他社製品と比べて機能に大きな差がない場合に有効である。先行する他社製品の価格を参考にして，似たような価格を設定する。需要志向型は，新製品や差別化された製品など，参考にする他社製品が見当たらないときに有効である。アンケートなどで顧客を調査し，顧客の意見を反映させた価格を設定する。

❏ 浸透価格戦略（ペネトレーションプライシング）

新規に市場へ投入する製品に低価格を設定してプロモーションを積極的に行い，市場への早期普及を図る戦略である。初期投資の早期回収よりも，高いマーケットシェアの獲得を優先した戦略である。

❏ 顧客ロイヤルティ

顧客が企業に持つ好意や忠誠心である。優良顧客の顧客ロイヤルティを高め，企業につなぎとめることが基本戦略となる。顧客ロイヤルティを高める手法には，カルテを用意して顧客ごとに個別のサービスを提供する，優良顧客にはサービスをアップグレードするなどの手法がある。

顧客ロイヤルティと**顧客満足度**は強い関係を持つが，両者は同一ではない。顧客満足度は高くても顧客ロイヤルティの低い顧客は存在する。

❏ライフタイムバリュー（LTV）

一人の顧客が生涯にわたって企業やブランドにもたらす損益を累計した値で，顧客生涯価値のことである。顧客ロイヤルティが高い顧客ほど，大きなライフタイムバリューを企業にもたらす。

❏ブランドエクイティ

顧客ロイヤルティやライフタイムバリューを向上させる力を持つ，商品や商品群に対して付けられたブランド力を無形の企業資産としてとらえる考え方である。

❏プロモーション戦略

広告・宣伝などのように顧客を商品に惹きつけ，購入に結びつけるための戦略である。一般に，プロモーション戦略は**プル型**と**プッシュ型**に分類できるが，併用することも多い。食品をテレビCMで宣伝すると同時に，スーパーマーケットなどの食品売り場で試食販売するのは，プル型とプッシュ型の併用である。

▶プル型とプッシュ型

プル型	TVや新聞，雑誌などで宣伝し，製品をアピールする。
プッシュ型	訪問販売や店舗における推奨販売などを通して，製品を顧客に強く訴える。

❏SoE（Systems of Engagement） 問8

顧客や消費者との結びつきを強化する，あるいは関係を深めることを目的としたシステムのことで，CRM，チャットボット，レコメンドエンジンなど含む総合システムである。

CRM（Customer Relationship Management）は，顧客に関する情報，顧客とのやり取りの情報を蓄積して，必要な時に必要な情報を取り出すことで顧客との円滑なコミュニケーションを実現する。**チャットボット**は，顧客からの問合せを受け付けるためのロボットである。**レコメンドエンジン**は，Web販売において顧客の嗜好に基づき適切な商品を提案する。

2.3 ビジネス戦略と目標・評価

❏ 3C分析 問1

顧客（Customer），競合（Competitor），自社（Company）について行うビジネス環境の分析である。それぞれの要素の頭文字をとっている。顧客と競合は外部環境，自社は内部環境に分類される。

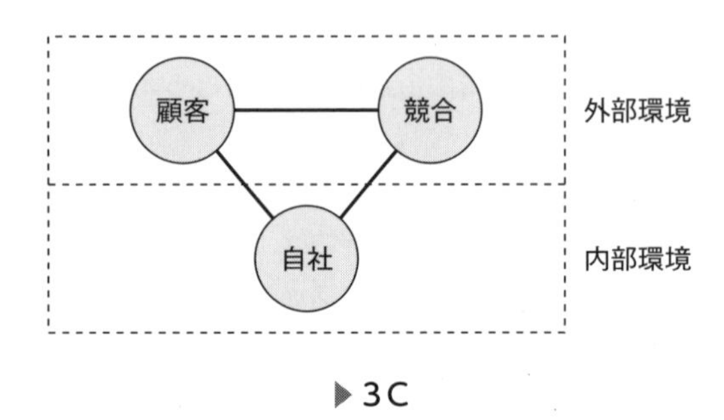

▶3C

- 顧客分析…顧客の持つニーズ，購買に至るプロセスや影響要因，市場動向や成長度について分析する。
- 競合分析…競争相手の持つ強みや弱みを分析し，自社との位置づけを明らかにする。
- 自社分析…自社のブランド力や技術，製造や販売能力を把握し，強みと弱みを分析する。

❏ バランススコアカード（BSC） 問9 問10

企業の業績を財務の視点，顧客の視点，業務プロセスの視点，学習と成長の視点という四つの視点から評価する手法である。

▶バランススコアカードの四つの視点

財務の視点	売上の拡大やコストの低減といった財務的な視点
顧客の視点	顧客満足度やクレームなど顧客の視点
業務プロセスの視点	目標達成に必要なプロセス，改善が必要なプロセスなどの視点
学習と成長の視点	従業員のスキルアップなどに関する視点

❏バリューエンジニアリング（VE）

製品やサービスの価値を「利用者が求める機能」と「コスト」の関係を用いて“機能÷コスト＝価値”という視点で分析・把握し，機能の改善やコストダウンなどによって価値の向上を図る手法である。

2.4 経営管理システム

❏CRM（Customer Relationship Management） 問11 問13

顧客満足度の向上をねらった市場戦略の概念である。個々の顧客との関係を強化し，顧客満足度を高めることによって，結果的に売上増大を図る考え方である。

❏ワンツーワンマーケティング 問12

CRMの基本的な考え方である。各顧客の購買履歴や嗜好，家族などの属性情報を顧客データベースとして一元管理し，その情報を分析して個々の顧客に適した対応をするマーケティングや販売の方法である。

CRMでは，電話やネットワークなどの通信技術，データウェアハウスなどのデータベース，OLAPなどデータ分析技術，EC，CTIなどの技術が用いられる。アンケートから得た顧客の属性，嗜好，購買履歴などをデータベースに保存し，それらを分析することによって，次のようなアプローチができる。

- 電話で各顧客の属性に見合った案内や受付をする。
- 個人宛ての商品案内の電子メールを適当な対象者へ適切な時期に送信する。
- Webページの商品や広告を顧客に応じて表示する。
- データベースを分析し，その傾向や嗜好に合った商品の企画や品揃えをする。

❏マスマーケティング（Mass Marketing）

大量の消費者の代表的な属性に焦点を当てて商品企画や販売促進をする方法である。**ワンツーワンマーケティング**とは対立する考え方である。

❏SCM（Supply Chain Management） 問11 問12 問13

資材や部品の調達，製造，配送，販売の一連の業務，つまり，商品の供給過程全体を**サプライチェーン**という。SCMは，サプライチェーンを企業や組織を越えて管理し，情報を共有化して，商品供給全体の効率化と最適化を図る手法である。単に情報を共有化するだけでなく，商品の需要予測情報によって，サプライチェーン内の生産計画，調達計画，配送計画などを立てることで，在庫削減，業務費用削減，欠品の削減，納期短縮を実現しようという考え方に基づいている。

▶**SCMの代表的な機能**

販売予測	販売予測を立てる。 予測の方法には，POSデータなどの過去の販売実績データから予測する，長期の天気予報や他社の商品動向など売上げに関係する要因から予測する，販売キャンペーンの実施結果など調査データから予測する，などがある。
販売予測の 上流工程への展開	販売予測データをもとに，販売店の販売計画，生産計画，資材・部品の供給，物流の計画などサプライチェーンの各プロセスの計画に展開をする。
工程の計画	生産計画に基づき，各プロセスでの工程計画を立てる。
物流の計画	プロセスの生産計画と販売計画に基づき，物流の計画を立てる。 輸送の時期や経路など最も経済的な方法を計画する。

2.5 技術開発戦略の立案

❏ 技術のライフサイクル

技術の発展は，一般的に次のような**S字カーブ**を描く。対象技術が，S字カーブのどの段階に位置しているか判断することによって，動向を把握することができる。

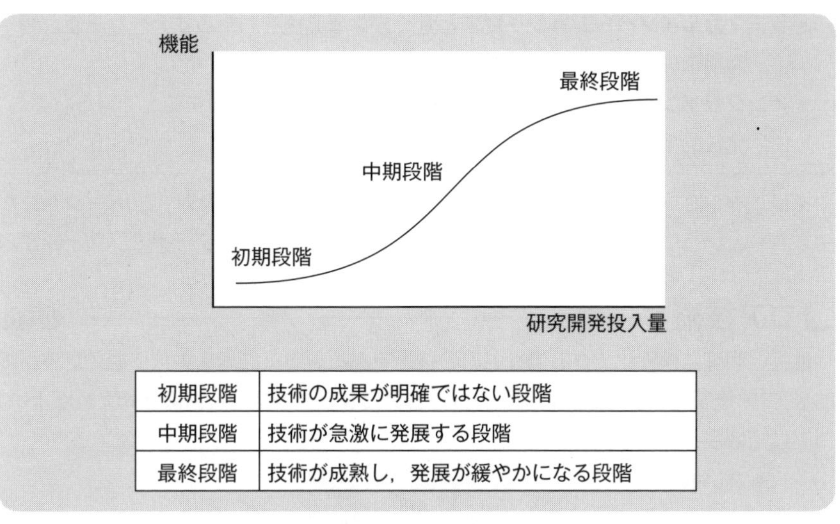

初期段階	技術の成果が明確ではない段階
中期段階	技術が急激に発展する段階
最終段階	技術が成熟し，発展が緩やかになる段階

▶技術のライフサイクル

❏価値創出

企業にとっては，開発した技術をビジネスとしての経済的価値に結びつけることが重要である。そのために必要な要素として，次の三つが挙げられる。

- 価値創造（Value Creation）…研究開発によって，優れた技術を生み出す。
- 価値実現（Value Delivery）…生み出された技術が製品やサービスとして具現化し，利用者の手元に届くような生産体制を整える。
- 価値利益化（Value Capture）…製品の普及・流通が自社の利益に大きく貢献するようなビジネス環境を作る。

❏イノベーション　問14

新しい技術の創出や価値の提供によって，爆発的なヒットなど社会的に大きな効果をもたらす“革新”を意味する。技術開発戦略の大きな目的の一つに，イノベーションの促進がある。イノベーションは，対象によって次の二つに大別できる。

- **プロダクトイノベーション**…製品や技術そのものの革新
- **プロセスイノベーション**…開発手法や管理工程などの“手続き”の革新

また，イノベーションの性質によって次の二つに大別できる。

- **ラディカルイノベーション**…従来と全く異なる価値をもたらす大きな革新。経営構造の全面的変革を必要とする
- **インクリメンタルイノベーション**…従来に対して改良を施すことで得られる，比較的小さな革新

イノベーションによって市場が成長し，安定した頃にまた新たなイノベーションが生まれ…というサイクルを繰り返すことを，イノベーション・ダイナミクスと呼ぶ。

❏コア技術 問16

他社と明確に差別化できる自社独自の技術である。コア技術を中核に据えた技術戦略を，コア技術戦略と呼ぶ。経営における**コアコンピタンス**の技術版と考えればよい。コア技術は次の特徴を持つ。

- 高い競争力
- 真似されにくい
- 技術の適用領域が広い
- 成長の見込める適用領域がある

❏スピンオフベンチャー

コア技術となり得なかった開発技術を活用する方法で，技術や人材，資本を企業からベンチャー企業の形で分離することである。スピンオフベンチャーによって独立した企業（ベンチャー企業）は，親企業やベンチャーキャピタルなどから支援を受け，技術の事業化を図る。国が政策的に支援することもある。なお，親企業から支援を受けない形で独立するベンチャーをスピンアウトベンチャーという。

2.6 技術開発計画

❏DCF（Discount Cash Flow）法

技術開発は比較的長期にわたるため，技術開発への投資価値は時間による変化を考慮する必要がある。技術開発の経済性を時間を考慮して評価する考え方がDCF法である。適切に設定された利率をもとに，開発のための投資の将来の価値から現在の価値を求める。例えば，設定した利率が年10％の場合，現在の100万円は１年後には110万円になる。このとき，DCF法では１年後の110万円と現在の100万円を等価であると考える。つまり，１年後の100万円は現在価値ではおよそ91万円となる。

利率が正の値の場合，将来価値から現在価値を求めると割り引かれる。その意味で，

ディスカウント（割引）キャッシュフローという名称が付けられている。

❏ NPV（正味現在価値）法

DCF法の考え方をもとにした投資評価法である。現在の投資価値（NPV）を，

利益の現在価値－投資額

で計算する（追加投資は考えていない）。例えば，100万円を投資するA案とB案を考える。

A案：１年後に200万円，２年後に100万円の利益が見込まれる

B案：１年後に100万円，２年後に200万円の利益が見込まれる

ともに，設定した利率が10％である場合，次のように評価できる。

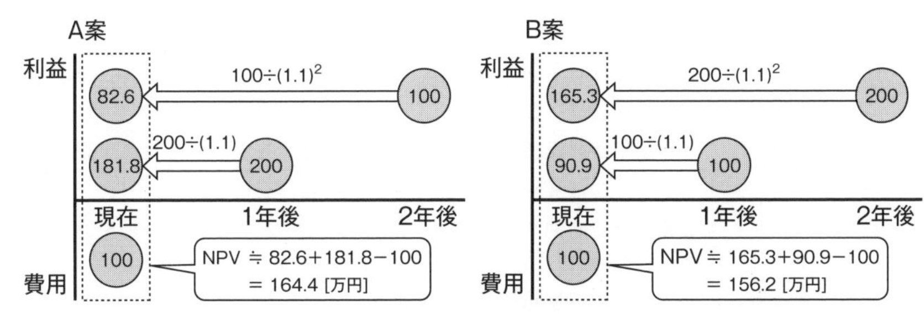

▶A案とB案の比較

以上より，A案のほうが投資価値が高いと評価できる。

❏ IRR（内部収益率）法

DCF法の考え方をもとにした投資評価法である。NPVが０になるような利率，すなわち投資が生み出す利率を求める。「IRRが最も高い案を選択する」「IRRが銀行預金率よりも小さければ投資は見送り預金する」などの判断を下すことができる。

2.7 ビジネスシステム

❏ POS（販売時点情報管理）システム

レジで読み取った販売情報をコンピュータに転送し，それらを仕入れや分析などに利用するシステムである。

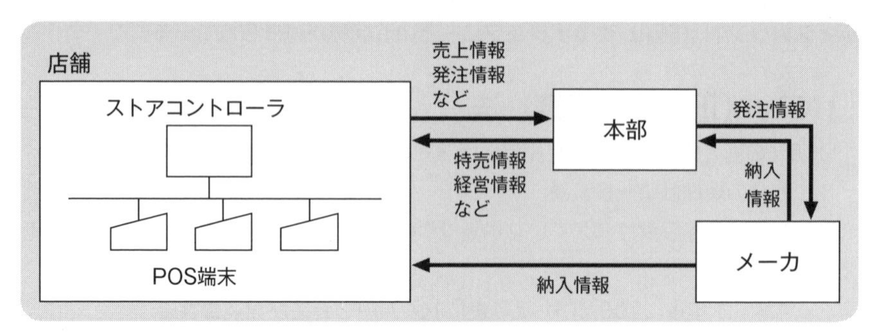

▶POSの概要

▶POSの主な役割

商品管理	商品の在庫切れや過剰在庫，賞味期限切れなどを防ぐため，在庫管理や品質管理などを行う。
オーダエントリ	在庫量や販売実績などを考慮して，発注量を決定して発注する。
顧客管理	ポイントの加算や還元など，各種顧客管理を行う。
売上登録	販売時点で時刻や顧客情報，売上げなどの販売情報を登録する。（店舗に蓄積された販売情報は本部に送信される）
バックヤード業務	仕入の確認や棚卸業務，在庫照会など，売場の裏側（バックヤード）で行う各種業務を支援する。

❏ 3PL（Third Party Logistics）

ロジスティクスとは，需要予測，顧客サービス，輸送，保管，在庫管理などの機能を含み，最も低コストで在庫の移動や配置を行うことをいう。3PLは，ロジスティクスの一部または全部を請け負うサービスであり，物流業務に加え，流通加工なども含めたアウトソーシングサービスを行い，物流企画も代行する。

2.8 エンジニアリングシステム

❏ エンジニアリングシステム

製造工場などに導入される情報システムの総称である。単なる生産の合理化だけでなく「必要なものを，必要なときに，必要な量だけ」生産することを目的としているものも多い。生産工程の流れと関連するエンジニアリングシステムの対応を次に示す。

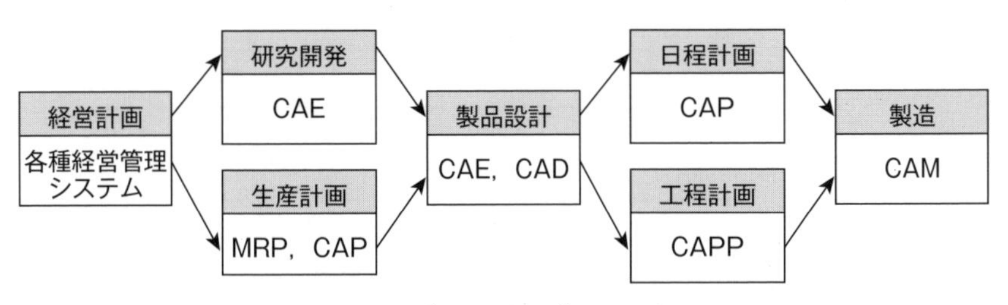

▶エンジニアリングシステム

▶エンジニアリングシステムの概要

CAE	Computer Aided Engineering：コンピュータ支援エンジニアリング コンピュータ上で，各種の実験をシミュレートする。
MRP	Material Requirements Planning：資材所要量計画 製品に必要な資材の調達計画などを決定する。
CAD	Computer Aided Design：コンピュータ支援設計 コンピュータ上で設計を行う。
CAPP	Computer Aided Process Planning：コンピュータ支援工程設計 最適な工作手順や自動化設備の適用方法などを決定する。
CAP	Computer Aided Planning：コンピュータ支援プランニング 製造における日程計画の策定や作業指示を行う。
CAM	Computer Aided Manufacturing：コンピュータ支援製造 数値制御できる工作機械（NC工作機械）などを制御して，製品を自動製造する。

❏コンカレントエンジニアリング　問17

製品の企画・設計・製造を同時並行処理し，全体のリードタイムを短縮すること手法である。例えば，CADで設計したデータをCAEで用いれば，試作品の完成を待たずに実験を行うことができる。

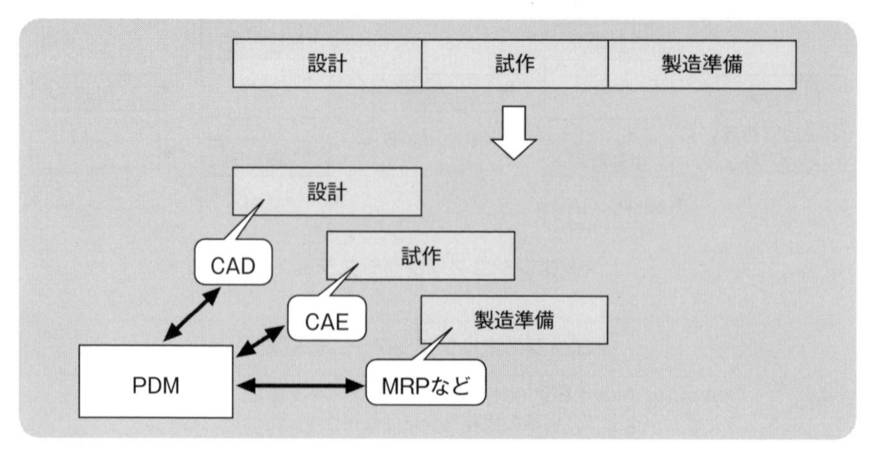

▶コンカレントエンジニアリング

❑MRP（資材所要量計画） 問19

製品の生産計画を策定し，それをもとに総所要量計算，正味所要量計算，発注量計算，手配計画策定，手配指示の順で資材所要量を計算し，資材の手配を行う生産管理手法である。

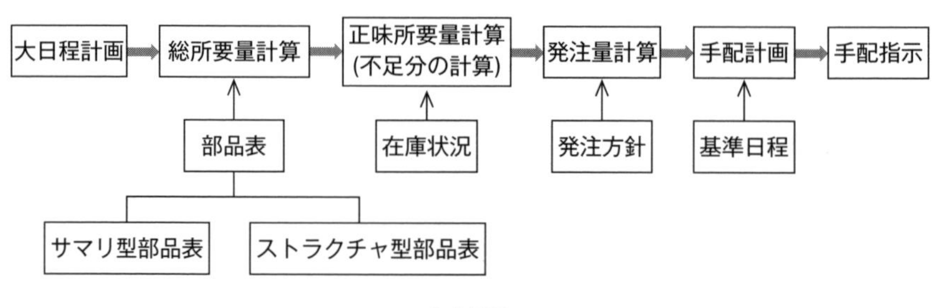

▶MRP

❑部品表（BOM） 問19

総所要量は，製品ごとの生産量と部品表から計算する。部品表にはサマリ型部品表とストラクチャ型部品表がある。

・**サマリ型部品表**…製品に使用する部品の一覧表
・**ストラクチャ型部品表**…親部品と子部品の構成関係を表現した部品表。製品に至るまでの各部品の組立て順位，共通部品，リードタイムなどを把握でき，コンピュータを利用して調達時期や部品数量を計算できる。

❏部品数量の計算 問19

次のストラクチャ型部品表から，製品Aを10個生産する場合に不足する部品Cの数量を求める。括弧内の数字は上位の製品・部品１個当たりの所要数量である。現在の部品Bの在庫は０個，部品Cの在庫は５個とする。

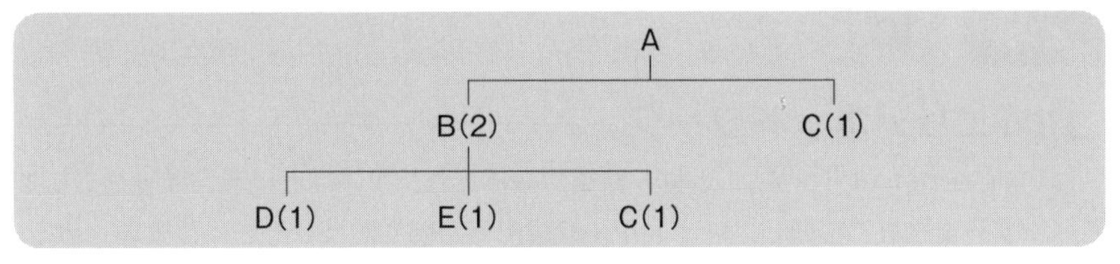

▶部品表

部品Aを１個生産するためには，部品Bを２個と部品Cを１個必要とする。部品Bを１個生産するためには，部品D，部品E，部品Cをそれぞれ１個ずつ必要とする。したがって，製品Aを１個生産するためには，部品Cが，

$$1 + 1 \times 2 = 3 \text{ [個]}$$

必要になる。つまり，製品Aを10個生産するためには，部品Cは30個必要となる。在庫が５個あるので，部品Cの不足個数は25個となる。

❏生産形態の分類

生産の形態は，基本的に次の三つに分類できる。

- 連続生産（ライン生産）…同じ製品を連続して生産し続ける。
- ロット生産…製品ごとに一定の生産数量（ロット）を設定し，ロット単位で生産を切り替える。
- 個別生産…受注のたびに，それに応じた量だけの生産を行う。

❏セル生産方式 問18

製品の組付け作業などにおいて，基本的に，部品の取付けから組み付け，加工，検査までの全工程を一人の作業員が担当する生産方式である。部品や工具をU字型などに配置した「セル」と呼ばれる作業台で一人の作業員を囲み，作業員はその中で作業を行う。生産の品目（製品バリエーションなど）を容易に変更できるので，多種類かつフレキシブルな生産や多品種少量生産に対応できる。

セルにおける作業をコンピュータで支援するシステムをFMC（Flexible

Manufacturing Cell）と呼び，複数のFMCの連携によって生産を柔軟に支援するシステムをFMS（Flexible Manufacturing System）と呼ぶ。

2.9 IoT

❏ IoTエリアネットワーク

IoT（Internet of Things）とは，家電や機械，センサ類などに通信機能をもたせてインターネットに接続し，ネットワーク経由で制御や監視などを行う概念である。これらの通信機能をもった各種機器が接続された，狭い範囲のネットワークをIoTエリアネットワークと呼ぶ。なお，IoTエリアネットワークとインターネットを接続するには，IoTゲートウェイという接続装置が必要である。

❏ 5G

第５世代移動通信システムのことである。LTE／LTE－Advanced（4G）の次世代となる通信システムであり，10Gbps以上の通信速度が期待される。2020年頃の実用化を目指して研究されている。

❏ LPWA（Low Power Wide Area）

低消費電力で広範囲の通信を実現する無線通信技術の総称である。低速であるが，小さなサイズのデータを頻繁に送信するIoTに適している。

厳密な定義は特にないが，一般には，

・小型の電池（バッテリ）１個で数か月稼働できる省電力性

・数km～数十km程度の伝送距離

を実現している通信規格はLPWAと呼ばれることが多い。１GHz帯以下のサブGHz帯と呼ばれる周波数帯域（日本では920MHz帯）を利用して伝送距離を拡張する規格が多く，具体的にはLoRa，Sigfox，IEEE802.11ahなどがある。

❏ エッジコンピューティング

一般的なクラウドコンピューティングでは，個々の端末からインターネットを介して各サーバにアクセスするが，この場合は端末からサーバ，すなわち「演算処理のリソース」に至るまでの経路が長く複雑になり，通信遅延などの影響を受ける。

エッジコンピューティングは，この課題を解決するための分散処理形態の一つであ

る。例えば，一般的には，

携帯電話端末 → キャリアの管理網 → インターネット → サーバ

という経路で通信していたサービスについて，サーバをキャリアの管理網内に設置することによって，

携帯電話端末 → キャリアの管理網

だけで完結するようにできる。

❏ BLE（Bluetooth Low Energy）

Bluetoothのバージョン4.0から追加になった，省電力化を実現した通信モードである。2.4GHz帯域の電波を利用しており，理論上は2Mビット／秒までの通信が可能（バージョン5）であるが，省エネルギーを重視しているため，現実的な通信速度は10kビット／秒程度である。

❏ ドローン

無人航空機のことである。軍事用や民生用など様々な種類があるが，現在では“マルチコプター”と呼ばれる比較的安価なドローンが普及しており，空撮などに利用されている。日本では，操縦の不注意などで落下事故が起こるなど安全管理の問題が発生したため，改正航空法によってドローンに対する規制が適用されている。

❏ コネクテッドカー

IT端末としての機能を有した自動車である。例えば，車両が交通事故を検知すると，eCallと呼ばれる緊急通報システムによって自動的に警察や消防に通報することができる。

❏ インダストリー4.0

ドイツ政府が推進している製造業の革新に関する国家プロジェクトである。スマートファクトリーの実現を理想形の一つとしている。第四次産業革命とも訳され，日本国の経済産業省とドイツの経済エネルギー省との間で協力に係る共同声明への署名も行われている。

2.10 e-ビジネス

❏ BtoB（Business to Business）

企業間の情報システムをネットワークで接続し，電子情報を用いて企業間取引を行う電子商取引形態である。EDIをWebシステムで実現するWeb-EDI，CALS，バーチャルカンパニー（ネットワークを介して企業間で情報交換し，「仮想的な会社」のように業務を進めていく形態），SCMシステム，3PLシステムなどもBtoBに含まれる。また，第三者が運営するeマーケットプレイスと呼ばれる電子商取引市場を介した企業間取引も普及している。

❏ BtoC（Business to Consumer）

企業の情報システムと消費者の情報システム（通常はパソコン）をネットワークで接続し，電子情報を用いて企業消費者間取引を行う電子商取引形態である。最近は，Webアプリケーション技術を適用し，インターネットを介して企業－消費者間取引を実現する形態が一般的になってきている。例えば，企業が開設したWebサイトをインターネットユーザが訪れて，電子的に注文を行う通信販売の形態がある。また，多くの企業が参加するバーチャルモール（仮想商店街）を訪れたインターネットユーザが，個々の企業との電子商取引によって商品を購入する形態も盛んに行われている。

❏ EDI（電子データ交換） 問20

ネットワークを介して，統一された書式の受発注，輸送，決済などのビジネス文書を電子データでやり取りする仕組みである。電子発注システム（EOS）に決済機能や物流管理機能を加えて適用範囲を広げたものといえる。EDIを実現するためには，プロトコルや表現形式などをあらかじめ取り決めて標準化しておく必要がある。この標準をEDI規約という。

	規約名（意味）	備考
第4レベル	取引基本規約 （EDI 取引に関する基本的な規約）	EDI 取引基本契約書
第3レベル	業務運用規約 （業務システムの運用規約）	運用ガイドライン
第2レベル	情報表現規約 （メッセージフォーマット等の規約）	EDIFACT，CII, STEP　など
第1レベル	情報伝達規約 （通信プロトコル）	TCP/IP，全銀協手順, JCA手順　など

▶EDI

インターネットを利用したデータ交換はWeb-EDIと呼ばれる。Web-EDIは，データ構造記述言語としてXMLが用いることが多いため，XML-EDI，ebXML（e-business using XML）などとも呼ばれる。

❑RFID

ICタグにつけられたID番号を近距離の無線通信でやり取りする技術の総称である。工場や倉庫における製品の分類，車のイモビライザーなど応用範囲は広く，非接触型ICカードにも用いられている。タグ側に電源を持つかどうかで，**パッシブ型**と**アクティブ型**に分類される。

- パッシブ型…タグ側に電源を持たず，読取り装置から発せられる電波を受けて動作する。通信距離は短いが，構造が単純で安価に製造できる。
- アクティブ型…タグ側に電源を持ち，自らID番号を発信する。数10メートルの距離でも通信できる。

❑CPS（Cyber Physical System）　問21

現実世界に配置された多数のセンサが収集したデータを，仮想空間を用いたシミュレーションによって解析し，定量的な分析を行うシステムである。例えば，地震の大きさ，台風の大きさ，雨量などをもとに，大規模災害を仮想的に実験をし，災害が起きた場合の状況を把握することができる。

問題編

問1 ☑□ □□ 企業の事業活動を機能ごとに主活動と支援活動に分け，企業が顧客に提供する製品やサービスの利益が，どの活動で生み出されているかを分析する手法はどれか。

(R2F問26)

ア 3C分析　　イ SWOT分析

ウ バリューチェーン分析　　エ ファイブフォース分析

問2 ☑□ □□ 多角化戦略のうち，M&Aによる垂直統合に該当するものはどれか。

(H27F問26)

ア 銀行による保険会社の買収・合併

イ 自動車メーカによる軽自動車メーカの買収・合併

ウ 製鉄メーカによる鉄鋼石採掘会社の買収・合併

エ 電機メーカによる不動産会社の買収・合併

答1 SWOT分析 ▶ P.335　3C分析 ▶ P.342 ………………………………… **ウ**

バリューチェーン分析とは，原材料の調達から製品やサービスを顧客に提供するまでの事業活動を一つのつながりとして捉え，どの活動でどんな付加価値を生み出しているかという“バリューチェーン（価値連鎖）”を分析する手法のことである。

- 3C分析：顧客（Customer），競合（Competitor），自社（Company）の視点に分けてビジネス環境を分析する手法
- SWOT分析：内部環境と外部環境の両方の観点から，企業の強み（Strengths）と弱み（Weaknesses），機会（Opportunities）と脅威（Threats）を分析する手法
- ファイブフォース分析：売り手の交渉力，買い手の交渉力，新規参入者の脅威，代替製品の脅威及び競争業者間の敵対関係という五つの競争要因から業界の構造を分析する手法

答2 M&A ▶ P.333 ………………………………………………… **ウ**

垂直統合とは，仕入先や販売先を買収したり，提携契約を結んだりして，原材料の調達のような上流工程から販売・アフターサービスのような下流工程までの流れを企業グループ内で統合し，企業間の中間コストを削減して競争力を高めるビジネスモデルである。製鉄メーカが，原材料の供給元である鉄鉱石採掘会社を買収・合併すれば，調達 → 生産という流れを統合できるので，垂直統合に該当する。

ア，イ　関連した業種，あるいは同業（同じ工程を担う）の企業を統合することは水平統合と呼ばれる。

エ　特に上流・下流の関係もなく，業種としての関連性も弱い，異業種どうしの統合の例である。

問3 ☑□ □□ PPMにおいて，投資用の資金源として位置付けられる事業はどれか。

（H30S問26，H25S問26）

ア　市場成長率が高く，相対的市場占有率が高い事業

イ　市場成長率が高く，相対的市場占有率が低い事業

ウ　市場成長率が低く，相対的市場占有率が高い事業

エ　市場成長率が低く，相対的市場占有率が低い事業

問4 ☑□ □□ 現在の動向から未来を予測したり，システム分析に使用したりする手法であり，専門的知識や経験を有する複数の人にアンケート調査を行い，その結果を互いに参照した上で調査を繰り返して，集団としての意見を収束させる手法はどれか。（H30S問27，H27F問27，H25F問25，H23F問26）

ア　因果関係分析法　　イ　クロスセクション法

ウ　時系列回帰分析法　　エ　デルファイ法

答3　PPM ▶ P.335 ……………………………………………… **ウ**

PPM（プロダクトポートフォリオマネジメント）では，市場成長率と市場占有率の２軸で表されたマトリクスを用い，自社の事業や製品を次のように分類する。

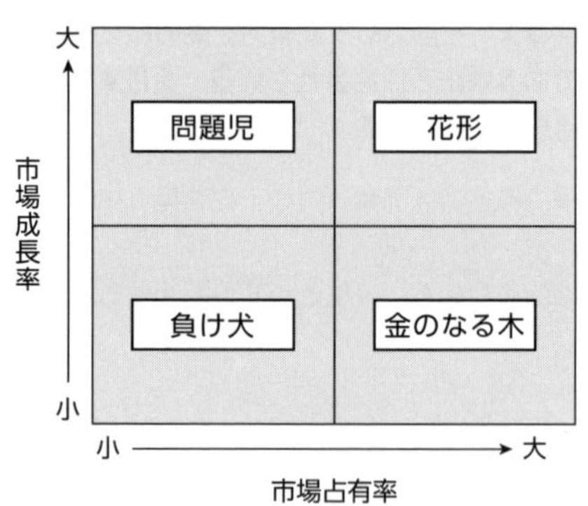

- 花形…将来的により多くの資金流入をもたらすと期待できるが，この段階では継続的な資金投入が必要である
- 金のなる木…市場成長率は落ち着きを見せて，ライフサイクルの成熟期を迎えているが，市場占有率が高いため，それほど資金を投入せずとも多くの資金流入が期待できる
- 問題児…市場自体が成長過程にあるので，ただちに市場から撤退するべきとはいえないが，現状のままでは将来的に期待できない状態なので，市場で生き残るために多くの資金投入を必要とする
- 負け犬…将来的に期待できない状態なので，資金の投入の必要性も低く，撤退を考えるべきである

一般に，“金のなる木”から得られた資金を“問題児”に投入し，“花形”に導くような資金投入計画を立てるとよいとされる。すなわち，投資用の資金源となるのは“金のなる木”に該当する“ウ”である。

答4 デルファイ法 ▶ P.335 ……… **エ**

デルファイ法は，専門家に対するアンケートによって予測を行う手法である。関連する分野の専門家に対してアンケートを行い，その結果をまとめて，アンケートに回答した専門家に見せ，再びアンケートに答えてもらう。このような手順を複数回繰り返すことで，解答を収束していき，最終的に得られた答えを予測結果とする。

- 因果関係分析法…連関図や特性要因図などを用いて，問題の因果関係を明らかにすることによって問題の本質を追求する分析手法の総称
- クロスセクション法…マトリックス図法を用いて，項目や属性をクロスさせ，見えなかった事実を明らかにしていく多次元手法
- 時系列回帰分析法…時系列データに相関があるとき，これに直線や曲線などの関数式を当てはめる統計的分析手法

問5 ☑☐☐☐ 他の技法では答えが得られにくい，未来予測のような問題に多く用いられ，(1)～(3)の手順に従って行われる予測技法はどれか。 (H29S問27)

(1) 複数の専門家を回答者として選定する。

(2) 質問に対する回答結果を集約してフィードバックし，再度質問を行う。

(3) 回答結果を統計的に処理し，分布とともに回答結果を示す。

ア クロスセクション法　　イ シナリオライティング法

ウ 親和図法　　エ デルファイ法

問6 ☑☐☐☐ アンゾフが提唱する成長マトリクスを説明したものはどれか。

(H28F問27)

ア 自社の強みと弱み，市場における機会と脅威を，分類ごとに列挙して，事業戦略における企業の環境分析を行う。

イ 製品と市場の視点から，事業拡大の方向性を市場浸透・製品開発・市場開拓・多角化に分けて，戦略を検討する。

ウ 製品の市場占有率と市場成長率から，企業がそれぞれの事業に対する経営資源の最適配分を意思決定する。

エ 製品の導入期・成長期・成熟期・衰退期の各段階に応じて，製品の改良，新品種の追加，製品廃棄などを計画する。

答5 デルファイ法 ▶ P.335 …… **エ**

デルファイ法は，複数の専門家に同じ調査を反復して行い，意見の集約を図っていく問題解決技法であり，未来予測のような問題に多く用いられる。

- クロスセクション法…先行している他の事例などから似たような状況になると想定し，未来予測を行う技法
- シナリオライティング法…未来に起こり得る具体的なビジョンを示し，仮説に従って予測状況を記述して，複数の予測案を作成することによって問題発見や未来予測を行う技法
- 親和図法…収集したデータを相互の親和性によってグループ化し，解決すべき問題を明確にする手法

答6 成長マトリクス ▶ P.336 …… **イ**

アンゾフの成長マトリクスは，“市場”と“製品”の二つを軸とし，それぞれを“新規”と“既存”に分けて考えることにより，事業（成長戦略）を次の四つにカテゴライズするものである。

- 市場浸透…既存の顧客層に対する既存の製品の販売を伸ばす
- 製品開発…新たな製品を開発し，既存の顧客層へ販売する
- 市場開拓…海外進出などを行うことで，既存の製品を新たな顧客層に販売する
- 多角化…製品・市場ともに，新たな分野に進出する

ア　SWOT分析に関する記述である。
ウ　PPM（プロダクトポートフォリオマネジメント）に関する記述である。
エ　プロダクトライフサイクルに応じた戦略に関する記述である。

問7 ☑□ □□ 売り手側でのマーケティング要素4Pは，買い手側での要素4Cに対応するという考え方がある。4Pの一つであるプロモーションに対応する4Cの構成要素はどれか。 (H28S問27，H25F問26)

ア　顧客価値（Customer Value）

イ　顧客コスト（Customer Cost）

ウ　コミュニケーション（Communication）

エ　利便性（Convenience）

問8 ☑□ □□ 企業システムにおけるSoE（Systems of Engagement）の説明はどれか。 (R2F問28)

ア　高可用性，拡張性，セキュリティを確保しながら情報システムを稼働・運用するためのハードウェア，ソフトウェアから構成されるシステム基盤

イ　社内業務プロセスに組み込まれ，定型業務を処理し，結果を記録することによって省力化を実現するためのシステム

ウ　データの活用を通じて，消費者や顧客企業とのつながりや関係性を深めるためのシステム

エ　日々の仕訳伝票を入力した上で，データの改ざん，消失を防ぎながら取引データベースを維持・管理することによって，財務報告を行うためのシステム

答7　マーケティングの4P ▶ P.337 ……………… **ウ**

売り手側でのマーケティング要素の4Pは，製品（Product），価格（Price），販売チャネル（Place），プロモーション（Promotion）の四つである。一方，買い手側（顧客側）の視点による4Cの要素とは，次の四つである。

- Customer Value…顧客価値。顧客にとって，その製品の価値はどこにあるのか
- Customer Cost…顧客コスト。顧客がその製品を手に入れるのにいくらなら払えるか
- Communication…コミュニケーション，意思疎通。その製品に関する情報が，（広告などにより）企業から顧客へ，または（アンケートなどにより）顧客から企業へ届いているか
- Convenience…利便性。顧客にとっての手に入りやすさ

プロモーションは，顧客，一般消費者，流通業者に対して行うコミュニケーション活動であり，広告やパブリシティ，人的販売や販売促進活動がある。買い手側の要素であるコミュニケーション（Communication）に働きかける，プロモーションを実施すべきである。

ア　顧客価値（Customer Value）に対しては，それに見合う製品（Product）を開発する。
イ　顧客のコスト（Customer Cost）に対しては，それに見合う価格（Price）を決定する。
エ　顧客の利便性（Convenience）に対しては，利便性を高める販売チャネル（Place）を検討する。

答8　SoE ▶ P.341 …… **ウ**

情報システムは，何を重視するかによって“SoR”や“SoE”，及び“SoI”などに分類されることがある。それぞれ次のような意味を持つ。

- SoR（Systems of Record）：“記録のシステム”などと呼ばれ，データを正確に記録する処理や信頼性が重視される。取引トランザクションを記録していく企業の基幹系システムなどが該当する
- SoE（Systems of Engagement）：“約束のシステム”や“つながりのシステム”などと呼ばれ，企業と顧客間で優良な関係を構築することを主眼に置き，利便性や機能更新の速度などが重視される。ソーシャル機能を備えたモバイルアプリケーションなどが該当する
- SoI（Systems of Insight）：“洞察のシステム”などと呼ばれ，SoRに記録されたデータや情報などを活用して分析する。BIツールなどが該当する

選択肢の中では，データ活用を通じて“つながりや関係性を深める”ことに言及している“ウ”が，SoEの説明に該当する。

ア　HA（High Availability）クラスタなど，非機能要件を実現するためのシステム構成に関する記述である。
イ　RPA（Robotic Process Automation）など，定型業務を支援するシステムに関する記述である。
エ　SoRの典型例である基幹システムに関する記述である。

問9 ☑□ □□ ITベンダにおけるソリューションビジネスの推進で用いるバランススコアカードの，学習と成長のKPIの目標例はどれか。ここで，ソリューションとは“顧客の経営課題の達成に向けて，情報技術と専門家によるプロフェッショナルサービスを通して支援すること”とする。 (H28F問23)

ア　サービスを提供した顧客に対して満足度調査を行い，満足度の平均を５段階評価で3.5以上とする。

イ　再利用環境の整備によってソリューション事例の登録などを増やし，顧客提案数を前年度の1.5倍とする。

ウ　情報戦略のコンサルティングサービスに重点を置くために，社内要員30名をITのプロフェッショナルとして育成する。

エ　情報戦略立案やシステム企画立案に対するコンサルティングの受注金額を，全体の15%以上とする。

問10 ☑□ □□ IT投資に対する評価指標の設定に際し，バランススコアカードの手法を用いてKPIを設定する場合に，内部ビジネスプロセスの視点に立ったKPIの例はどれか。 (H30F問24，H29S問24)

ア　売上高営業利益率を前年比５%アップとする。

イ　顧客クレーム件数を１か月当たり20件以内とする。

ウ　新システムの利用者研修会の受講率を100%とする。

エ　注文受付から製品出荷までの日数を３日短縮とする。

答9 バランススコアカード ▶ P.342 ………………………………………………… **ウ**

バランススコアカードは，業績や事業を，財務，顧客，業務プロセス，学習と成長の四つの視点で評価する。また，KPI（Key Performance Indicator：重要業績評価指標）は，KGI（Key Goal Indicator：重要目標達成指標）を達成する過程での実施状況を測るために用いられる。

バランススコアカードの四つの視点とそのKPIの例を次に示す。

- 顧客の視点…顧客満足度やクレーム件数など
- 財務の視点…売上拡大，コスト低減など
- 業務プロセスの視点…目標達成に必要なプロセス，改善が必要なプロセスなど
- 学習と成長の視点…従業員のスキルアップなど

「社内要員30名をITのプロフェッショナルとして育成する」というのは，従業員のスキルアップに該当するので，“学習と成長”のKPIの目標例といえる。

ア　顧客の視点のKPIの目標例である。
イ　業務プロセスの視点のKPIの目標例である。
エ　財務の視点のKPIの目標例である。

答10 バランススコアカード ▶ P.342 ………………………………………………… **エ**

バランススコアカード（BSC）は，企業の業績を

・財務
・顧客
・内部ビジネスプロセス（業務プロセス）
・学習と成長

の四つの視点で多角的に評価する手法である。内部ビジネスプロセスでは，製造工程や業務フローなど，組織内の業務の進め方に注目するので，「業務の効率性」に関する指標がKPIとなる。

“エ”の

注文受付から製品出荷までの日数を３日短縮とする。

は，受付から出荷までの工程の時間効率に関する指標なので，KPIとして適切である。

ア　財務の視点に立ったKPIの例である。
イ　顧客の視点に立ったKPIの例である。
ウ　学習と成長の視点に立ったKPIの例である。

問11 ☑☐☐☐ CRMを説明したものはどれか。 (R元F問27，H29F問26)

ア 卸売業者・メーカが，小売店の経営活動を支援してその売上と利益を伸ばすことによって，自社との取引拡大につなげる方法である。

イ 企業全体の経営資源を有効かつ総合的に計画して管理し，経営の高効率化を図るための手法である。

ウ 企業内の全ての顧客チャネルで情報を共有し，サービスのレベルを引き上げて顧客満足度を高め，顧客ロイヤルティの最大化に結び付ける考え方である。

エ 生産，在庫，購買，販売，物流などの全ての情報をリアルタイムに交換することによって，サプライチェーン全体の効率を大幅に向上させる経営手法である。

問12 ☑☐☐☐ A社は，ソリューションプロバイダから，顧客に対するワントゥワンマーケティングを実現する統合的なソリューションの提案を受けた。この提案が該当するソリューションとして，最も適切なものはどれか。

(H31S問24)

ア CRMソリューション　　イ HRMソリューション

ウ SCMソリューション　　エ 財務管理ソリューション

問13 ☑☐☐☐ 部品や資材の調達から製品の生産，流通，販売までの，企業間を含めたモノの流れを適切に計画･管理し，最適化して，リードタイムの短縮，在庫コストや流通コストの削減などを実現しようとする考え方はどれか。

(H26F問26)

ア CRM　　イ ERP　　ウ MRP　　エ SCM

答11 CRM ▶ P.343　SCM ▶ P.343 …… **ウ**

CRM（Customer Relationship Management）は，個々の顧客との関係を強化し，顧客満足度や顧客ロイヤルティを高めることによって企業利益の向上を図るという考え方である。

ア　リテールサポートに関する記述である。
イ　ERP（Enterprise Resource Planning）に関する記述である。
エ　SCM（Supply Chain Management）に関する記述である。

答12 ワンツーワンマーケティング ▶ P.343　SCM ▶ P.343 …… **ア**

ワントゥワンマーケティングとは，個々の既存顧客と個別に向き合うことで，個人別のニーズを深く分析し，個別のニーズに対応したプロモーションを行う手法である。このようなソリューションは，顧客との関係を管理し強化するというCRM（Customer Relationship Management）の考え方に基づいたものといえる。

- HRM（Human Resource Management）：人的資源を有効活用しようという考え方。単に労務管理だけでなく，人材として経営戦略に有効に機能するよう配置したり，教育や訓練を行い個人のスキルを上げたりするなどの包括的な人事管理を指す
- SCM（Supply Chain Management）：材料調達，製品製造，流通，販売など，生産から販売にいたるまでの商品の供給を総合的に管理する手法及び概念

答13 CRM ▶ P.343　SCM ▶ P.343 …… **エ**

SCM（Supply Chain Management）とは，取引先との受発注，資材の調達から在庫管理，製品の配送まで，いわば事業活動の上流から下流までをITを使って総合的に管理することによって，リードタイムの短縮，余分な在庫などを削減するための手法である。

- CRM（Customer Relationship Management）…情報システムを活用して顧客との長期的な関係を築く手法。顧客データベースをもとに，商品の売買から保守サービス，問合せやクレームへの対応など，顧客とのやりとりを一貫して管理することによって，顧客の利便性と満足度を高め，収益率の増大を図る
- ERP（Enterprise Resource Planning）…企業全体を経営資源の有効活用の観点から統合的に管理し，経営の効率化を図るという経営概念
- MRP（Material Requirements Planning）…企業の生産計画達成を前提に，部品表と在庫情報から発注すべき資源の量と発注時期を割り出す手法。使用分を補充するのではなく，予想される需要を事前にとらえることによって，在庫の圧縮と不足の解消を同時に実現する

問14 ☑□ □□ プロセスイノベーションに関する記述として，適切なものはどれか。
(H27S問27)

ア　競争を経て広く採用され，結果として事実上の標準となる。
イ　製品の品質を向上する革新的な製造工程を開発する。
ウ　独創的かつ高い技術を基に革新的な新製品を開発する。
エ　半導体の製造プロセスをもっている企業に製造を委託する。

問15 ☑□ □□ コアコンピタンスに該当するものはどれか。 (H31S問26)

ア　主な事業ドメインの高い成長率
イ　競合他社よりも効率性が高い生産システム
ウ　参入を予定している事業分野の競合状況
エ　収益性が高い事業分野での市場シェア

問16 ☑□ □□ コア技術の事例として適切なものはどれか。 (H26F問27)

ア　アライアンスを組んでインタフェースなどを策定し，共通で使うことを目的とした技術
イ　競合他社がまねできないような，自動車エンジンのアイドリングストップ技術
ウ　競合他社と同じCPUコアを採用し，ソフトウェアの移植性を生かす技術
エ　製品の早期開発，早期市場投入を目的として，汎用部品を組み合わせて開発する技術

問17 ☑□ □□ CE（コンカレントエンジニアリング）を説明したものはどれか。
(H26F問28)

ア　CADで設計された図形データを基に，NCデータを作成すること
イ　生産時点で収集した情報を基に問題を分析し，生産活動の効率の向上を図ること
ウ　製品の開発や生産に関係する情報の中身や表現形式を標準化すること
エ　製品の企画・設計・製造を同時並行処理し，全体のリードタイムを短縮すること

答14　イノベーション ▶ P.345 ……………………………… **イ**

イノベーションとは革新や刷新を意味し，従来とは大きな変化をもたらす革新的な技術や考え方を表す。イノベーションは，製品開発に関するプロダクトイノベーションとビジネス

プロセスに関するプロセスイノベーションに大別され，プロセスイノベーションは製造方法や製造工程といった革新的な考え方や手法を表す。

ア　デファクトスタンダードに関する記述である。
ウ　プロダクトイノベーションに関する記述である。
エ　半導体ファブレスに関する記述である。

答15 ………………………………………………………………………… **イ**

コアコンピタンスとは，他社には真似のできない独自のノウハウや技術などの強みのことである。コアコンピタンスを明らかにして，自社の持つ強みから新たな成果を生み出すことで，経営環境の変化への対応や新たな事業の展開などが容易となる。

競合他社よりも効率性が高い生産システムは，他社には真似のできない企業独自のノウハウや技術から得られた成果であり，コアコンピタンスに該当する。

ア　主な事業ドメインの高い成長率は，コアコンピタンスの結果としてもたらされるものである。
ウ　参入を予定している事業分野の競合状況は，外部の経営環境である。
エ　収益性が高い事業分野での市場シェアは，コアコンピタンスの結果として獲得できるものである。

答16　コア技術 ▶ P.346 …………………………………………………… **イ**

コア技術とは，他社が容易に模倣できない，明確に差別化できる企業独自の技術である。経営におけるコアコンピタンスの技術版と考えればよい。コア技術を適用した製品は，他社製品と差別化され，模倣も困難であるため，長期にわたって競争優位を確保でき，企業に大きな収益をもたらす。研究開発にあたっては，このようなコア技術を選択し，それに研究資源を集中させることが大切である。

答17　コンカレントエンジニアリング ▶ P.349 ……………………………… **エ**

コンカレントエンジニアリングとは，各工程の作業を逐次進めるのではなく，同時並行的に進めていくことで，開発期間を短縮する手法である。

各工程を逐次進めていく手法と比べて，リードタイム内の無駄な時間を省け，後工程からの手戻りが減少するなどの効果が期待できる。ただし，各工程間での情報共有や協調作業など，工程間で整合性をとることが非常に重要となる。

ア　CAD/CAMシステムの機能の説明である。
イ　POP（Point Of Production；生産時点情報管理）の考え方の説明である。
ウ　STEP（STandard for the Exchange of Product model data）などの製品データモデルの標準化に関する説明である。

問18 ☑☐ ☐☐ セル生産方式の特徴はどれか。 (H29S問28)

ア 作業指示と現場管理を見えるようにするために，かんばんを使用する。
イ 生産ライン上の作業場所を通過するに従い製品の加工が進む。
ウ 必要とする部品，仕様，数量が後工程から前工程へと順次伝わる。
エ 部品の組立てから完成検査まで，ほとんどの工程を１人又は数人で作業する。

問19 ☑☐ ☐☐ ある期間の生産計画において，表の部品表で表される製品Aの需要量が10個であるとき，部品Dの正味所要量は何個か。ここで，ユニットBの在庫残が５個，部品Dの在庫残が25個あり，他の在庫残，仕掛残，注文残，引当残などはないものとする。 (H30F問28，H28F問28，H21S問28)

レベル０		レベル１		レベル２	
品名	数量（個）	品名	数量（個）	品名	数量（個）
製品Ａ	1	ユニットＢ	4	部品Ｄ	3
				部品Ｅ	1
		ユニットＣ	1	部品Ｄ	1
				部品Ｆ	2

ア 80　イ 90　ウ 95　エ 105

答18 セル生産方式 ▶ P.351 …… **エ**

セル生産とは，製品の組み立て作業などにおいて，一人または数人の作業者で，部品の取付けから，組付け，加工，検査までの全工程を担当する生産方式である。作業者を，部品や工具をU字型などに配置したセルと呼ばれるライン（作業台）で囲み，作業者はその中で作業を行う。

セル生産方式は，部品箱の入替えやセル内での作業順序を変えるだけで，生産品目（製品のバリエーション）を容易に変更できるので，多種類かつフレキシブルな生産が求められる製品，多品種少量製品の生産に適している。

ア かんばん方式と呼ばれる，後工程引取り方式の一形態に関する記述である。
イ 押出し方式などと呼ばれる，従来型の生産方式に関する記述である。
ウ 後工程引取り方式などと呼ばれる，比較的最近になって用いられるようになった生産方式に関する記述である。

答19 MRP ▶ P.350 部品表 ▶ P.350 部品数量の計算 ▶ P.351 …………………… **イ**

まず，部品表のレベル０とレベル１の部分より，１個の製品Aは４個のユニットBと１個のユニットCから構成されることが分かる。よって，製品Aを10個生産するためには，ユニットBとCはそれぞれ

ユニットB … 4×10 ＝ 40〔個〕
ユニットC … 1×10 ＝ 10〔個〕

必要になる。ここで，ユニットBには在庫残が５個あるので，正味所要量は

ユニットB … 40－5 ＝ 35〔個〕
ユニットC … 10〔個〕

である。

次に，部品表のレベル１とレベル２の部分より，

１個のユニットBは３個の部品Dと１個の部品Eから，
１個のユニットCは１個の部品Dと２個の部品Fから

構成されることが分かる。よって，ユニットBを35個，ユニットCを10個生産するのに必要な部品Dの数は

ユニットBに関して … 35×3 ＝ 105〔個〕
ユニットCに関して … 10×1 ＝ 10〔個〕
合計 … 105＋10 ＝ 115〔個〕

である。ここで，部品Dには在庫残が25個あるので，正味所要量は

115－25 ＝ 90〔個〕

となる。

解答の導き方としては，次のように最初から部品Dに換算して考えてもよい。

（1） １個の製品Aに必要な部品Dの数
＝ 4×3＋1×1
＝ 13〔個〕

（2） 10個の製品Aに必要な部品Dの数
＝ 13×10
＝ 130〔個〕

（3） 部品Dの全体の在庫量
＝（部品Bの在庫残×３）＋部品Dの在庫残
＝ 5×3＋25
＝ 40〔個〕

（4） 部品Dの正味所要量
＝（10個の製品Aに必要な部品Dの数）－（部品Dの全体の在庫量）
＝ 130－40
＝ 90〔個〕

問20 ☑☐ ☐☐ EDIを実施するための情報表現規約で規定されるべきものはどれか。

(H27S問28, H25F問28, H24S問28, H22F問28)

ア 企業間の取引の契約内容　　イ システムの運用時間

ウ 伝送制御手順　　エ メッセージの形式

問21 ☑☐ ☐☐ CPS（サイバーフィジカルシステム）を活用している事例はどれか。

(R2F問27)

ア 仮想化された標準的なシステム資源を用意しておき，業務内容に合わせてシステムの規模や構成をソフトウェアによって設定する。

イ 機器を販売するのではなく貸し出し，その機器に組み込まれたセンサで使用状況を検知し，その情報を元に利用者から利用料金を徴収する。

ウ 業務処理機能やデータ蓄積機能をサーバにもたせ，クライアント側はネットワーク接続と最小限の入出力機能だけをもたせてデスクトップの仮想化を行う。

エ 現実世界の都市の構造や活動状況のデータによって仮想世界を構築し，災害の発生や時間軸を自由に操作して，現実世界では実現できないシミュレーションを行う。

答20 EDI ▶ P.354 ……… **エ**

EDI規約は，情報伝達規約，情報表現規約，業務運用規約，取引基本規約から構成されている。メッセージの形式（フォーマット）はシンタックスルールの一部に該当し，情報表現規約で規定される。

	規約名	内容
第4レベル	取引基本規約	EDIを用いることに関する基本契約
第3レベル	業務運用規約（システム運用規約）	EDI運用に関する諸項目（業務フローや障害時の対応など）
第2レベル	情報表現規約	ビジネスプロトコルとシンタックスルール（使用するデータ項目，及び格納構造）
第1レベル	情報伝達規約	回線を介して通信するためのプロトコル

ア　企業間の取引の契約内容は，取引基本規約で規定される。
イ　システムの運用時間は，業務運用規約で規定される。
ウ　伝送制御手順は，情報伝達規約で規定される。

答21 CPS ▶ P.355 ……… **エ**

CPS（Cyber Physical System）は，現実世界の様々な情報をセンサなどによって計測し，その情報をサイバー空間（電子空間）に取り込んで分析し現実世界にフィードバックすることで高度な社会を実現する仕組みの総称である。JEITA（電子情報技術産業協会）のWebサイトにおいては，次のように定義されている。

CPSとは，実世界（フィジカル空間）にある多様なデータをセンサーネットワーク等で収集し，サイバー空間で大規模データ処理技術等を駆使して分析／知識化を行い，そこで創出した情報／価値によって，産業の活性化や社会問題の解決を図っていくものです。

“エ”では現実世界のデータを用いて仮想世界というサイバー空間を構築し，そこでのシミュレーションの結果を災害対策に活かそうとしている。これはCPSの事例に該当する。

ア　スケーラビリティの実現などを目的とした仮想化技術の活用事例に該当する。
イ　レンタル事業におけるIoTやセンサネットワークの活用事例に該当する。
ウ　シンクライアントを用いたVDIやDaaSの活用事例に該当する。

3 企業活動

知識編

3.1 経営・組織論

❏ 職能（機能）部門別組織 問3

営業部門や製造部門など，機能ごとに編成された組織構造である。

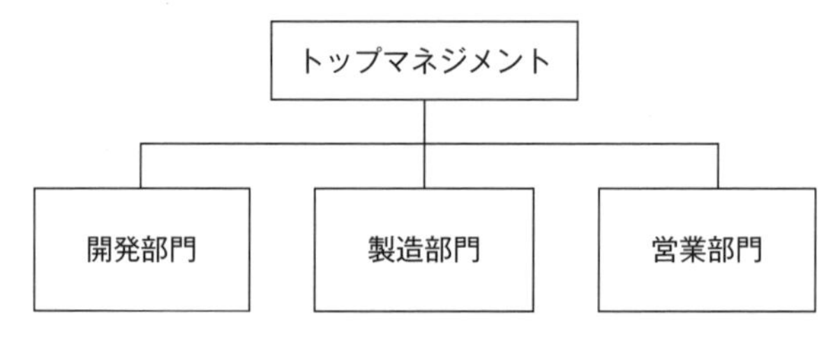

▶職能部門別組織の構造

同じ専門性を持ったスタッフが集まるため，スキルや知識の共有化を図りやすい。反面，権限や責任がトップマネジメントに集中するため，トップの負担が大きくなり意思決定が遅延する傾向がある。また，各機能部門の責任があいまいになりやすい。

❏ 事業部制組織 問3

独自に利益責任（業績責任）を負う事業部を設け，その事業部ごとに職能別組織を編成し，マネジメントの分権化を行う組織構造である。

▶事業部制組織の構造

各事業部間の競争による業績向上が期待できるが，職能的重複が生じたり，統一的な営業展開ができなくなるおそれがある。例えば，異なる事業部で同種の製品を開発した場合には投資の無駄が発生する。また,事業部を製品別の単位に分けた場合には,一人の顧客に対して企業としての統一のとれた営業が困難になる。

❏コーポレートガバナンス（企業統治）

経営管理が適切に行われているかを監視し，企業活動の正当性や健全性を維持する仕組である。コーポレートガバナンスの要点は，次のようになる。

- ●経営の透明性，健全性，遵法性の確保
- ●ステークホルダに対する説明責任の重視・徹底
- ●迅速かつ適切な情報開示
- ●経営責任の明確化

❏CSR（企業の社会的責任）

企業の活動が社会や環境に及ぼす影響に責任を持つことを意味する。利益の追求や**コーポレートガバナンス**や**コンプライアンス**（法令遵守）だけでなく，社会に対する貢献や地球環境の保護などの社会課題を認識して取り組むなどの企業活動を指す。キャロルは，CSRを“経済的責任”“法的責任”“倫理的責任”“社会貢献責任（フィランソロピー的責任)”の四つに分類している。

▶**企業の社会的責任**

社会貢献責任	経営資源を社会に貢献させる。
倫理的責任	公正で正しい活動を行う。
法的責任	法律を遵守する。
経済的責任	利益を確保する。

❏IR（Investor Relation）

投資家やアナリストに対する広報活動として，企業の経営状況を正確かつ迅速に，そして継続的に公表することである。近年のIRでは，企業の経営状況だけではなくコーポレートガバナンスやCSRに対する取組みも公表される。これらの活動は企業価値を高めることにつながるため，投資判断の重要な材料になる。また，公表の対象も投資家だけではなく顧客や地域社会といったステークホルダに広がっている。

3.2 OR・IE

❏ 線形計画法（LP）

一次不等式や一次式で示される制約条件下で，目的関数の最大値や最小値を求める数学的手法である。理論や科学的な根拠によって裏づけられた企業活動を行うための研究手法であるOR（Operations Research）やIE（Industry Engineering；生産工学）で用いられる。原材料に制約のある生産において，最大利益や利益を最大にする条件を求める場合に利用される。二つの要素と二つの制約条件から目的関数を最大値または最小値を求める線形計画問題の場合は，２次元グラフで解くことができる。変数が三つ以上ある線形計画問題の場合は，シンプレックス法（単体法）を用いる。

❏ 意思決定原理

意思決定者の心理に合う基準を見つけ出し，意思決定の判断基準を提供する技法である。代表的な意思決定原理には，次のものがある。

▶意思決定原理

期待値原理	各状況の生起確率とそれぞれの確率変数から期待値を算出し，これを最大にする案を選択する。
マクシミン原理（ミニマックス原理）	各代替案ごとの「最悪の結果」に注目し，それらの中で最良（最大）の結果を与える案を選択する。消極的な意思決定といえる。
マクシマックス原理	各代替案ごとの「最良の結果」に注目し，それらの中で最良（最大）の結果を与える案を選択する。積極的・楽観的な意思決定といえる。
ミニマックスリグレット原理	最良の結果を選択しなかった場合との差（リグレット：後悔）の大きさを計算し，それが最小となる案を選択する。

❏ 利得表の事例

▶利得表

経済状況 代替案	B1 （好転）	B2 （現状維持）	B3 （悪化）
A1（前年同期並みの生産）	650	500	350
A2（前年同期より10%の増産）	800	400	200
A3（前年同期より20%の増産）	900	300	50
A4（前年同期より10%の減産）	400	450	600
A5（前年同期より20%の減産）	300	400	450

（単位：万円）

A1～A5は代替案（自分が選ぶ戦略），B1～B3は市場の変化を表す。表の値は売上を表す。代替案A 1を選択した場合には，経済状況が好転すれば650万円の利益が得られるが，悪化した場合には利益は350万円に減少すると解釈できる。

この利得表にマクシミン原理を用いた意思決定を行う場合，「最悪の結果」に着目する。各案の最悪の結果を選ぶと，

(A1，A2，A3，A4，A5)＝(350，200，50，400，300)

となり，この中の最大値は400なので，代替案A 4を選択する。一方，マクシマックス原理を用いた意思決定を行う場合，「最良の結果」に着目する。各案の最良の結果を選ぶと，

(A1，A2，A3，A4，A5)＝(650，800，900，600，450)

となり，この中の最大値は900なので，A 3を選択する。

❑OC曲線 ―――― 問2

抜取り検査でのロットの品質とその合格率の関係を表す曲線である。縦軸にロットが合格する確率，横軸にロットの不良率をとり，抜取りサンプル数nと合格判定個数c（不良品がc個までなら合格，c個を超えると不合格）との組合せごとに，一つのOC曲線が得られる。一般にcが小さく，nが大きいほどOC曲線の傾斜が急になり，ロットの不良率は低くなる。合格判定個数c＝0，c＝1，c＝2のときのOC曲線を次に示す。

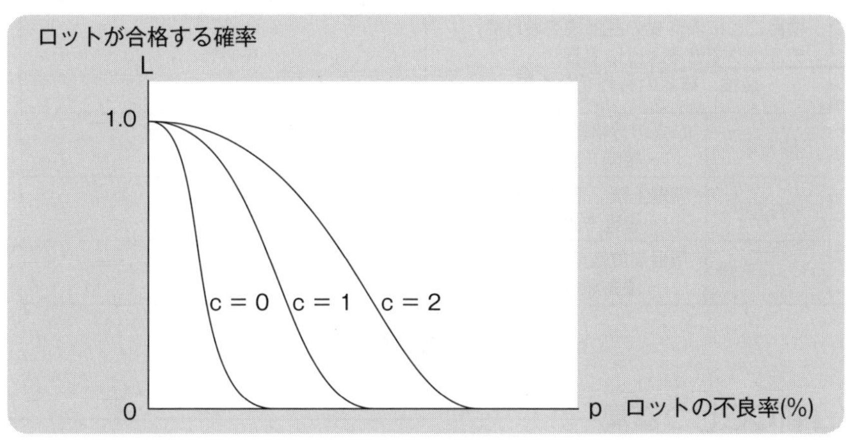

▶OC曲線

❑ QC七つ道具

第2部1問11

製品やサービスの品質を保つための活動をQC（Quality Control）という。QCにおいて，情報や事象などの**定量的な分析**に用いられるツール群をQC七つ道具という。

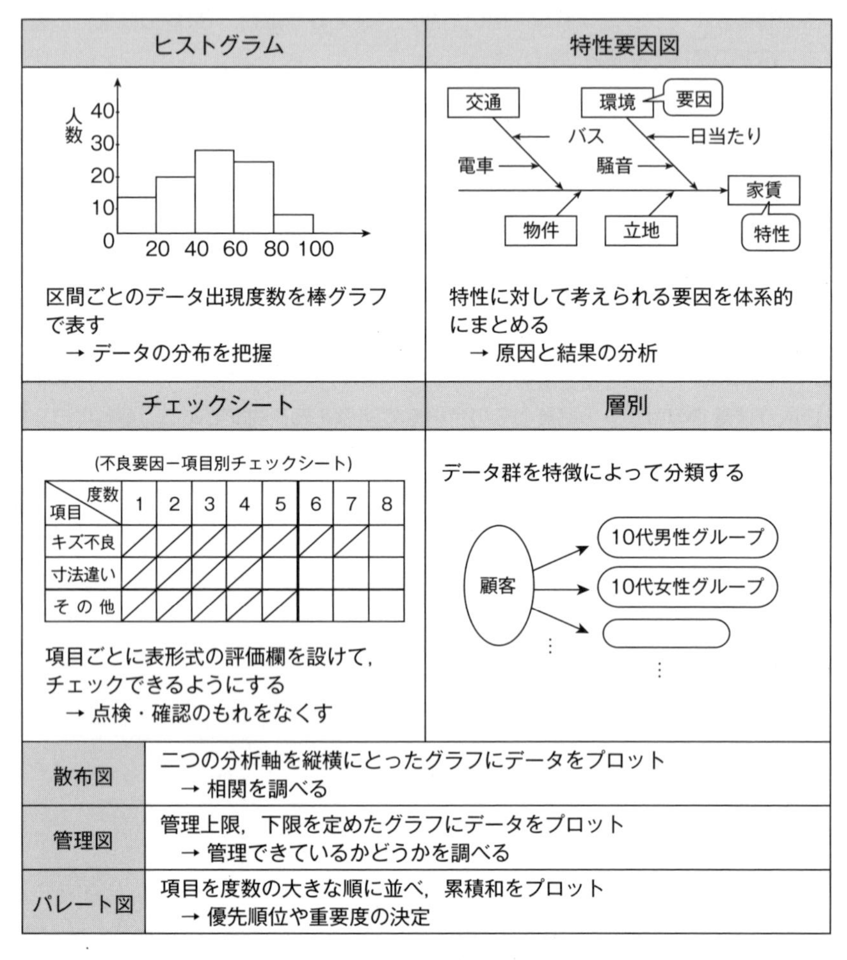

▶QC七つ道具

❑ 新QC七つ道具

情報や事象などの**定量的な分析**に用いるQC七つ道具に対し，定性的な分析に用いるツール群である。

●親和図法

複雑な事象を整理し，
解決策などを明確にする

●系統図法

目的達成のための手段・方策を
順次展開し，最適な手段を追求する

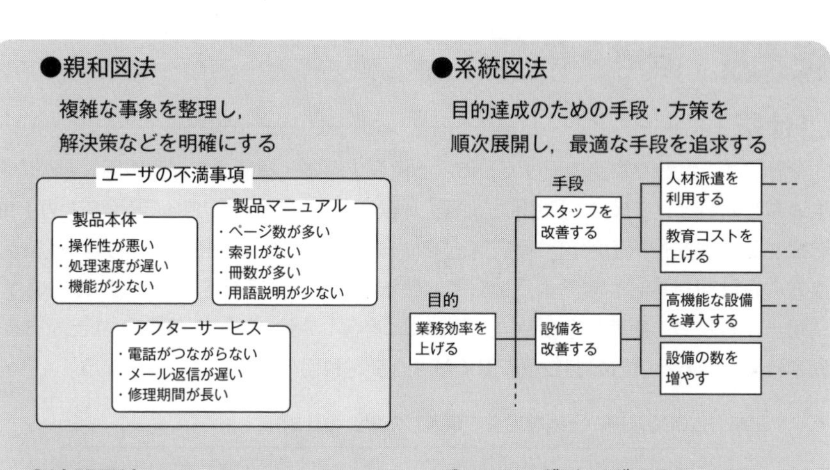

●連関図法

複雑な要因の絡みあう事象について，その事象や要因の間の因果関係を明らかにする

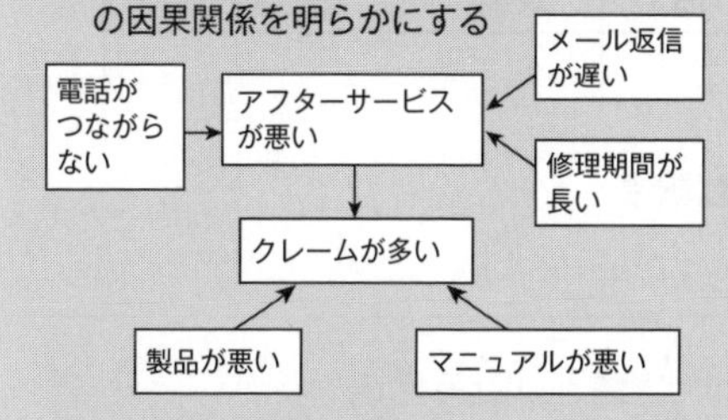

●アローダイアグラム

作業の前後関係を明らかにし，
日程計画を立てる

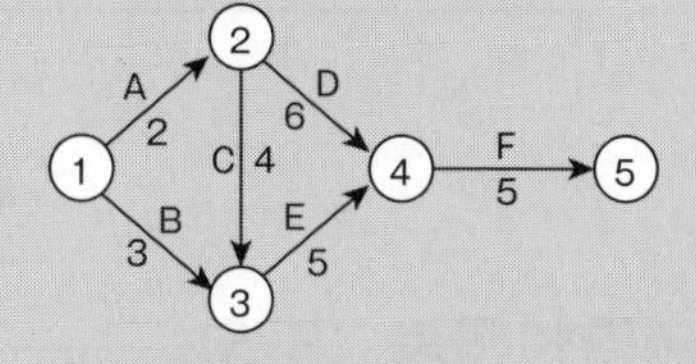

●マトリックス図法

2次元の表を用いて
各要素の関連を表す技法

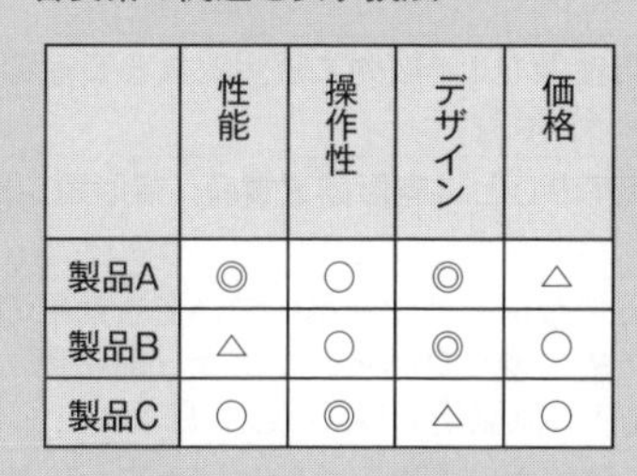

	性能	操作性	デザイン	価格
製品A	◎	○	◎	△
製品B	△	○	◎	○
製品C	○	◎	△	○

●PDPC法

ある状態から結果に至るまでのさまざまな過程を整理し，最適な過程を探す

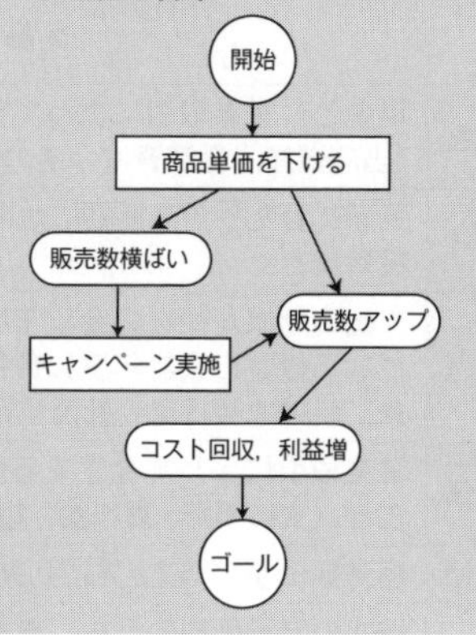

●マトリックスデータ解析法

マトリックス図法のデータを解析する

▶新QC七つ道具

3.3 会計・財務

❏ 仕訳

会計では，金銭や物品の受け渡しによる資産・資本・負債の増減や費用・収益の発生消滅を取引として扱い，取引において「何がいくら増えて何がいくら減ったか」を記録する処理を仕訳と呼ぶ。複式簿記では左側を「借方」，右側を「貸方」として，双方の合計額が等しくなるようにして，仕訳帳と呼ばれる帳票に記入する。「何が」に相当するものを勘定科目といい，“現金”“商品”“土地”“支払手形”などがある。勘定科目を借方と貸方のどちらに書くかは，勘定科目の内容によって決まる。

(例)　2,000万円の土地を現金で購入した場合の仕訳

日付	（借　方）		（貸　方）	
⋮	⋮		⋮	
10/3	土地	20,000,000	現金	20,000,000
⋮	⋮		⋮	

▶仕訳帳

❏ 貸借対照表（B/S）

企業の決算日や期末などの一時点の財務状態を示す計算書で，

資産＝負債＋純資産

という等式をもとに内容を記載する。

▶貸借対照表の項目

流動資産	現金と，営業取引によって発生する資産及び1年以内に現金となる資産のこと（当座資産，棚卸資産，その他の資産に分類される）
固定資産	長期にわたり企業活動に活用される資産のこと（有形固定資産，無形固定資産，投資など）
繰延資産	支出の効果が複数の会計年度にわたる場合に，その費用についても効果の対象となる複数の会計年度に負担させるために繰り延べられた資産（創立費，開業費，新株式発行費，社債発行費，開発費，試験研究費，建設利息など）
流動負債	営業取引によって発生する債務及び1年以内に返済しなければならない債務のこと（支払手形，買掛金，短期借入金，未払金，未払費用，前受金，預り金など）
固定負債	返済期日が1年以上先に到来する債務のこと
資本金	株式の発行価額のうち，資本金として組み入れた額のこと

貸借対照表
平成×年×月×日

借方		貸方	
資産の部		負債の部	
Ⅰ 流動資産		Ⅰ 流動負債	
現金及び預金	×××	買掛金	×××
受取手形	×××	支払手形	×××
売掛金	×××	⋮	⋮
有価証券	×××	流動負債合計	×××
商品	×××	Ⅱ 固定負債	
⋮		社債	×××
流動資産合計	×××	長期借入金	×××
Ⅱ 固定資産		⋮	⋮
建物	×××	固定負債合計	×××
機械	×××	負債合計	×××
⋮			
固定資産合計	×××	純資産の部	
Ⅲ 繰延資産		Ⅰ 株主資本	
開発費	×××	資本金	×××
⋮		資本準備金	×××
繰延資産合計	×××	⋮	⋮
資産合計	×××	純資産合計	×××
		負債純資産合計	×××

▶貸借対照表

❏損益計算書（P/L）

会計年度の経営成績を示す計算書であり，

収益＝費用＋利益

という損益計算書等式を基本に記載する，費用や収益を外部へ報告するための財務諸表である。

損　益　計　算　書		
年　月　日から　年　月　日まで		
経常損益		
営業損益		
Ⅰ　営業収益		
売上高		317
Ⅱ　営業費用の部		
売上原価	284	
販売費・一般管理費	25	309
営業利益		8
営業外損益		
Ⅲ　営業外収益		9
Ⅳ　営業外費用		6
営業外利益		3
経常利益		11
特別損益		
Ⅴ　特別利益		5
Ⅵ　特別損失		4

▶損益計算書

❏キャッシュフロー計算書

キャッシュフローは，会計上での現金利益や資金の流れを意味し，

当期利益＋減価償却費

で表される。企業の手元資金の創出能力を示す指標であり，金融市場から資金を調達するときの重要な経営評価指標となる。日本では，上場企業は貸借対照表や損益計算書などとともにキャッシュフロー計算書を開示（提出）することが義務付けられている。キャッシュフローは，次の三つの活動区分別に集計される。

- 営業活動によるキャッシュフロー…日常的な生産・営業活動によるもの
  例：商品の販売による収入，仕入による支出
- 投資活動によるキャッシュフロー…設備投資や資産売却などによるもの
  例：有形固定資産の売却による収入
- 財務活動によるキャッシュフロー…借入れなどの財務活動によるもの
  例：株式発行による収入，短期借入金の返済による支出

❏ROI（Return On Investment）

1問3

投資利益率のことである。投入した投資額に対応してどれだけ利益を上げたのかを計測するための指標である。

ROI＝利益金額÷投資金額

で求めることができる。

❏ROE（Return On Equity）

株主資本利益率または**自己資本利益率**のことである。株主や企業所有主が投下した自己資本が，収益によってどれだけ回収されたかを示す経営指標である。株主から見た場合，株主持分に対する収益率の意味となる。

ROE(%)＝当期純利益÷自己資本×100

❏減価償却

問4

土地以外の固定資産の取得原価を，その資産を利用する期間に適正に費用配分することである。2007年度に税法上の減価償却制度が「最終的な残存価格＝1円」と改定された。減価償却の方法には，**定額法**と**定率法**がある。

▶定額法と定率法

定額法	償却期間の間，毎期同じ額を費用として計上する 減価償却費 ＝（取得価額 － 残存価額）÷ 耐用年数
定率法	未償却残高に対して，同じ割合で費用として計上する 減価償却費 ＝ 未償却残高 × 償却率

❑ 定額法の計算例

100万円を５年間にわたり定額法により償却する。このとき，減価償却費は100÷５＝20万円となるが，最後の年度のみ残存価額が１円になるよう調整する。

▶定額法による計算

年度	減価償却費	残存価額
1年目	20万円	80万円
2年目	20万円	60万円
3年目	20万円	40万円
4年目	20万円	20万円
5年目	199,999円	1円

❑ 定率法の計算例

100万円を５年間にわたり定率法により償却する。償却率には「250％定率法（定額法における償却率の2.5倍を償却率とする方法）」を用いる。５年間の定額法における償却率は0.2であるので，定率法ではその2.5倍にあたる0.5を償却率とする。

▶定率法による計算

年度	減価償却費	残存価額
1年目	50万円	50万円
2年目	25万円	25万円
3年目	12.5万円	12.5万円
4年目	62,500円	62,500円
5年目	62,499円	1円

250％定率法では，「定率法の償却率を用いて求められる償却額 ＜ 残存価額÷残りの償却年数」となった時点で，「残存価額÷残りの償却年数」を償却額とした定額法に切り替える。そのため，５年目（残り年数＝１）で「定率法の場合＝31,625 ＜ 残存価額÷年数＝62,500」となるため，定額法に切り替わっている。

❏損益分岐点 問5 問6

「利益も損失も出ない」売上高を表す。売上高が損益分岐点を超えると利益が生まれ，逆に下回れば損失が発生する。損益分岐点の把握は，売上目標の立案などに欠かすことができない。

変動費率をa，固定費をb，売上高をxとする。費用を表す直線（y＝ax＋b）に，売上高を表す直線（y=x）を重ねる。その二つの直線の交点が損益分岐点となる。

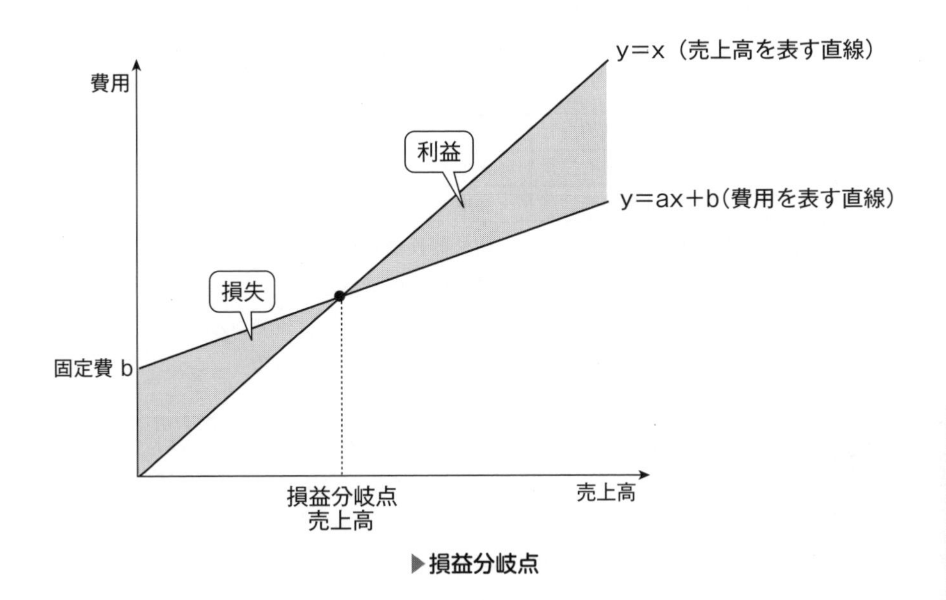

▶損益分岐点

問題編

問1 ☑□ □□ 経営会議で来期の景気動向を議論したところ，景気は悪化する，横ばいである，好転するという三つの意見に完全に分かれてしまった。来期の投資計画について，積極的投資，継続的投資，消極的投資のいずれかに決定しなければならない。表の予想利益については意見が一致した。意思決定に関する記述のうち，適切なものはどれか。（H27F問29，H25S問29，H23F問29）

予想利益（万円）		景気動向		
		悪化	横ばい	好転
投資計画	積極的投資	50	150	500
	継続的投資	100	200	300
	消極的投資	400	250	200

ア　混合戦略に基づく最適意思決定は，積極的投資と消極的投資である。
イ　純粋戦略に基づく最適意思決定は，積極的投資である。
ウ　マクシマックス原理に基づく最適意思決定は，継続的投資である。
エ　マクシミン原理に基づく最適意思決定は，消極的投資である。

問2 ☑□ □□ 横軸にロットの不良率，縦軸にロットの合格率をとり，抜取検査でのロットの品質とその合格率との関係を表したものはどれか。

（H27S問29）

ア　OC曲線　　イ　バスタブ曲線
ウ　ポアソン分布　　エ　ワイブル分布

答1 ……………………………………………………………………………… **エ**

マクシミン原理（ミニマックス）では，各案ごとの最悪の結果に注目し，それらの中で最良の結果（最大利益）を与える案を選択する。

提示された各案の最悪の結果は次のようになる。

積極的投資の最悪の結果＝50
継続的投資の最悪の結果＝100
消極的投資の最悪の結果＝200

よって，マクシミン原理では，この中で最大値の200をとる消極的投資が最適意思決定となる。

ア，イ　実行する戦略をただ一つに定める手法を純粋戦略といい，複数の戦略の中から確率論に従って戦略を選択実行することを混合戦略という。具体的な戦略決定の方針（アルゴリズム）を示す概念ではないので，問題文及び選択肢の記述だけでは意思決定できない。

ウ　マクシマックス原理では，各案ごとの最良の結果に注目し，それらの中で最良（最大）の結果を与える案を選択する。提示された各案の最良の結果は，

積極的投資の最良の結果＝500

継続的投資の最良の結果＝300

消極的投資の最良の結果＝400

なので，積極的投資が選択される。

答2　OC曲線 ▶ P.377 ……… **ア**

OC曲線（Operating Characteristic Curve）は，抜取り検査でのロットの品質とその合格率の関係を表す曲線である。縦軸にロットが合格する確率，横軸にロットの不良率をとり，抜取りサンプリング数nと合格判定個数c（不良品がc個までなら合格とし，c個を超えると不合格とする）との組合せごとに，一つのOC曲線が得られる。

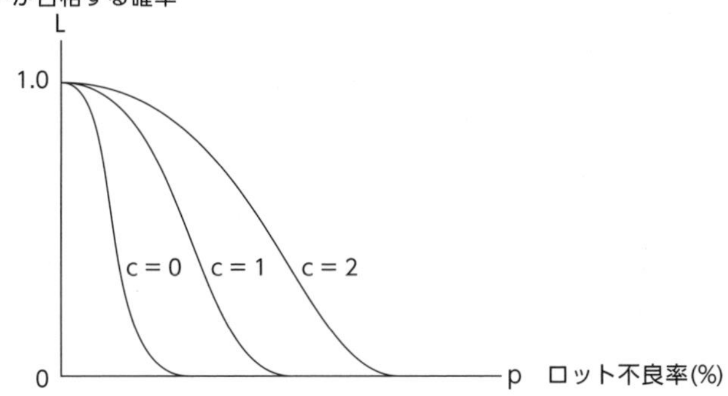

- バスタブ曲線…製品ライフサイクルにおける機器の故障率と使用経過期間の関係を示す曲線
- ポアソン分布…確率分布の一つ。「滅多に発生しないが，長期的に見ると必ず何回かは発生するような事象」を表すのに用いられる。待ち行列モデルにおいては客の到着数をポアソン分布に従うと仮定することが多い
- ワイブル分布…確率分布の一つ。主に，時間経過に伴う物体（材料）の強度の変化を示すのに用いられる

問3 ☑□ □□ 職能部門別組織を説明したものはどれか。 (H26S問29)

ア 業務遂行に必要な機能と利益責任を，製品別，顧客別又は地域別にもつことによって，自己完結的な経営活動が展開できる組織である。
イ 構成員が，自己の専門とする職能部門と特定の事業を遂行する部門の両方に所属する組織である。
ウ 購買・生産・販売・財務などの仕事の特性によって，部門を編成した組織である。
エ 特定の問題を解決するために各部門から専門家を集めて編成し，期間と目標を定めて活動する一時的かつ柔軟な組織である。

問4 ☑□ □□ 取得原価30万円のPCを２年間使用した後，廃棄処分し，廃棄費用２万円を現金で支払った。このときの固定資産の除却損は廃棄費用も含めて何万円か。ここで，耐用年数は４年，減価償却方法は定額法，定額法の償却率は0.250，残存価額は０円とする。 (H30S問29)

ア 9.5　　イ 13.0　　ウ 15.0　　エ 17.0

問5 ☑□ □□ 損益分岐点の特性を説明したものはどれか。 (H29S問29)

ア 固定費が変わらないとき，変動費率が低くなると損益分岐点は高くなる。
イ 固定費が変わらないとき，変動費率の変化と損益分岐点の変化は正比例する。
ウ 損益分岐点での売上高は，固定費と変動費の和に等しい。
エ 変動費率が変わらないとき，固定費が小さくなると損益分岐点は高くなる。

答3 職能部門別組織 ▶ P.374　事業部制組織 ▶ P.374 …… **ウ**

職能部門別組織は，企業活動を水平的に分類した組織構造である。研究開発，製造，販売，人事・総務，経理・財務といった職能別に組織される。専門化の原則に従っているので，管理者の負担が軽減され，部下の専門的指導も容易になる。しかし，命令の統一性が失われ，責任と権限の階層的秩序が維持できなくなる場合がある。

ア 事業部制組織に関する記述である。
イ マトリックス組織に関する記述である。
エ プロジェクト型組織に関する記述である。

答4 減価償却 ▶ P.383 …… エ

固定資産の除却損とは，その資産を廃棄処分することによって生じる損失のことである。除却損には，その時点での資産価額や，廃棄費用が含まれる。

減価償却が定額法であり，償却率が0.25なので，１年当たりの償却額は

(取得価額－残存価額)×償却率

＝（30－０）× 0.25 ＝ 7.5［万円］

となる。問題では“２年間使用した”とあるので，償却額の累計は

7.5×２ ＝ 15［万円］

であり，その時点での資産価額は

30－15 ＝ 15［万円］

である。これを費用２万円で廃棄するので，除却損は

15＋２ ＝ 17［万円］

となる。

答5 損益分岐点 ▶ P.385 …… ウ

利益は次の式で求められる。

利益 ＝ 売上高－(固定費＋変動費)

損益分岐点では利益＝０となるので，

０ ＝ 売上高－(固定費＋変動費)

売上高 ＝ 固定費＋変動費　となるときの売上高が，損益分岐点売上高である。

なお，

変動費率＝変動費÷売上高

であり，損益分岐点売上高は，

$$損益分岐点売上高 = \frac{固定費}{1-変動費率}$$

で求められる。

ア　変動費率が低くなると，損益分岐点売上高は「低く」なる。

イ　そのような比例関係はない。

エ　固定費が小さくなると，損益分岐点売上高は「低く」なる

問6 ☑☐ ☐☐ 損益分岐点分析でA社とB社を比較した記述のうち，適切なものはどれか。

（R元F問29）

単位 万円

	A社	B社
売上高	2,000	2,000
変動費	800	1,400
固定費	900	300
営業利益	300	300

ア　安全余裕率はB社の方が高い。

イ　売上高が両社とも3,000万円である場合，営業利益はB社の方が高い。

ウ　限界利益率はB社の方が高い。

エ　損益分岐点売上高はB社の方が高い。

答6 損益分岐点 ▶ P.385 …… **ア**

安全余裕率とは，売上高からどのくらい下落すると損益分岐点売上高となるかを表す比率であり，次の計算式によって求めることができる。安全余裕率が高いほど経営が安全であるといえる。

安全余裕率＝(売上高－損益分岐点売上高)÷売上高

損益分岐点売上高は，"固定費÷(1－変動費率)"で求められる。A社とB社について損益分岐点と安全余裕率を求めてみると，

A社：損益分岐点売上高＝900÷(1－800÷2,000)＝900÷0.6＝1,500
安全余裕率＝(2,000－1,500)÷2,000＝0.25

B社：損益分岐点売上高＝300÷(1－1,400÷2,000)＝300÷0.3＝1,000
安全余裕率＝(2,000－1,000)÷2,000＝0.5

となり，B社のほうが安全余裕率が高いことが分る。

イ　売上高が3,000万円の場合，A社の営業利益は3,000×(1－0.4)－900＝900万円，Bの営業利益は3,000×(1－0.7)－300＝600万円となり，A社の方が高い。

ウ　限界利益率は売上の単位当たりの増加に伴う利益の上昇具合を示す指標で，"1－変動費率"で表される。A社の限界利益率は1－0.4＝0.6,B社は1－0.7＝0.3であり，A社のほうが高い。

エ　損益分岐点売上高はA社の方が高い。

法務

知識編

4.1 知的財産権

❏ 著作権 ―――――――― 問2

著作物ならびに著作者の権利およびこれに隣接する権利をいう。著作権法はこれらの権利の保護を対象としている。著作権は，著作者人格権と財産権としての著作権（著作財産権）に分けられる。

●著作者人格権

原始的な著作者本人に帰属する権利。他人に譲渡することはできない

公表権…著作物を公表（提示）する権利

氏名表示権…著作物に氏名を表示する権利

同一性保持権…著作物の変更を認めない権利

●著作財産権

著作を活用して利益を得る，財産的権利を担保する。他人に譲渡でき，相続の対象となる。

複製権…著作物を複製（コピー）する権利

公衆送信権…回線などを介して不特定多数に送信する権利

頒布権…映画の著作物を複製して譲渡・販売する権利

翻訳権，翻案権…著作物をアレンジ（翻訳・編曲・変形など）する権利

（このほか，上映権や演奏権，貸与権などがある）

❏ プログラムの著作権 ―――――――― 問1 問3

プログラムは著作物として保護される。ただし，複製権と同一性保持権については，他の著作物とは異なる。著作者の許諾を得ない著作物の複製は違法であるが，プログラムの場合は，バックアップ目的など必要と認められる限度において複製が認められる。ただし，複製したものを配布・貸与する行為は違法である。また，著作者の許諾を得ない著作物の変更も違法であるが，プログラムの場合は，コンピュータで利用できるように改変したり，バグの修正をするなど，効果的に利用するために必要な変更は認められる。

プログラムの作成日，著作者などを明らかにするために「プログラムの著作物に係る登録の特例に関する法律」が定められ，プログラム登録制度が設けられている。

❏ データベースの著作権

著作権保護の対象となるデータベースは，論文，数値，図形，その他の集合物であり，体系的に構成されたものである。情報の選択やその体系的な構成に創作性がない単なるデータ集合については，著作権の対象とはならない。

❏ Webページの著作権

Webページに掲載した文章や画像などは，著作物として著作権保護の対象となる。しかし，Webページに他人の作成した著作物を掲載する行為は，目的の如何にかかわらず著作権侵害である。また，特定の分野ごとにWebページのURLを収集し，独自の解釈を付けたリンク集も著作権保護の対象となる。

❏ ソフトウェアライセンス　問5

ソフトウェアメーカ（ベンダ）が購入者に対して許諾するソフトウェアの使用権であり，ライセンスの許諾内容と異なる使用は著作権の侵害となる。ライセンスの形態には，次のものがある。

- ボリュームライセンス契約…マスタ媒体を一つだけ提供し，決められた台数のコンピュータにインストールして使用できるようにする契約
- サイトライセンス契約…特定の場所や部署など，使用する組織単位で行う契約。契約した組織内であれば台数や人数に制限なく使用が許可される場合も多い
- シュリンクラップ契約…ソフトウェアパッケージの包装を解いたときに，自動的に使用許諾契約が成立したとみなす契約

また，ソフトウェアが有償か無償かという観点によって，次のように分類することもある。

- **シェアウェア**（shareware）…試用期間中は無償で使用できるが，それ以降も使用を続ける場合は使用料を支払わなければならないソフトウェア
- **フリーウェア**（freeware）／**フリーソフト**…永続的に無償で入手・使用できるソフトウェア。著作権は放棄されていない

• パブリックドメインソフトウェア…著作権が放棄され（または消滅し），公共の財産としてだれもが自由に入手，利用，改変などが行えるソフトウェア

❏ 産業財産権 —— 問4

特許権，**実用新案権**，**意匠権**，**商標権**があり，それぞれ特許法，実用新案法，意匠法，商標法によって保護される。これらの権利を取得するためには，規定された手続きに従って登録審査を受ける必要があり，この点が著作権法とは根本的に異なる。

❏ 特許法

「発明の保護及び利用を図る」ことによって，発明を奨励し，産業の発達に寄与することを目的としている。なお，特許法でいう発明とは，自然法則を利用した技術的思想の創作のうち高度なものを意味する。平成９年からソフトウェアを記録した記録媒体も保護対象として加えられ，アイデアを盗用し，別の表現で同じ機能を表現したソフトウェアを特許権侵害として訴えることが可能となっている。なお，特許権の保護対象期間は，出願から20年間である。

▶特許権

特許の対象	発明の権利を保護対象とする
特許権の発生	発明を特許出願及び審査請求し，審査を経て登録されたときにその権利が発生する ⇒著作権法は無方式主義（表現を創作した時点で権利が自動的に発生する）を前提としている
特許の権利	発明したものを独占的に生産したり，使用・譲渡・貸与・展示する権利がある
特許の侵害	登録されている発明を知らなくても，構成上同じ仕組みを製品に組み込んで販売すると権利侵害になる ⇒著作権法では知らずに同一著作物を創作しても権利侵害にはならない

❏ 不正競争防止法 —— 問6

事業者間の公正な競争およびこれに関する国際約束の的確な実施を確保するため，他人のノウハウを盗んだり，そのノウハウを勝手に自分の商売に使用するなどの不正行為を防止し，不正競争にかかわる損害賠償に関する措置を行えるようにした法律である。具体的には，トレードシークレット（営業秘密）の不正取得，ドメイン名の不正取得，他者の商品をデッドコピー（模倣）しての取引，コピー防止技術の不正解除

(プロテクト外し) などが，不正競争行為として対象になる。

4.2 セキュリティ関連法規

❏ プロバイダ責任制限法 問8

プロバイダが負う損害賠償責任を制限することやインターネットに掲載された情報により権利侵害を受けた者が，プロバイダに発信者の情報開示請求を行える権利を定めた法律であり，ISPやWebサイトの管理者などが対象となる。

プロバイダ責任制限法では，個人情報や誹謗中傷などによって権利を侵害された者に対する損害賠償責任の免責事項と，有害情報を削除したときの発信者に対する損害賠償責任の免責事項を規定している。よって，不特定多数への送信を防止することが技術的に可能な場合や不特定多数への送信を知っていた場合など，明らかな瑕疵がある場合を除いて権利侵害を受けた者に対する損害賠償責任を負わない。また，それらの有害情報の送信を防止する措置を講じても，特殊な事情がない限りは送信防止措置によって情報発信者が受ける損害の賠償責任を負わない。

プロバイダ責任制限法では，情報開示請求者の権利が侵害されていることが明確である場合や侵害情報に対する損害賠償請求権の行使に必要である場合など，開示条件が成立する場合に限り，権利を侵害されたとする者がプロバイダに対して，その権利侵害を行った発信者情報の開示を請求できることを規定している。

❏ 刑法

コンピュータの不正利用やデータの改ざんは，刑法でも禁じられ，罰則が規定されている。

▶刑法の規定

名称	該当する行為
電子計算機損壊等業務妨害罪	電子計算機や電磁的記録の損壊，電子計算機への虚偽の情報や不正な指令を与えるなどの方法により，電子計算機を使用目的に沿うべき動作をさせない又は使用目的に反する動作をさせて業務を妨害する行為
電子計算機使用詐欺罪	電子計算機に虚偽の情報もしくは不正の指令を与えて財産上の利益を不当に得る行為
不正指令電磁的記録に関する罪（不正指令電磁的記録作成罪，不正指令電磁的記録供用罪等）	意図に沿うべき動作をさせず，又はその意図に反する動作をさせるべき不正な指令を与える電磁的記録（コンピュータウイルスなど）を作成，提供，供用，取得，保管する行為。

4.3 労働・取引関連法規

❏請負契約 問9

成果物の完成を約束し，成果物の対価として報酬を得る契約である。次のような特徴を持つ。

- 契約で定めた完成物を引き渡して（検収完了），受託業務の完了となる。検収基準を契約書内に明記しておかないと，検収作業が長引いたり，追加作業を要求される可能性が高くなる。
- 業務は委託先の判断と責任で遂行され，開発要員の指揮命令権は委託先にある。
- 受託者（委託先）は，債務不履行責任と契約不適合責任を負う。すなわち，ソフトウェア成果物の欠陥に対する修復及び損害賠償を負うことを意味する。
- 著作権は，特に定めがない限り，原則的に受託側（委託先）に帰属する。
- システムインテグレーション契約やアウトソーシング契約とは，開発業務や運用業務の請負契約のことである。

❏派遣契約

発注者の指揮命令下で作業を行う契約である。次のような特徴を持つ。

- 派遣元や派遣労働者に，仕事（成果物）の完成責任や契約不適合責任はない。
- 業務の指揮命令権は，発注元（派遣先）にある。したがって，派遣契約の業務内容の範囲内において，他社からの請負契約での開発作業に従事させることも可能である。

- 著作権は，発注元（派遣先）に帰属する。

❏ 準委任契約 問9

善管注意義務（善良な管理者の注意義務）を負って作業を受託する契約である。次のような特徴を持つ。

- 受託側（委託先）に，業務の完成責任や契約不適合責任はないが，過失責任は負う。このため，仕様の決定権がベンダ側にない（利用者側にある）場合やシステムの機能が明確でない場合，完成すべき成果物が決まっていない場合などに適している。成果物が明確な場合などには，請負契約が適している。取引関係や役割分担の可視化を目的としたガイドラインである“情報システム・モデル取引・契約書”では，内部設計からシステム結合のフェーズにおいては，請負契約が適切とされている。
- 業務の指揮命令権は，受託側（委託先）にある。
- 業務の内容に特に法的な制限はない。

4.4 その他の法律・ガイドライン

❏ 個人情報保護法 問11 問12

個人情報の定義や個人情報を取り扱う事業者（個人情報取扱事業者）などに対する義務などが定められている法律である。個人情報とは，生存する個人に関する情報であって，その情報に含まれる氏名，生年月日その他により特定の個人を識別することができるものをいう。顔認識データや指紋認識データなど，身体的特徴をコンピュータで使用するために変換した符号や，マイナンバーや旅券番号，運転免許証番号など個人を識別できる符号も個人情報の対象となる。なお，個人を特定できないように個人情報を加工したものを“匿名加工情報”，人種や信条，社会身分，病歴，前科などの差別や偏見などによって不利益を被らないよう特に配慮を要する個人情報を“要配慮個人情報”という。個人情報保護法では，これらの扱いについても定められている。

個人情報取扱事業者とは，個人情報データベースなど（個人情報を含む情報の集合物）を事業に使用する者をいう。以前は5,000件以上の個人情報を保有している事業者が対象となっていたが，2017年の改正によって保有する個人情報が5,000件以下でも個人情報取扱事業者となる。

4.5 標準化

❏ ISO（International Organization for Standardization；国際標準化機構） 問13

工業分野における規格の統一や標準化を行う国際機関である。具体的な規格の検討は，分野別に設けられたTC（Technical Committee）と呼ばれる技術専門委員会で行われる。TCの下に，SC（Sub Committee；分科会）やWG（Working Group；作業部会）が設置されることもある。

❏ IEC（International Electrotechnical Commission；国際電気標準会議） 問13

電気・電子分野における国際規格の制定を目的に設立された国際機関である。ISOとIECは密接な関係を持っている。1976年には両者の間で「IECは電気電子分野を対象とし，ISOはそれ以外を対象とする」という合意がなされ，その後1987年には合同でJTC 1（Joint Technical Committee 1；合同技術専門委員会）を立ち上げ，情報技術分野での標準化を行っている。

MEMO

問題編

問1 ☑☐ ☐☐ プログラムの著作物について，著作権法上，適法である行為はどれか。

(R元F問30，H22S問30)

ア　海賊版を複製したプログラムと事前に知りながら入手し，業務で使用した。

イ　業務処理用に購入したプログラムを複製し，社内教育用として各部門に配布した。

ウ　職務著作のプログラムを，作成した担当者が独断で複製し，他社に貸与した。

エ　処理速度を向上させるために，購入したプログラムを改変した。

問2 ☑☐ ☐☐ Webページの著作権に関する記述のうち，適切なものはどれか。

(H29S問30，H25F問30)

ア　営利目的ではなく趣味として，個人が開設しているWebページに他人の著作物を無断掲載しても，私的使用であるから著作権の侵害とはならない。

イ　作成したプログラムをインターネット上でフリーウェアとして公開した場合，配布されたプログラムは，著作権法による保護の対象とはならない。

ウ　試用期間中のシェアウェアを使用して作成したデータを，試用期間終了後もWebページに掲載することは，著作権の侵害に当たる。

エ　特定の分野ごとにWebページのURLを収集し，独自の解釈を付けたリンク集は，著作権法で保護され得る。

問3 ☑☐ ☐☐ A社は顧客管理システムの開発を，情報システム子会社であるB社に委託し，B社は要件定義を行った上で，設計・プログラミング・テストまでを，協力会社であるC社に委託した。C社ではD社員にその作業を担当させた。このとき，開発したプログラムの著作権はどこに帰属するか。ここで，関係者の間には，著作権の帰属に関する特段の取決めはないものとする。

(H27S問30)

ア　A社　　イ　B社　　ウ　C社　　エ　D社員

答1 プログラムの著作権 ▶ P.392 ……………………………………………………………… **エ**

購入したプログラムを，処理速度を向上させるなど，効果的に利用するために一部改変する行為自体は，著作権法に抵触するおそれはない。ただし，その改変後のプログラムを第三者に販売・頒布するような場合には問題となる。

ア　このような“海賊版”を複製したプログラムを取得した場合は，取得時点でその事実を知っていたか否かが争点となる。取得時点で事実を知っていたならば，使用してはならない。

イ　バックアップ目的ならば，購入したプログラムを複製することは許される。しかし，社内教育用に使用する目的で，業務処理用に購入したプログラムを複製したり，配布することは許されない。

ウ　職務著作とは，「会社等に勤める者が職務で作成したプログラムの著作権は，その会社等が有する」というものである。したがって，職務著作のプログラムを，作成した担当者が独断で複製したり，複製物を貸与したりしてはならない。

答2 著作権 ▶ P.392 ……………………………………………………………………………… **エ**

特定の分野ごとにWebページのURLを収集し，簡単なコメントを付けて作成したリンク集は，創作性があるとみなされ，著作権法によって保護される。

ア　個人のWebページ上に他人の著作物を無断掲載することは，私的利用の範囲を超えて公衆送信権の侵害にあたる。

イ　フリーウェア（無償のソフトウェア）であっても著作権は成立し，著作権法で保護される。

ウ　作成したデータそのものについては作成者の著作物となるので，試用期間終了後にWebページに掲載しても，著作権の侵害には該当しない。

答3 プログラムの著作権 ▶ P.392 ……………………………………………………………… **ウ**

会社の発意に基づいて会社の業務として作成したプログラムについては，プログラムの著作権は会社のものとなる（法人著作という）。よって，D社員には著作権は帰属しない。

委託によって作成されたプログラムの著作権は，著作権の帰属に関する取決めがない場合には，受託側（作成した側）に帰属する。本問では，A社がB社にシステム開発を委託し，さらにB社がC社にプログラミングを委託し，C社の社員によってプログラムが作成されているので，著作権はC社に帰属する。

問4 ☑☐☐☐ 日本において，産業財産権と総称される四つの権利はどれか。

(H28F問30)

ア　意匠権，実用新案権，商標権，特許権

イ　意匠権，実用新案権，著作権，特許権

ウ　意匠権，商標権，著作権，特許権

エ　実用新案権，商標権，著作権，特許権

問5 ☑☐☐☐ 自社開発したソフトウェアの他社への使用許諾に関する説明として，適切なものはどれか。

(R元F問17，㊩H28F問17)

ア　既に自社の製品に搭載して販売していると，ソフトウェア単体では使用許諾できない。

イ　既にハードウェアと組み合わせて特許を取得していると，ソフトウェア単体では使用許諾できない。

ウ　ソースコードを無償で使用許諾すると，無条件でオープンソースソフトウェアになる。

エ　特許で保護された技術を使っていないソフトウェアであっても，使用許諾することは可能である。

問6 ☑☐☐☐ 不正競争防止法において，営業秘密となる要件は，“秘密として管理されていること”，“事業活動に有用な技術上の情報であること”と，もう一つはどれか。

(H26F問30)

ア　営業譲渡が可能なこと　　イ　期間が10年を超えないこと

ウ　公然と知られていないこと　　エ　特許出願をしていること

問7 ☑☐☐☐ 企業のWebサイトに接続してWebページを改ざんし，システムの使用目的に反する動作をさせて業務を妨害する行為を処罰の対象とする法律はどれか。

(H30S問30)

ア　刑法　　イ　特定商取引法

ウ　不正競争防止法　　エ　プロバイダ責任制限法

答4　産業財産権 ▶ P.394 ······ **ア**

産業財産権は，画期的な技術・デザイン・発明など，産業の発展に寄与するものを保護するための権利である。産業財産権には次の四つがある。

- 意匠権…物品のデザインを保護の対象としている
- 実用新案権…発明のレベルまではいかないが実用的で新しい案が形になったものを保護の対象としている
- 商標権…商品の名称やロゴマークなどを保護の対象としている
- 特許権…発明を保護の対象としている

答5　ソフトウェアライセンス ▶ P.393 ······ **エ**

ソフトウェアの使用許諾（ライセンス）は，著作権に基づいて使用する目的や環境を規定する契約である。使用許諾を行うにあたって，ソフトウェアが特許で保護された技術を使用しているか否かは問題とされない。

ア　自社製品への搭載・販売の有無にかかわらず，ソフトウェア単体で使用許諾対象にできる。

イ　すでにハードウェアと組み合わせて特許を取得していても，後からソフトウェア単体で使用許諾対象にできる。

ウ　（一定条件下での）改変及び再配布を認める形にしなければ，オープンソースソフトウェアとは呼べない。

答6　不正競争防止法 ▶ P.394 ······ **ウ**

不正競争防止法では，不正に取得した営業秘密（トレードシークレット）を，自ら使用したり，第三者に開示する行為を禁止している。この営業秘密は，

“この法律において「営業秘密」とは，秘密として管理されている生産方法，販売方法その他の事業活動に有用な技術上又は営業上の情報であって，公然と知られていないものをいう。”

と規定されている。よって，“公然と知られていないこと”がもう一つの要件である。

答7　······ **ア**

Webページ改ざんによる業務妨害行為は，刑法第234条によって規定された“電子計算機損壊等業務妨害罪”に該当する。

問8 ☑☐☐☐ プロバイダ責任制限法が定める特定電気通信役務提供者が行う送信防止措置に関する記述として，適切なものはどれか。 (R2F問30)

ア 明らかに不当な権利侵害がなされている場合でも，情報の発信者から事前に承諾を得ていなければ，特定電気通信役務提供者は送信防止措置の結果として生じた損害の賠償責任を負う。

イ 権利侵害を防ぐための送信防止措置の結果，情報の発信者に損害が生じた場合でも，一定の条件を満たしていれば，特定電気通信役務提供者は賠償責任を負わない。

ウ 情報発信者に対して表現の自由を保障し，通信の秘密を確保するため，特定電気通信役務提供者は，裁判所の決定を受けなければ送信防止措置を実施することができない。

エ 特定電気通信による情報の流通によって権利を侵害された者が，個人情報保護委員会に苦情を申し立て，被害が認定された際に特定電気通信役務提供者に命令される措置である。

問9 ☑☐☐☐ “情報システム・モデル取引・契約書”によれば，要件定義工程を実施する際に，ユーザ企業がベンダと締結する契約の形態について適切なものはどれか。 (H28F問25)

ア 構築するシステムがどのような機能となるか明確になっていないので準委任契約にした。

イ 仕様の決定権はユーザ側ではなくベンダ側にあるので準委任契約にした。

ウ ベンダに委託する作業の成果物が具体的に想定できないので請負契約にした。

エ ユーザ内のステークホルダとの調整を行う責任が曖昧にならないように請負契約にした。

答8 プロバイダ責任制限法 ▶ P.395 ………… **イ**

プロバイダ責任制限法は，インターネットサービスプロバイダ，Webサーバ管理者・運営者などの“特定電気通信役務提供者”が負う損害賠償責任を制限することを目的とした法律である。第三条では，有害情報の流通によって権利侵害を受けた者に対する損害賠償責任の免責事項と，それらの有害情報の送信を防止する措置（有害情報の削除など）を行ったときの情報発信者に対する損害賠償責任の免責事項を規定している。

〔権利侵害を受けた者に対する損害賠償責任の免責事項〕

プロバイダは，次の事項に該当する場合を除き，権利侵害を受けた者に対する損害賠償責任を負わない。

・不特定多数への送信を防止することが技術的に可能であり，情報の流通によって他人の権利が侵害されることを知っている。
・不特定多数への送信を防止することが技術的に可能であり，他人の権利が侵害されていることを知ることができたと認めるに足りる相当の理由がある。
・当該プロバイダ自身が権利侵害情報の発信者である。

〔情報発信者に対する損害賠償責任の免責事項〕
プロバイダは，次の事項に該当する場合，送信防止措置によって情報発信者が受ける損害の賠償責任を負わない。
・情報の流通によって他人の権利が不当に侵害されていると信じるに足りる相当の理由がある。
・権利侵害を受けたとする者から侵害情報等の送信防止措置を講ずるように申し出があった場合に，その旨を情報発信者に連絡してから，７日を経過しても送信防止措置を講ずることに同意しない，という申し出がない。

選択肢“イ”の内容は，“一定の条件を満たしていれば”という部分が上記〔情報発信者に対する損害賠償責任の免責事項〕の“次の事項に該当する場合”と解釈できるので，賠償責任を負わないという記述は適切である。

答9 請負契約 ▶ P.396 準委任契約 ▶ P.397 ……………………………………… **ア**

システム開発における業務委託契約は，請負契約と準委任契約に大別できる。両者の違いは次のようになる。

請負契約：受託側は成果物の完成責任を負う
準委任契約：完成責任を負わないが，誠実に業務を管理する

請負契約は“業務内容の完遂によって対価が支払われる”ため，契約時に業務内容（仕様）や費用，期日などが明確になっている必要がある。仕様が不明瞭な場合は，請負ではさまざまなトラブルを引き起こす可能性もあるので，準委任契約とするのが望ましい。システム開発の場合，上流から下流に工程が進むに従って仕様が詳細・明確になっていくので，上流工程は準委任，下流工程は請負という形で契約を使い分けることが多い。

経済産業省の“情報システム・モデル取引・契約書”では，次のように推奨している。

要件定義やそれ以前，及び導入・受入支援 … 準委任型
外部設計，システムテスト … 請負型または準委任型
内部設計，結合 … 請負型

問10 ☑☐ ☐☐ “情報システム・モデル取引・契約書”によれば，ユーザ（取得者）とベンダ（供給者）間で請負型の契約が適切であるとされるフェーズはどれか。 (H26F問25)

システム化計画	要件定義	システム外部設計	システム内部設計	ソフトウェア設計，プログラミング，ソフトウェアテスト	システム結合	システムテスト	導入・受入支援

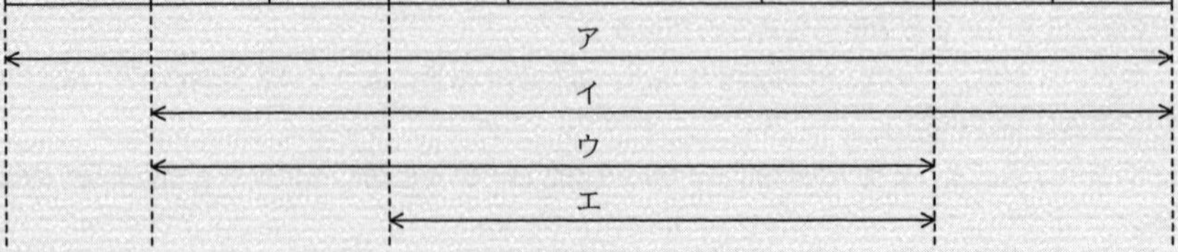

ア
イ
ウ
エ

ア　システム化計画フェーズから導入・受入支援フェーズまで

イ　要件定義フェーズから導入・受入支援フェーズまで

ウ　要件定義フェーズからシステム結合フェーズまで

エ　システム内部設計フェーズからシステム結合フェーズまで

問11 ☑☐ ☐☐ 個人情報保護法で保護される個人情報の条件はどれか。 (H28S問30)

ア　企業が管理している顧客に関する情報に限られる。

イ　個人が秘密にしているプライバシに関する情報に限られる。

ウ　生存している個人に関する情報に限られる。

エ　日本国籍を有する個人に関する情報に限られる。

問12 ☑☐ ☐☐ 個人情報のうち，個人情報保護法における要配慮個人情報に該当するものはどれか。 (H31S問30)

ア　個人情報の取得時に，本人が取扱いの配慮を申告することによって設定される情報

イ　個人に割り当てられた，運転免許証，クレジットカードなどの番号

ウ　生存する個人に関する，個人を特定するために用いられる勤務先や住所などの情報

エ　本人の病歴，犯罪の経歴など不当な差別や不利益を生じさせるおそれのある情報

答10 ………………………………………………………………………… エ

経済産業省の“情報システム・モデル取引・契約書”では，システム内部設計フェーズからシステム結合フェーズまでは，請負型の契約を推奨している。なお，システム外部設計フェーズおよびシステムテストフェーズは，請負型または準委任型の両タイプを併記しており，要件定義やそれ以前のフェーズおよび導入・受入支援フェーズでは，準委任型を推奨している。

答11 個人情報保護法 ▶ P.397 ……………………………………… ウ

個人情報保護法が対象としている個人情報については，第一章第二条に「この法律において『個人情報』とは，生存する個人に関する情報であって」，同条第一号に「当該情報に含まれる氏名，生年月日その他の記述等・・・により特定の個人を識別することができるもの（他の情報と容易に照合することができ，それにより特定の個人を識別することができることとなるものを含む。）」と定義されている。

ア　企業が管理している顧客に関する情報に限定はされない。
イ　個人が秘密にしているプライバシに関する情報ではなく，特定の個人を識別することができる情報を対象としている。
エ　国籍に関する規定はない。

答12 個人情報保護法 ▶ P.397 ……………………………………… エ

個人情報保護法において“要配慮個人情報”は次のように定義されている。

> 本人の人種，信条，社会的身分，病歴，犯罪の経歴，犯罪により害を被った事実　その他本人に対する不当な差別，偏見その他の不利益が生じないようにその取扱いに特に配慮を要するものとして政令で定める記述等が含まれる個人情報をいう

個人情報保護委員会のガイドラインでは，要配慮個人情報に該当するものの例として，
・本人に対して医師などの医療従事者により行われた健康診断などの結果
・本人を被疑者とした刑事事件手続（逮捕など）が行われたという事実
などが挙げられている。

イ　個人識別符号に該当する。
ウ　一般的な個人情報を構成する情報に該当する。

問13 ☑☐ ☐☐ ISO，IEC，ITUなどの国際標準に適合した製品を製造及び販売する利点として，適切なものはどれか。 （H29F問27）

ア　WTO政府調達協定の加盟国では，政府調達は国際標準の仕様に従って行われる。
イ　国際標準に適合しない競合製品に比べて，技術的に優位であることが保証される。
ウ　国際標準に適合するために必要な特許は，全て無償でライセンスを受けられる。
エ　輸出先国の国内標準及び国内法規の規制を受けることなく製品を輸出できる。

答13 ISO ▶ P.398　IEC ▶ P.398 ………………………………………… **ア**

WTO（世界貿易機関）は，国際貿易に関するルールを取り扱う国際機関である。WTO加盟国において適用されるTBT協定（貿易の技術的障害に関する協定）では，工業製品などの適合性を評価する際の国内規格を，ISOやIECなどの国際規格に準じて策定することが求められている。したがって，どの加盟国でもスムーズに採用される製品を開発するためには，これらの国際規格を意識すればよい。

イ　ISOなどの国際標準は，一定・一貫した品質水準を保っていることを保証するものであり，技術的な優位を保証するものではない。

ウ，エ　このような特例的な利点はない。

索引

数字

2進数 …… 10
2相コミットメント制御 …… 148
2分探索 …… 49
2分探索の計算量 …… 50
2分探索木 …… 42
2分探索木の計算量 …… 51
2分探索木の探索 …… 50
2分木 …… 40
3C分析 …… 342
3PL …… 348
三つの基本戦略 …… 332
5G …… 352

A

ACID特性 …… 144
Amdahlの法則 …… 69
ARP …… 175

B

B⁺木索引 …… 144
BLE …… 353
BNF …… 15
BPO …… 319
BPR …… 319
B to B …… 354
B to C …… 354
B木 …… 51

C

CASE …… 252
CG …… 131
CIとCMDB …… 294
CMMI …… 251
COCOMO …… 275
CPS …… 355
CREATE TABLE文 …… 141
CRM …… 343
CSMA/CD方式 …… 167
CSR …… 375

D

D/A変換器 …… 21
DBMSの機能 …… 143
DCF法 …… 346
DELETE文 …… 141
DFD …… 238
DHCP …… 180
DNS …… 178
DNSキャッシュポイズニング …… 210
DNSサーバとクライアント …… 178
DRAM …… 69

E

EA …… 318
ECC …… 72
EDI …… 354
E-Rモデル …… 137
EVM …… 274

F

FLOPS …… 67

H

HIDS …… 207
HTTP …… 179

I

IaaS …… 91
IC …… 122
IDS …… 206
IEC …… 398
INSERT文 …… 141
IoTエリアネットワーク …… 352
IP …… 172
Ipsec …… 212
IPv6 …… 173
IPアドレス …… 172
IR …… 375
IRR法 …… 347
ISO …… 398

L

Linux …… 108
LPWA …… 352
LTV …… 341

M

M&A …… 333
M/M/1モデル …… 86

MACアドレス……167
MIPS……66
MRP……350
MTBF……87
MTTR……88

N

NAT……177
NIDS……207
NoSQL……151
NPV法……347
n進数への変換……10

O

OC曲線……377
OS……108
OSS……115

P

PaaS……91
PERT……273
PKI……200
POSシステム……347
PPM……335
Python……23

Q

QC七つ道具……378

R

RAD……249
RAID……84
RAM……69
RASIS……87
RFI……323
RFID……355
RFP……323
ROE……383
ROI……383
ROM……70
RTOとRPO……293

S

S/MIME……209
SaaS……91,320
SCM……343
SELECT文……140
SFA……319
SIMD……68
SLCP……250
SMIL……23
SMTP……179
SMTP-AUTH……210
SNMP……181
SOA……320
SoE……341
SQLインジェクション……212
SSL/TLS……208
SSL通信……209
SWOT分析……335

T

TCP……176
TOB……334

U

UDP……177
UML……241
UNIX……108
UPDATE文……141

V

VE……343
VLAN……169
VoIP……182
VPN……211

W

WAF……215
WBS……272
Webサイトの構造設計……129
Webページの著作権……393

X

XML……22
XP……249

あ

アーンドバリューマネジメント……274
アクセシビリティ……128

アクティビティ図 244
アサーションチェック 247
アジャイル 249
アプリケーションゲートウェイ 206
アムダールの法則 69
誤り訂正符号 72
誤り率 171
アライアンス 334
アローダイアグラム 273

い

意思決定原理 376
イノベーション 345
インシデント管理 295
インスペクション 245
インダストリー4.0 353

う

ウォークスルー 245
請負契約 396
埋込みSQL 142

え

エッジコンピューティング 352
エンジニアリングシステム 348
エンタープライズアーキテクチャ 318
エンティティ機能関連マトリックス 240

お

オープンソースソフトウェア 115
オブジェクト指向 241
音声データ 130
音声表現 20

か

カーディナリティ 138
改善提案のフォローアップ 305
概念データモデル 134
外部キー 136
外部設計 237
外部割込み 112
価格戦略 340
確率 18
仮想化 90
仮想記憶方式 114
画像表現 19
価値創出 345
稼働率 88
カバレッジモニタ 248
株式公開買付 334
カプセル化 241
画面・帳票設計 128
可用性管理 293
カルノー図 12
関係演算 136
関係データモデル 135
監査技法 304
監査証拠 303
監査証跡 303
監査報告書 305
関数 16
関数従属性 139
完全2分木 41
ガンブラー 204

き

機械学習 22
企業統治 375
企業の社会的責任 375
木構造 39
技術のライフサイクル 344
機能要件定義 322
逆ポーランド表記法 46
キャッシュフロー計算書 383
キャッシュメモリ 70
キャパシティ管理 292
キャパシティプランニング 86
キュー 44
共通鍵暗号方式 193
共通フレーム2013 236
業務パッケージ 320
業務要件定義 322

く

クライアントサーバシステム 83
クラウドコンピューティング 91
クラス図 242
クラスタリング 83
クラッキング 203
クリーンルームモデル 250

クロスサイトスクリプティング……213
クロック周波数……66

け

計算量……16
形式手法……251
刑法……395
減価償却……383

こ

コード設計……129
コーポレートガバナンス……375
コア技術……346
公開鍵暗号方式……194
構成管理……294
構造化プログラミング……245
後置表記法……46
候補キー……135
顧客ロイヤルティ……340
故障率……88
個人情報保護法……397
コデザイン……123
コネクション型とコネクションレス型……166
コネクテッドカー……353
コンカレントエンジニアリング……349
コンカレント開発……122
コンパイル……115
コンピュータウイルス……203

さ

サーバコンソリデーション……90
サービスレベル管理……292
再帰アルゴリズム……54
最短経路探索のアルゴリズム……57
再利用……251
索引検索……144
産業財産権……394
参照制約……136

し

シーケンス図……243
事業部制組織……374
資材所要量計画……350
システム化計画の立案……321
システム化構想の立案……320
システム監査……302
システム監査の実施手順……303
システム障害……147
シナジー効果……334
集合……12
集積回路……122
集中処理システム……82
主キー……136
主記憶領域の管理方式……113
準委任契約……397
障害回復制御……146
情報化投資……316
情報システムの可監査性とその要件……303
情報セキュリティポリシの階層モデル……192
正味現在価値法……347
職能（機能）部門別組織……374
助言型監査……305
所有物を用いた認証……197
仕訳……380
新QC七つ道具……378
浸透価格戦略……340
侵入検知システム……206

す

推移的関数従属性……139
スイッチングハブ……168
スーパスカラ……68
スケールアウト……87
スケールアップ……87
スケジューリングアルゴリズム……111
スコープ……272
スタック……42
スタブ……248
ステートマシン図……243
スパイラルモデル……248
スピンオフベンチャー……346
スライシング……150
スレッド……109

せ

整合性制約……147
生産形態の分類……351
生体認証……197
成長マトリクス……336
性能評価指標……84

製品戦略 338
責任分担マトリクス 278
セッション鍵暗号方式 195
セッションハイジャック 214
セル生産方式 351
ゼロデイ攻撃 204
線形計画法 376
線形探索 47
線形探索の計算量 48
線形リスト 38
全体最適化計画 316
選択法 54
選択法の計算量 55

そ

相関係数 18
ソーシャルエンジニアリング 202
ソフトウェア方式設計 236
ソフトウェアライセンス 393
損益計算書（P/L） 382
損益分岐点 385

た

第1正規形 139
第2正規形 140
第3正規形 140
貸借対照表（B/S） 380
ダイシング 150
タイムクウォンタム 110
多次元分析 150
多重度 138
多要素認証 197
ダンプ解析ツール 248

ち

チャレンジレスポンス方式 197
抽象データ型 38
調達の手順 323
著作権 392

て

データウェアハウス 149
データ中心アプローチ 240
データベースの設計工程 137
データベースの著作権 393
データマイニング 151
データモデル 134
データリンク層 166
ディープラーニング（深層学習） 21
定額法の計算例 384
ディジタル署名 199
ディスパッチャ 109
定率法の計算例 384
定量的リスク分析 279
ディレクトリトラバーサル 215
デザインレビュー 244
テスト駆動開発 249
デッドロック 145
デバッギングツール 247
デマンドページング 114
デルファイ法 335
電子データ交換 354
伝送時間 171
伝送遅延 171

と

動画データ 130
投資効果の定量測定 317
同時実行制御 145
到着順方式 111
特許法 394
ドライバ 248
トランザクション障害 146
ドリリング 150
トレーサ 247
ドローン 353

な

内部収益率法 347
内部設計 237
内部統制 302
内部割込み 113

に

ニューラルネットワーク 21

ね

ネットワーク層 167
ネットワークの分割 173

の

ノンプリエンプティブ方式 ……… 110

は

バイオメトリクス認証 ……… 197
媒体障害 ……… 146
排他制御 ……… 111
パケットフィルタリング型ファイアウォール ……… 204
派遣契約 ……… 396
バスタブ曲線 ……… 88
パスワード認証 ……… 196
パスワードの解析手法 ……… 199
バッカス記法 ……… 15
バックアップ ……… 253
ハッシュ表探索 ……… 53
ハミング符号 ……… 72
バランススコアカード ……… 342
バリューエンジニアリング ……… 343
バリューチェーン ……… 333
汎化と特化 ……… 139

ひ

ヒープソート ……… 55
非機能要件定義 ……… 323
ヒューマンインタフェース ……… 128
品質特性 ……… 276
品質の分析手法 ……… 277

ふ

フールプルーフ ……… 90
フールプルーフ設計 ……… 129
ファンクションポイント法 ……… 275
フィルタリング機能 ……… 170
フェールセーフ ……… 90
フェールソフト ……… 89
フォールトアボイダンス ……… 89
フォールトトレランス ……… 89
不正競争防止法 ……… 394
物理層 ……… 166
部品化 ……… 251
部品数量の計算 ……… 351
部品表 ……… 350
部分関数従属性 ……… 139
ブラックボックステスト ……… 247
ブランドエクイティ ……… 341
プリエンプティブ方式 ……… 110
ブリッジ ……… 168
プレシデンスダイアグラム ……… 273
プログラムの著作権 ……… 392
プロジェクトの資源マネジメントのプロセス ……… 277
プロジェクトの品質マネジメントのプロセス ……… 276
プロジェクトのリスク ……… 278
プロセス ……… 108
プロダクトポートフォリオマネジメント ……… 335
プロダクトライフサイクル ……… 339
プロバイダ責任制限法 ……… 395
プロモーション戦略 ……… 341
分散処理システム ……… 82
分散データベース ……… 148

へ

ページング方式 ……… 114
ペアプログラミング ……… 249
平均アクセス時間 ……… 70
平均故障間隔 ……… 87
平均修理時間 ……… 88
ペネトレーションテスト ……… 208
ペネトレーションプライシング ……… 340
変更管理 ……… 294

ほ

ポジショニング ……… 338
保証型監査 ……… 305
ホワイトボックステスト ……… 246
本調査 ……… 304

ま

マーケティングの4C ……… 338
マーケティングの4P ……… 337
マージソート ……… 55
マスマーケティング ……… 343
待ち行列モデル ……… 85
マッシュアップ ……… 252
マルチプロセッサ ……… 68
マルチメディアシステム ……… 131

め

命令パイプライン 67
メッセージ認証 198
メモリインタリーブ 72

も

文字表現 19
モジュールの独立性 239
問題管理 295

ゆ

ユーザビリティ 128
ユースケース図 241
有限オートマトン 14

よ

要求分析 321
予備調査 304

ら

ライトスルー方式 71
ライトバック方式 71
ライブマイグレーション 90
ラウンドトリップ 250
ラウンドロビン方式 111

り

リアルタイムOS 122
リエンジニアリング 253
リスク対応 193
リスクと戦略 279
リスク分析手法とリスク評価 192
利得表の事例 376
リファクタリング 249
リポジトリ 252
リリース管理および展開管理 295

る

ルータ 170
ルーティング 174
ルーティング機能 170

れ

レイヤ2スイッチ 168

ろ

ロック 145
ロックの種類 145
論理 11
論理回路 121
論理式 11
論理素子 120
論理モデルと物理モデル 238

わ

割込み制御 112
ワンツーワンマーケティング 343

情報処理技術者試験

2022年度版　ALL IN ONE パーフェクトマスター　共通午前Ⅰ

2021年８月20日　初　版　第１刷発行

編　著　者　ＴＡＣ株式会社
（情報処理講座）
発　行　者　多　田　敏　男
発　行　所　TAC株式会社　出版事業部
（TAC出版）

〒101-8383
東京都千代田区神田三崎町3-2-18
電 話 03(5276)9492(営業)
FAX 03(5276)9674
https://shuppan.tac-school.co.jp

組　　版　株式会社　グ　ラ　フ　ト
印　　刷　株式会社　光　　　邦
製　　本　株式会社　常　川　製　本

ISBN 978-4-8132-9719-2
N.D.C. 007

情報処理講座

選べる 5つの学習メディア

豊富な5つの学習メディアから、あなたのご都合に合わせてお選びいただけます。
一人ひとりが学習しやすい、充実した学習環境をご用意しております。

通信【自宅で学ぶ学習メディア】

Web通信講座 [eラーニングで時間・場所を選ばず 学習効果抜群!]

ダウンロード DLフォロー付き

インターネットを使って講義動画を視聴する学習メディア。
いつでも、どこでも何度でも学習ができます。
また、スマートフォンやタブレット端末があれば、移動時間も映像による学習が可能です。

おすすめポイント

- ◆動画・音声配信により、教室講義を自宅で再現できる
- ◆講義録(板書)がダウンロードできるので、ノートに写す手間が省ける
- ◆専用アプリで講義動画のダウンロードが可能
- ◆インターネット学習サポートシステム「i-support」を利用できる

DVD通信講座 [教室講義をいつでも自宅で再現!]

Webフォロー付き

デジタルによるハイクオリティなDVD映像を視聴しながらご自宅で学習するスタイルです。
スリムでコンパクトなため、収納スペースも取りません。
高画質・高音質の講義を受講できるので学習効果もバツグンです。

おすすめポイント

- ◆場所を取らずにスリムに収納・保管ができる
- ◆デジタル収録だから何度見てもクリアな画像
- ◆大画面テレビにも対応する高画質・高音質で受講できるから、迫力満点

資料通信講座 [TACのノウハウ満載のオリジナル教材と 丁寧な添削指導で合格を目指す!]

配付教材はTACのノウハウ満載のオリジナル教材。
テキスト、問題集に加え、添削課題、公開模試まで用意。
合格者に定評のある「丁寧な添削指導」で記述式対策も万全です。

おすすめポイント

- ◆TACオリジナル教材を配付
- ◆添削指導のプロがあなたの答案を丁寧に指導するので記述式対策も万全
- ◆質問メールで24時間いつでも質問対応

通学【TAC校舎で学ぶ学習メディア】

ビデオブース講座 [受講日程は自由自在!忙しい方でも 自分のペースに合わせて学習ができる!]

Webフォロー付き

都合の良い日を事前に予約して、TACのビデオブースで受講する学習スタイルです。教室講座の講義を収録した映像を視聴しながら学習するので、教室講座と同じ進度で、日程はご自身の都合に合わせて快適に学習できます。

おすすめポイント

- ◆自分のスケジュールに合わせて学習できる
- ◆早送り・早戻しなど教室講座にはない融通性がある
- ◆講義録(板書)付きでノートを取る手間がいらずに講義に集中できる
- ◆校舎間で自由に振り替えて受講できる

教室講座 [講師による迫力ある生講義で、あなたのやる気をアップ!]

講義日程に沿って、TACの教室で受講するスタイルです。受験指導のプロである講師から、直に講義を受けることができ、疑問点もすぐに質問できます。
自宅で一人では勉強がはかどらないという方におすすめです。

おすすめポイント

- ◆講師に直接質問できるから、疑問点をすぐに解決できる
- ◆スケジュールが決まっているから、学習ペースがつかみやすい
- ◆同じ立場の受講生が身近にいて、モチベーションもアップ!

CompTIA 専用教材のご案内

TACだからできるCompTIAの専用教材

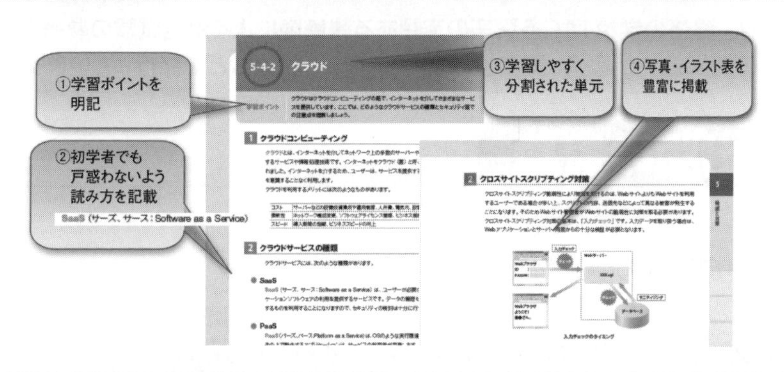

ジャンル	タイトル	サイズ	定価（本体価格＋税）
ネットワーク技術	Network+ テキスト N10-007対応版	B5変形 680頁	¥6,050-
	Network+ 問題集 N10-007対応版	A5 228頁	¥2,750-
情報セキュリティ	Security+ テキスト SY0-501対応版	B5変形 460頁	¥6,050-
	Security+ 問題集 SY0-501対応版	A5 184頁	¥2,750-
サーバー	Server+ テキスト SK0-004対応版	B5変形 436頁	¥6,050-
	Server+ 問題集 SK0-004対応版	A5 180頁	¥2,750-
プロジェクトマネジメント	Project+ テキスト PK0-004対応版	B5変形 324頁	¥4,400-
	Project+ 問題集 PK0-004対応版	A5 168頁	¥2,750-
クラウド コンピューティング	Cloud+ テキスト CV0-002対応	B5変形 520頁	¥6,050-
	Cloud+ 問題集 CV0-002対応	A5 168頁	¥2,750-

※通信講座や模擬試験も取り扱っております。
※TACは、CompTIA認定プラチナパートナーです。

TAC CompTIA ホームページ　https://www.tac-school.co.jp/kouza_it.html